Leitfäden und Monographien
der Informatik

H.-U. Post
Entwurf und Technologie
hochintegrierter Schaltungen

Leitfäden und Monographien der Informatik

Unter beratender Mitwirkung von

Prof. Dr. Hans-Jürgen Appelrath, Oldenburg
Dr. Hans-Werner Hein, St. Augustin
Prof. Dr. Rolf Pfeifer, Zürich
Dr. Johannes Retti, Wien
Prof. Dr. Michael M. Richter, Kaiserslautern

Herausgegeben von

Prof. Dr. Volker Claus, Oldenburg
Prof. Dr. Günter Hotz, Saarbrücken
Prof. Dr. Klaus Waldschmidt, Frankfurt

Die Leitfäden und Monographien behandeln Themen aus der Theoretischen, Praktischen und Technischen Informatik entsprechend dem aktuellen Stand der Wissenschaft. Besonderer Wert wird auf eine systematische und fundierte Darstellung des jeweiligen Gebietes gelegt. Die Bücher dieser Reihe sind einerseits als Grundlage und Ergänzung zu Vorlesungen der Informatik und andererseits als Standardwerke für die selbständige Einarbeitung in umfassende Themenbereiche der Informatik konzipiert. Sie sprechen vorwiegend Studierende und Lehrende in Informatik-Studiengängen an Hochschulen an, dienen aber auch in Wirtschaft, Industrie und Verwaltung tätigen Informatikern zur Fortbildung im Zuge der fortschreitenden Wissenschaft.

Entwurf und Technologie hochintegrierter Schaltungen

Von Prof. Dr.-Ing. Hans-Ulrich Post
Technische Universität Berlin

Mit 186 Bildern und 25 Tabellen

B. G. Teubner Stuttgart 1989

Prof. Dr.-Ing. Hans-Ulrich Post

Geboren 1945 in Halberstadt (Magdeburg). Von 1969 bis 1974 Studium
der Elektrotechnik an der TU Berlin, Promotion 1979 bei Prof. Dr.-Ing.
K. Waldschmidt über MOS-integrierbare Umsetzer. Nach Industrietätig-
keit bei AEG und Siemens im Bereich des Entwurfs analoger MOS-
Schaltungen, seit 1983 Professor für Technische Informatik und Rechner-
technologie an der Technischen Universität Berlin.

CIP-Titelaufnahme der Deutschen Bibliothek

Post, Hans-Ulrich:
Entwurf und Technologie hochintegrierter Schaltungen / von
Hans-Ulrich Post. – Stuttgart : Teubner, 1989
   (Leitfäden und Monographien der Informatik)
   ISBN 3-519-02267-2

© B. G. Teubner Stuttgart 1989

Printed in Germany
Gesamtherstellung: Zechnersche Buchdruckerei GmbH, Speyer
Umschlaggestaltung: M. Koch, Reutlingen

Vorwort

Der hohe Integrationsgrad moderner MOS-Technologien verlagert den Entwurfs-
schwerpunkt digitaler Schaltungen von der physikalischen Ebene hin zur logischen Ebene.
In der Vergangenheit optimierten technologieorientierte Schaltungsspezialisten die Funktionalität der Systeme hinsichtlich der begrenzten Chipfläche. Heute bedeuten die alltägli-
chen Systementwürfe keine Herausforderung mehr an den Chipflächenbedarf. Die Systementwickler sind im Gegenteil aufgrund der funktionellen Komplexität der Systeme oft kaum
in der Lage, das realisierbare Chipflächenangebot auszunutzen; denn der hohe Integrationsgrad bietet die Möglichkeit, komplexe Algorithmen und Programmteile direkt in VLSI-
Entwürfe umzusetzen.

Der Entwickler komplexer digitaler Systeme sollte in der Lage sein, den Entwurf durchgän-
gig von der algorithmischen Beschreibung (Verhalten) bis hin zur physikalischen Verwirkli-
chung (Layout) durchführen zu können, um effiziente Lösungen zu finden und die Fort-
schritte in der integrierten Schaltungstechnik ausnutzen zu können. Führt auch die
Entwurfsautomation und der Einsatz von Halbfertigprodukten (in Form von Standard-
zellenentwürfen und Gate-Arrays) zu einer weitgehenden Entlastung von den Problemen
der physikalischen Entwurfsebene, so soll doch mit diesem Buch das Wissen zum Entwurf
maßgeschneiderter Zellen vermittelt werden. Dieses Wissen ist für den technisch ori-
entierten Informatiker aus zweierlei Gründen interessant: Erstens wird er in die Lage versetzt, die Wahl der Entwurfsstile kritisch gegeneinander abzuwägen sowie deren
Entwicklungstrends mit ihren Auswirkungen auf den Systementwurf beurteilen zu können,
zweitens ist der Entwicklungsstand der Entwurfsautomation noch nicht abgeschlossen,
und es besteht in Verbindung mit der Anwendung von Workstations der Bedarf nach Hin-
tergrundwissen im Bereich des physikalischen Entwurfs.

In diesem Buch wird der Entwurf integrierter Schaltungen auf der Grundlage schaltungs-
orientierter Prozeßparameter dargestellt, wobei auf eine Vertiefung in die Halbleiterphysik
verzichtet wurde, da sie für den digitalen Schaltungsentwurf nicht unbedingt erforderlich ist.
Nach einem Überblick über den aktuellen Stand der Mikroelektronik folgt eine Darstellung
der Standard-MOS-Technologien. Auf der Basis eines Transistormodells, wie es in den
meisten Schaltungssimulatoren verwendet wird, werden die elementaren Grundgatter dimensioniert und hinsichtlich Schaltzeiten, Verlustleistung und Störabstand analysiert; danach werden verschiedene für die Integration typische Schaltungstechniken angespro-
chen. Die zweite Hälfte des Buches befaßt sich hauptsächlich mit der Umgebung des integrierten Schaltungsentwurfs, wie z. B. der Gegenüberstellung der VLSI-Entwurfsstile, den
CAD-Werkzeugen und den fertigungsorientierten Entwurfserfordernissen.

An dieser Stelle möchte ich Frau S. Rabe danken für ihre Hilfe bei der Gestaltung des Manuskripts mittels eines Textsystems. Ferner gilt mein Dank Herrn Dipl.-Ing. R. Kessler, der mit seinem Programmsystem zur Layout-Expansion (STELLA) ein hilfreiches Werkzeug zur Erstellung zahlreicher Bilder zur Verfügung stellte. Für die wertvollen Hinweise und Ratschläge bei der Ausarbeitung des vorliegenden Buches bin ich meinem Kollegen Herrn Prof. Dr. H. Liebig zu großem Dank verpflichtet. Außerdem möchte ich mich bei Herrn Prof. Dr. K. Waldschmidt bedanken, der mir die Anregung zur Erstellung dieses Buches gab.

Berlin, im Herbst 1988   Hans-Ulrich Post

Inhalt

Liste der verwendeten Formelzeichen und Einheiten

Symbol	Begriff	Einheit
A_D	Fläche des Source-Gebiets	m^2
A_S	Fläche des Drain-Gebiets	m^2
B	Leitfähigkeitskonstante	$A\,V^{-2}$
B_0	Leitfähigkeitskonstante ohne Beweglichkeitsreduktion	$A\,V^{-2}$
C_G	Kapazität des Gate-Bereichs	F
C_{GB}	Gate-Substrat-Kapazität	F
C_{GD}	Gate-Drain-Kapazität	F
C_{GS}	Gate-Source-Kapazität	F
C_j	Diodensperrschicht-Kapazität pro Fläche	Fm^{-2}
C_{j0}	Diodensperrschicht-Kapazität pro Fläche ohne Vorspannung	Fm^{-2}
C_{OV}	Überlappungskapazität	F
C_{OX}	spezifische Gateoxid-Kapazität pro Fläche	$F\,m^{-2}$
D	Defektdichte	Defekte/cm^2
D_I	Integrationsdichte	Komponenten/m^2
E	Elektrische Feldstärke	$V\,m^{-1}$
e	Elementarladung $\quad 1{,}602 \cdot 10^{-19}As$	$A\,s$
E_k	kinetische Energie	J
E_L	Energie des Leitungsbands	eV
E_p	potentielle Energie	J
E_V	Energie des Valenzbands	eV
g_{ds}	Kanalleitwert	S
g_m	Transistorsteilheit	S
g_{mb}	Substratsteilheit	S
I_C	Strom im Kanal eines MOSFET	A
I_D	Drainstrom eines MOSFET	A
I_{DS}	Drainstrom an der Abschnürgrenze	A
k_1	Substrateffekt-Konstante (DOMOS-Modell)	$V^{1/2}$
k_2	Kanallängenmodulations-Konstante (DOMOS-Modell)	V^{-1}
L	Länge eines MOSFET	m
L_D	Kanalverkürzung im Sättigungsgebiet	m
L_{diff}	Länge der Unterdiffusion	m
L_{eff}	effektive Kanallänge	m
n	Elektronendichte	m^{-3}
N_B	Substratdotierungsdichte	m^{-3}
P_D	Umfang des Drain-Gebiets	m
PDP	Verlustleistungs-Verzögerungsprodukt	J
P_S	Umfang des Source-Gebiets	m
Q	Ladung	C
Q_N	Flächenladungsdichte der beweglichen Ladungsträger im Kanal	$C\,m^{-2}$

Symbol	Begriff	Einheit
R	Widerstand pro quadratischer Flächeneinheit	Ω
T	Absolute Temperatur	K
t_D	Dicke der Raumladungszone zwischen Kanal und Substrat	m
t_f	Abfallzeit	s
t_{OX}	Gateoxiddicke	m
t_p	Verzögerungszeit	s
t_r	Anstiegszeit	s
$U(y)$	Spannung am Ort y im Kanal bezogen auf das sourceseitige Ende	V
U_D	Diffusionsspannung	V
U_{DS}	Drain-Source-Spannung	V
U_{DSS}	Drain-Source-Sättigungsspannung	V
U_{GC}	Gate-Kanal-Spannung	V
U_{GS}	Gate-Source-Spannung	V
U_{SB}	Substratvorspannung	V
U_T	Schwellspannung	V
U_{T0}	Schwellspannung bei $U_{SB} = 0V$	V
W	Kanalbreite eines MOSFET	m
x_C	Kanaldicke	m
x_j	Eindringtiefe der Diffusion	m
Z	Ordungszahl	
β	transistorspezifische Leitfähigkeitskonstante	$A\,V^{-2}$
β_0	ß ohne Beweglichkeitsreduktion	$A\,V^{-2}$
β_R	Widerstandsverhältnis	
γ	Substrateffekt-Konstante (SPICE-Modell)	$V^{1/2}$
ϵ_{OX}	Dielektrizitätskonstante für Siliziumoxid 0,33pF/cm	$F\,m^{-1}$
ϵ_{Si}	Dielektrizitätskonstante für Silizium 1,063pF/cm	$F\,m^{-1}$
κ	Leitfähigkeit	$S\,m^{-1}$
λ	Kanallängenmodulations-Konstante (SPICE-Modell)	V^{-1}
ρ	spezifischer Widerstand	$\Omega\,m$
μ	Beweglichkeit der Ladungsträger	$m^2\,V^{-1}\,s^{-1}$
μ_N	Beweglichkeit der Elektronen	$m^2\,V^{-1}\,s^{-1}$
μ_0	Beweglichkeit bei der Feldstärke $E = 0$	$m^2\,V^{-1}\,s^{-1}$
μ_P	Beweglichkeit der Löcher	$m^2\,V^{-1}\,s^{-1}$
τ	Zeitkonstante	S
Φ_D	Diffusionsspannung	V
Φ_F	Fermipotential	V
$2\Phi_F$	Oberflächeninversionspotential	V
Θ	Beweglichkeitsreduktionsfaktor	V^{-1}

1   Einführung in die Mikroelektronik

1.1   Einleitung

Historischer Überblick. Anhand der Tabelle 1.1 soll zunächst die historische Entwicklung der Mikroelektronik [Muro82] mit ihren Meilensteinen aufgezeigt werden. Die Produkte mit dem höchsten Entwicklungsstand sind in der Regel Speicherbausteine und Mikroprozessoren. Ausgangszeitpunkt der Vorstellung ist 1948 mit der Erfindung des Bipolartransistors.

Tabelle 1.1   Entwicklung der Mikroelektronik

Jahr	Meilenstein
1948	Erfindung des Bipolartransistors
1959	Realisierung des MOS-Transistors
1960	Einführung des Planar-Prozesses
1963	Einführung der TTL-Familie
	Erfindung der CMOS-Struktur (RCA 4000er Familie)
1971	1. kommerzieller Mikroprozessor (Intel 4004 mit 2250 Transistoren)
1978	64 kBit DRAM, 30 k Transistor-Logikschaltung
1979	16-Bit Mikroprozessor (Motorola MC68000, ca. 70 k Transistoren)
1981	256 kBit DRAM
1984	32-Bit Mikroprozessor (Motorola MC68020, ca. 225 k Transistoren)
1986	1 MBit DRAM

Die wichtigsten Daten in dieser Entwicklung sind neben der Erfindung der Transistoren die Einführung des Planar-Prozesses im Jahre 1960 und die Vorstellung des ersten kommerziellen Mikroprozessors im Jahre 1971.

Die Ablösung der Kernspeicher durch preiswerte Halbleiterspeicher hat dem Rechnerbau zu einer rasanten Entwicklung verholfen und gleichzeitig durch den wachsenden Speicherbedarf das Entwicklungstempo der Mikroelektronik forciert.

Vorteile der Mikroelektronik. Der Durchbruch der Mikroelektronik ist verbunden mit dem grundsätzlichen Bestreben, elektronische Schaltungen und Systeme

- preiswerter und
- leistungsfähiger

realisieren zu können. Andererseits lassen sich bestimmte Systemziele nur mit Hilfe der Mikroelektronik erreichen, wenn z. B., wie beim digitalen Fernsehen, hohe Abtastfrequenzen vorgegeben sind.

Im einzelnen basieren die Vorteile der Mikroelektronik auf folgenden Tatsachen:

- die Rohmaterialien wie Silizium und Aluminium sind preiswert;
- die Silizium-Technologien wurden in den letzten 25 Jahren zu einem hohen Standard entwickelt und stehen weltweit zur Verfügung;
- die Ausbeute integrierter Schaltungen ist relativ hoch, was zu einer preiswerten Herstellung führt;
- die Zugänglichkeit für den Schaltungsentwickler ist über die Design-Regeln relativ einfach;
- die Vielzahl der Schaltungstechniken und Halbleiterstrukturen ermöglicht dem Entwickler einen hohen Freiheitsgrad.

Bezogen auf den Schaltungs- und Systementwurf bietet die Miniaturisierung folgende Vorteile:

- kleines Volumen,
- geringe Verlustleistung,
- hohe Verarbeitungsgeschwindigkeit,
- hohe Zuverlässigkeit,
- niedrige Kosten bei Massenprodukten.

Betrachtet man die Entwicklung der Miniaturisierung in den letzten Jahren, dann zeigt sich ein deutlicher Zusammenhang zwischen hoher Schaltgeschwindigkeit und hoher Integrationsdichte (Bild 1.1).

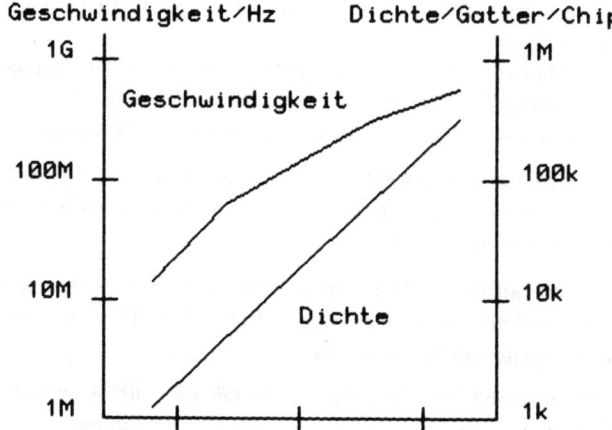

Bild 1.1   Entwicklung von Schaltgeschwindigkeit und Integrationsdichte

Beide Größen können über ein bestimmtes Verlustleistungs-Geschwindigkeits-Produkt ausgetauscht werden. Angestrebt wird jedoch die höhere Integrationsdichte, da hierbei die Vorzüge der Miniaturisierung besser zur Geltung kommen.

Anwendungsbereiche. Die Mikroelektronik hat wegen ihrer relativ niedrigen Kosten sehr viele Anwendungsbereiche erobert und dort nicht nur alte Technologien ersetzt, sondern aufgrund ihrer Integrationsdichte auch neue Möglichkeiten eröffnet. Einige dieser Anwendungsbereiche sind z. B.:

- Unterhaltungselektronik,
- Datenverarbeitung,
- Nachrichtentechnik,
- Bürowesen,
- Haushaltsgeräte,
- Prozeßautomation.

Das breite Anwendungsspektrum und die Vielzahl an Möglichkeiten, das selbe Problem auf unterschiedliche Weise zu lösen, hat viele Varianten von Herstellungsprozessen, Schaltungstechniken und Entwurfsmethoden hervorgebracht.

1.2   Grundbegriffe

Herstellungsprozeß. Als Ausgangsmaterial wurde das ursprünglich eingesetzte Germanium (Ge) durch Silizium (Si) verdrängt. Mit Galliumarsenid (GaAs) ist zwar eine höhere Elektronenbeweglichkeit möglich, dem breiten Einsatz stehen jedoch z. Z. noch sehr hohe Materialkosten gegenüber.

Die Basis zur Fertigung integrierter Schaltungen ist der 1960 erfundene Planarprozeß, bei dem auf einer planparallelen Silizium-Scheibe (Wafer) die Halbleiterstrukturen in einer Ebene angeordnet werden.

Heutzutage werden Wafer mit einem Durchmesser von 4" (10 cm) bis 6" (15 cm) in der Fertigung eingesetzt. Auf jedem Wafer werden viele gleiche integrierte Schaltkreise angeordnet (100 bis 1000), die später durch Zersägen des Wafers separiert werden können.

Neben der parallelen Fertigung auf einem Wafer ist eine weitere Kostenreduzierung durch den Stapelbetrieb möglich, bei dem in vielen Prozeßschritten eine größere Anzahl von Wafern gleichzeitig bearbeitet werden kann.

Für die Schnittstelle zur Umgebung werden die integrierten Schaltungen in Gehäusen aufgebaut. Es stehen Gehäuseformen mit bis über 200 Anschlüssen zur Verfügung.

Ausbeute (yield). Die Ausbeute y stellt die Relation dar zwischen der Anzahl funktionsfähiger Chips und der Zahl der in den Herstellungsprozeß eingebrachten Chips. Die Verluste entstehen durch:

- Prozeßmängel,
- Materialfehler,
- Aufbau,
- schlechtes Design.

Typische Ausbeuten liegen bei y = 40 %. Wesentlich geringere Ausbeuten erfordern in der Regel eine Optimierung. Bei höheren Ausbeuten ist meistens ein höherer Integrationsgrad anzustreben. Ausnahmen bilden Schaltungen, die sich hinsichtlich Komplexität oder Verarbeitungsgeschwindigkeit im Grenzbereich einer Technologie befinden.

Integrationsgrad. Der Integrationsgrad bezeichnet die Anzahl der Komponenten oder logischen Grundschaltungen pro Chip. Die absolute Chipfläche wird dabei nicht berücksichtigt.

Die Entwicklung des Integrationsgrades zeigt bis 1980 eine Verdopplung alle 1,5 Jahre und ab 1980 eine Verdopplung alle 2 bis 2,5 Jahre.

Bezüglich des Integrationsgrades unterscheidet man die in Tabelle 1.2 aufgeführte Einteilung.

Tabelle 1.2 Integrationsgrade

Integrationsstufe		Komplexität	
		Gatter/Chip	Komponenten/Chip
SSI,	Short Scale Integration	1-30	3-100
MSI,	Medium Scale Integration	30-300	100-1k
LSI,	Large Scale Integration	300-3k	1k-10k
VLSI,	Very Large Scale Integration	> 3k	> 10k
WSI,	Wafer Scale Integration	gesamter Wafer	

In der Serienproduktion befinden sich zur Zeit als größte Schaltungen:

1 MBit DRAM:	ca. 2 M Komponenten/Chip
32-Bit Mikroprozessor:	ca. 250 k Komponenten/Chip

Die typische Chip-Größe liegt zwischen $10 \, \text{mm}^2$ und $80 \, \text{mm}^2$ bei einer Verlustleistung bis zu 2 W.

Integrationsdichte. Mit der Integrationsdichte D_I wird die Zahl der Komponenten bzw. Gatter pro Chipflächeneinheit bezeichnet. Ein wesentlicher Faktor für die Integrationsdichte ist die minimal realisierbare Linienbreite L der Strukturen, die quadratisch in die Dichte eingeht:

$$D_I \sim 1/L^2.$$

Nach dem heutigen Stand der Technik werden standardmäßig Linienbreiten zwischen 1,2 μm (vorwiegend MOSFET) und 3 μm (vorwiegend Bipolartransistoren) eingesetzt. Zum Größenvergleich seien angegeben das menschliche Haar mit einem Durchmesser von rund 50 μm und das sichtbare Licht mit einer Wellenlänge von 0,35 μm bis 0,8 μm. Betrachtet man die Entwicklung der Linienbreite seit 1960, so wird deutlich, daß ungefähr alle 6 Jahre eine Halbierung der Strukturbreite erzielt wurde (Bild 1.2).

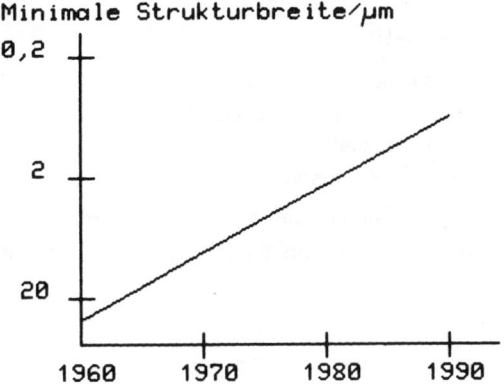

Bild 1.2　　Entwicklung der Strukturbreite

Vergleicht man diese Entwicklung gegenüber der Dichteverbesserung, so wird deutlich, daß der Integrationsgrad über den Anteil der Linienbreite hinaus wächst. Einige Gründe dafür sind:

- Abnahme der anteiligen Anschlußfläche,
- Selbstjustiermethoden,
- zusätzliche Verdrahtungsebenen,
- Reduktion der Isolationsflächen (Bipolar-, CMOS-Technologie),
- integrationsgerechte Schaltungstechniken (z. B. Domino-Logik).

Defektdichte. Mit der Defektdichte D wird die Zahl der wirksamen Defekte je Chip-flächeneinheit angegeben. Moderne MOS-Prozesse weisen eine Defektdichte D zwischen 2 Defekte/cm^2 und 5 Defekte/cm^2 auf.

1.3　　Vergleich verschiedener Logikfamilien

Die Eignung einer Halbleitertechnologie für die Großintegration wird im wesentlichen durch zwei Kriterien bestimmt:

- Flächenbedarf für das Halbleiterbauelement,
- Produkt von Leistung und Verzögerungszeit einer Gatterfunktion (power delay product).

Mit dem Flächenbedarf der Halbleiterbauelemente wird die maximale Anzahl der Transisto-ren festgelegt, die für eine Schaltung auf einem Halbleitersubstrat technisch und wirtschaft-lich realisierbar sind. Die wesentliche Grenze unter diesem Aspekt ist die Defektdichte in der Halbleiterschaltung, die noch eine wirtschaftliche Reproduzierbarkeit einer integrierten Schaltung zuläßt.

Die zweite Begrenzung für eine Schaltungsintegration ist durch die Verlustleistung P gege-ben. Die Verlustleistung steigt mit der Dichte der Bauelemente und der Höhe des System-takts der Schaltung. Die entstehende Verlustleistung muß über das Halbleitermaterial selbst und dann über das Gehäuse an die Umgebung abgeführt werden.

Mit dem Verlustleistungs-Verzögerungsprodukt PDP (power delay product),

$$PDP = P \cdot t_{pd} = C \cdot U^2$$

P   Verlustleistung pro Gatter,
t_{pd} Verzögerungszeit eines Gatters,
C   Schaltkapazität,
U   Signalspannungshub,

läßt sich dann bei einer vorgegebenen maximal zulässigen Gehäusebelastung und der gewünschten Systemfrequenz abschätzen, ob ein Schaltungsproblem auf einem Chip integrierbar ist.

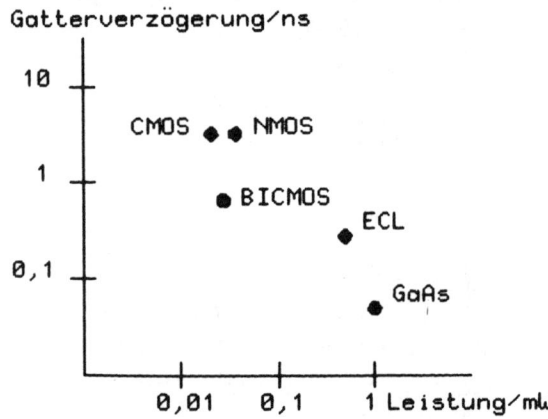

Bild 1.3   Verlustleistungs-Verzögerungsprodukte für verschiedene Schaltungs-
               techniken

Das Diagramm in Bild 1.3 zeigt , daß die Bipolartechnik ECL (emitter coupled logic) aufgrund ihrer hohen Verlustleistung für eine Großintegration nicht geeignet ist. Ihr maximaler Integrationsgrad liegt z. Z. bei etwa 10 k Gatter pro Chip. Ähnliches gilt für Galliumarsenid-MESFET-Schaltungen (MESFET: metal semiconductor FET), wo die schwierige Fertigung z. Z. eine Beschränkung des Integrationsgrades auf ca. 3 k Gatter verursacht.

Die CMOS-Technik bietet den Vorteil der geringen Verlustleistung bei niedrigen Frequenzen, die jedoch bei hohen Frequenzen in den Verlustleistungsbereich der Einkanal-MOS-Technik reicht.

Die p-Kanal-Technik hat wegen ihrer geringen Geschwindigkeit gegenüber der n-Kanal-Technik heute keine Bedeutung mehr. Historisch gesehen stand jedoch die p-Kanal-Technik am Anfang hochintegrierter Schaltungen, da der p-Kanal-Prozeß einfach zu realisieren ist.

Als neueste Entwicklung werden zunehmend Mischtechnologien wie BICMOS bzw.

BiCMOS (Bipolar-CMOS) eingeführt. Bei diesen Prozessen läßt sich die gute Treiber-
fähigkeit des Bipolartransistors mit der hohen Integrationsdichte der CMOS-Technologie
vereinigen.

Die Wahl einer Technologie wird auch von ihrer Prozeßkomplexität beeinflußt. In Tabelle
1.3 ist ein Vergleich verschiedener Standard-Technologien vorgenommen.

Tabelle 1.3   Vergleich verschiedener Standard-Halbleitertechnologien

Merkmale	GaAs	ECL	NMOS	CMOS	BICMOS
Zahl der Masken	5-6	8	6	7-8	10-12
Diffusions-/Implantationsschritte	3	5	3	5	6
Chipfläche/Gatter/μm^2	0,5k	1,5k	0,5k	1k	1k
Gatterverzögerungszeit/ns	0,1	0,5	3	3	3
Statische Verlustleistung/mW	1	0,5	0,1	0,001	0,001
Power-Delay-Produkt/pJ	0,1	0,25	0,3	0,003	0,003

Darin wird deutlich, daß die ECL-Technologie hinsichtlich der Großintegration wegen hoher
Kosten und Verlustleistung wenig Vorteile bietet, dagegen die NMOS-Technologie im Mittel
am besten dasteht, was sich auch dadurch ausdrückt, daß z. Z. die Spitzenprodukte mit
dem höchsten Integrationsgrad (32-Bit Mikroprozessor, 1 MB DRAM) in der NMOS-Technologie gefertigt werden.

Der Trend zur Anwendung verläuft allerdings in Richtung der CMOS-Technik, da mit der
fortschreitenden Miniaturisierung und dem Bestreben nach kleineren Versorgungsspannungen der Störabstand gegenüber der NMOS-Technik besser ist.

GaAs-MESFET-Schaltungen werden aufgrund der teuren Herstellung vorerst nur für
höchste Schaltgeschwindigkeiten bei mittlerem Integrationsgrad eingesetzt.

Der Stellenwert von BICMOS kann z. Z. wegen seiner geringen Verbreitung noch nicht ab-
geschätzt werden. Da es aber bislang keine reine BICMOS-Logik gibt, ist zu erwarten, daß
aufgrund des geringfügigen technologischen Mehraufwands gegenüber der CMOS-
Technologie der bipolare Zusatz ein Grundelement moderner CMOS-Prozesse sein wird.

1.4 Aufgabenbereiche im IC-Entwurf

Der Schluß der Einleitung soll auf den Ausgangspunkt, den Entwurf einer integrierten Schaltung zurückführen.

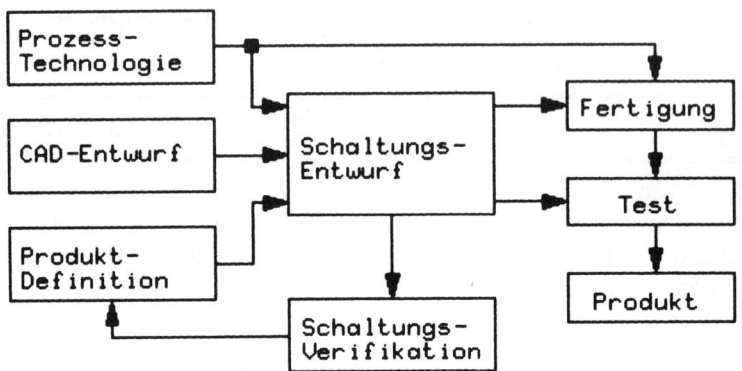

Bild 1.4   Ablauf eines IC-Entwurfs

Das Flußdiagramm in Bild 1.4 zeigt, daß Technologie, CAD-Entwurfsmittel, Schaltungs-entwurf, Fertigung und Test eng miteinander verknüpft sind und daher der integrierte Schaltungsentwurf wegen seiner Komplexität nicht unterschätzt werden darf.

Impulse für neue Produktbereiche werden hauptsächlich vom Fortschritt der Prozeß-technologien geprägt. Kleinere Strukturabmessungen und zusätzliche schaltungs-technische Möglichkeiten, wie z. B. Mischtechnologien und Mehrlagenverdrahtung, eröff-nen dem Entwickler integrierter Schaltungen neue Perspektiven hinsichtlich Integrations-grad und Geschwindigkeit.

Die Komplexität moderner Systeme verlagert jedoch die Entwurfsproblematik von der Technologie zu den Entwurfswerkzeugen. Der hohe Integrationsgrad kann wirtschaftlich nur unter Einsatz leistungsfähiger CAD-Werkzeuge genutzt werden. In Zukunft wird die Qualität einer höchstintegrierten Schaltung entscheidend von der Leistungsfähigkeit des eingesetzten CAD-Systems beeinflußt werden.

2. MOS-Technologien

2.1 Halbleiter

2.1.1 Elektronenschalen und Bändermodell

Zum Verständnis der Funktion der Halbleiterbauelemente (z. B. der Transistoren) ist es notwendig, das Wesen der Stromleitung in Festkörpern [Fras81] [Kneu82] etwas genauer zu betrachten.

Nach dem Bohrschen Atommodell besteht ein Atom aus einem Atomkern und einer in sogenannte Schalen gegliederten Elektronenhülle.

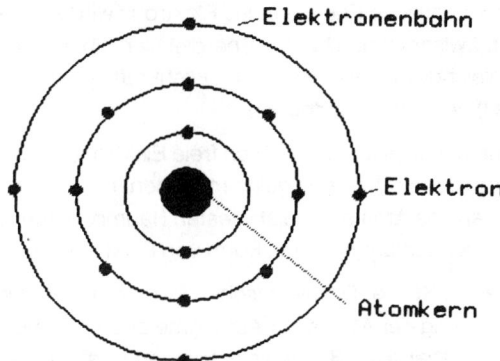

Bild 2.1   Atommodell eines Silizium-Atoms

Die chemischen Elemente unterscheiden sich durch die Anzahl Z der Protonen im Atomkern, Ordnungszahl genannt, nach der die chemischen Elemente im Periodensystem klassifiziert werden. Silizium hat z. B. $Z = 14$.

Bei neutralen Atomen ist die Anzahl der Elektronen in der Hülle gleich der Ordnungszahl. Die Elektronen sind die kleinsten Teilchen negativer Elektrizität. Ihre Ladungsmenge beträgt

$$Q = -e = -1.6 \bullet 10^{-19} \text{ As.}$$

Die gesamte elektrische Ladung der Elektronenhülle eines Atoms beträgt

$$Q = Z \bullet (-e).$$

Der Atomkern enthält außer den Z Protonen, die jeweils eine Ladung $+ e$ besitzen, noch die Anzahl N Neutronen, die keine Ladung haben. Ein einzelnes Atom ist also in der Regel nach außen hin elektrisch neutral, da sich die Ladungen der Elektronenhülle und des Kerns gegenseitig aufheben.

Nach dem Bohrschen Atommodell bewegen sich die Elektronen in der Atomhülle auf kreisförmigen oder elliptischen Bahnen um den Kern. Zu jedem Elektron, das sich auf einer solchen Bahn befindet, gehört eine bestimmte Energie E, die sich aus einer potentiellen Energie E_P und einer kinetischen Energie E_k zusammensetzt

$$E = E_P + E_k.$$

Potentielle Energie. Die potentielle Energie resultiert aus der Existenz des elektrischen Feldes, das der positiv geladene Atomkern verursacht. E_P ist dabei so definiert, daß sie gleich der Arbeit ist, die erforderlich ist, um ein unendlich weit entferntes Elektron bis auf den Abstand der Schale an das Atom zu nähern. Dabei wird Energie gewonnen, da die Ladungen von Kern und Elektron unterschiedliche Vorzeichen haben und sich die Teilchen anziehen, d. h., die potentielle Energie ist negativ. Ein Elektron, das sich auf einer engeren Bahn befindet, hat also eine kleinere potentielle Energie als eines, das sich auf einer weiter entfernten Bahn befindet.

Kinetische Energie. Die kinetische Energie eines Elektrons wird aus seiner Umlaufgeschwindigkeit bestimmt. Zwischen den beiden Energieteilen gibt es eine Abhängigkeit, denn wegen des Bahngleichgewichts müssen sich Fliehkraft F_k (kinetisch) und Anziehungskraft F_p (potentiell) gegenseitig aufheben.

Negative Ladungen können dargestellt sein durch freie Elektronen oder negativ geladene Ionen, positive Ladungen nur durch positiv geladene Ionen. In Festkörpern sind, anders als in Flüssigkeiten und Gasen, die Atome an relativ festen Raumpunkten angeordnet. Das heißt, in Festkörpern können Ladungen nur in Form von Elektronen bewegt werden.

Leitende und nichtleitende Stoffe. Die elektrischen Eigenschaften der Elemente werden weitgehend durch die Neigung der Atome zur Aufnahme oder Abgabe von Elektronen bestimmt. Die Stoffe werden daher gemäß ihrem elektrischen Verhalten unterteilt in

- Leiter,
- Halbleiter,
- Nichtleiter (Isolatoren).

Um die Leitfähigkeit eines Festkörpers zu untersuchen, ist es notwendig, die Energie zu betrachten, die erforderlich ist, um ein Atom zu ionisieren. Diese Ionisierungsenergie ist dann relativ klein, wenn sich wenigstens ein Elektron des Atoms bereits auf einem hohen Energieniveau befindet. Die Elektronen der äußeren Schale haben das höchste Energieniveau aller Elektronen eines Atoms. Aus dieser Abhängigkeit ergibt sich für die Gesamtenergie des Elektrons ähnliches wie für seine potentielle Energie:

- die Energie des Elektrons ist negativ,
- ein Elektron auf einer inneren Bahn hat eine geringere Energie, als eines auf einer weiter
  entfernten Bahn.

Nach der Quantenbedingung sind für den Abstand einer Schale vom Kern nur diskrete Werte möglich. Für die Besetzung der innersten vier Schalen mit Elektronen gilt das Gesetz

$$k_n = 2 \cdot n^2,$$

wobei n den Index der Schale angibt (innerste Schale n = 1) und k_n die maximale Anzahl von Elektronen in der Schale. Die Elektronen versuchen immer, das niedrigste Energieniveau einzunehmen, d. h. auf einer inneren Schale Platz zu finden.

Der Zustand, bei dem die gesamte Elektronenhülle eines Atoms ihr geringstes Energieniveau hat, wird auch Grundzustand der Hülle genannt. Er ist im Periodensystem der Elemente angegeben. Bei einem Wasserstoffatom (Bild 2.2) ist im Grundzustand nur die Bahn n = 1 mit einem Elektron besetzt. Wird diesem Elektron Energie zugeführt, z. B. durch ein elektrisches Feld, so kann das Elektron auf ein höheres Energieniveau gehoben werden. Umgekehrt wird beim Übergang auf eine kernnähere Schale Energie abgegeben.

Die Energie wird in der Einheit Elektronenvolt (eV) angegeben.

$$1 \text{ eV} = 1,6 \cdot 10^{-19} \text{ AsV}$$

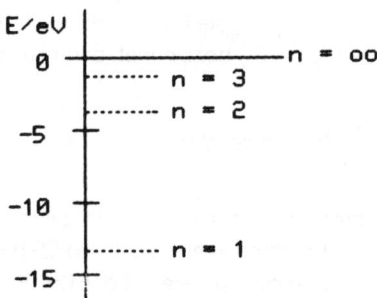

Bild 2.2   Energieniveaus eines H-Atoms

Für n = ∞ ist das Elektron unendlich weit vom Kern entfernt, so daß es praktisch nicht mehr zum Kern gehört. Ein Elektron, das sich auf diesem Energieniveau (E = 0) befindet, ist nicht mehr an den Kern gebunden und damit frei beweglich. Man nennt es deshalb freies Elektron. Dem Atom fehlt dann ein Elektron, d. h., der Atomrest ist positiv geladen. Man bezeichnet den geladenen Atomrest als Ion.

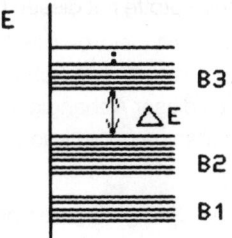

Bild 2.3   Bändermodell

Bändermodell. Diese bisher angestellten Energiebetrachtungen bezogen sich stets auf ein Einzelatom, bei dem als Energiewerte der Elektronen nur diskrete Werte möglich sind. Eine starke gegenseitige Beeinflussung von Atomen, wie sie bei starker Annäherung, z. B. in einem Kristallgitter, gegeben ist, führt wegen der Überlagerung der elektrischen Felder der einzelnen Atome zu einer Aufspaltung der diskreten Energieniveaus. Das Energieniveau einer Schale wird dann in so viele diskrete Energieniveaus aufgespalten, wie Atome in Wechselwirkung zueinander treten. Bei einer großen Anzahl von Atomen entsteht so aus dem diskreten Energieniveau einer Schale ein Energieband (Bild 2.3).

Valenzband. Als Valenzband bezeichnet man das äußerste nicht leere Band eines Atoms, wobei alle inneren Bänder voll besetzt sind. Die Elektronen der äußeren Schale eines Atoms, die sogenannten Valenzelektronen, befinden sich im Valenzband.

Leitungsband. Als Leitungsband bezeichnet man das innerste nicht voll besetzte Band eines Atoms. Für die Stromleitung haben voll besetzte Bänder keine Bedeutung, da sie keine freien Elektronen aufnehmen können. Das heißt, die inneren Schalen einer Elektronenhülle, die voll besetzt sind, sind für die Stromleitung bedeutungslos. Ein voll besetztes Valenzband trägt zur Stromleitung auch nichts bei. Ein nicht vollständig besetztes Valenzband ist gleichzeitig Leitungsband. Wird die niedrigste Energie des Leitungsbands mit E_L und die höchste Energie des Valenzbands mit E_V bezeichnet, dann beträgt die Energielücke $\triangle E$

$$\triangle E = E_L - E_V.$$

Bezüglich der elektrischen Leitfähigkeit der Stoffe lassen sich folgende Möglichkeiten unterscheiden:

1. Bei nicht leitenden Festkörpern ist das Valenzband voll besetzt und das Leitungsband befindet sich auf einem höheren Energieniveau (Bild 2.4a). Den Elektronen muß also eine sehr große Energie $\triangle E$ zugeführt werden, um sie auf das Leitungsband anzuheben und damit frei beweglich zu machen.

2. Das Valenzband ist voll besetzt, der Übergang zum Leitungsband erfordert jedoch eine geringere Energiezufuhr E als bei den Isolatoren (Bild 2.4b). Diese Stoffe werden als Halbleiter bezeichnet. Die Grenze zu den Isolatoren wird üblicherweise bei $\triangle E = 3$ eV festgelegt.

3. Das Valenzband ist voll besetzt und überschneidet sich teilweise mit dem nichtbesetzten Leitungsband (Bild 2.4c). Hier können auch Elektronen von anderen Bändern bei Energiezufuhr in das Leitungsband übergehen. Stoffe mit diesen Eigenschaften sind Leiter.

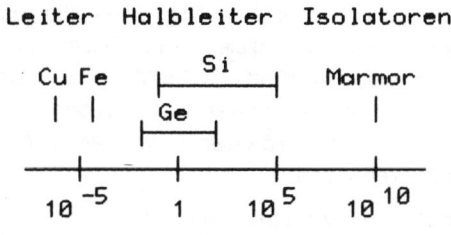

a) ΔE ——— Leitungsband
——— Valenzband

b) ΔE ——— Leitungsband
——— Valenzband

c) ——— Leitungsband
——— Valenzband

Bild 2.4   Energieschemen verschiedener Stoffe: a) Isolator, b) Halbleiter, c) Leiter

Unterscheidet man feste Stoffe nach ihrer Leitfähigkeit, so zeigt sich, daß zwischen der Gruppe der Leiter (Metalle) und der Nichtleiter (Isolatoren) die Gruppe der Halbleiter existiert (Bild 2.5).

Leiter   Halbleiter   Isolatoren

Cu Fe   Si   Marmor
 | | Ge
             |

10^{-5} 1 10^5 10^{10}

Spezifischer Widerstand [Ohm cm]

Bild 2.5   Leitfähigkeit einiger Leiter, Halbleiter und Isolierstoffe bei 20 ^{0}C

2.1.2   Der homogen dotierte Halbleiter

Ein besonderes Kennzeichen der Halbleiterwerkstoffe sind 4 Elektronen in der äußeren Elektronenschale (Valenzelektronen). Die Valenzelektronen dienen sämtlich zur Bindung (Elektronenpaarbindung) von Nachbaratomen. Diese Bindungsart ermöglicht unter Voraussetzung eines extrem hohen Reinheitsgrades ein regelmäßiges Auskristallisieren des Halbleiters.

Es wird unterschieden zwischen elementaren Halbleitern, die aus chemischen Elementen (Germanium, Silizium) bestehen, und intermetallischen oder halbleitenden Verbindungen. Letztere bestehen aus einer chemischen Verbindung von zwei Elementen zu gleichen Teilen mit paarweise 8 Valenzelektronen.

Als Beispiel sei Galliumarsenid genannt. Das Molekül dieses Halbleiters besteht aus einem Galliumatom mit 3 Valenzelektronen und einem Arsenatom mit 5 Valenzelektronen. Jedes

Atom besitzt also im Mittel 4 Valenzelektronen.

Die Energielücken △E einiger technisch interessanten Halbleiter sind in Tabelle 2.1 zusammengefaßt.

Tabelle 2.1   Energielücken einiger chemischer Elemente

chemisches Element	Energielücke △E/eV
Silizium Si	1,12
Germanium Ge	0,66
Galliumarsenid GaAs	1,52
Diamant C	6,70

Eine große Energielücke △E bedeutet eine schlechte Leitfähigkeit und umgekehrt. Der hohe Wert △E = 6,7 eV für Diamant kennzeichnet einen sehr guten Isolator. Ein ebenfalls sehr guter Isolator ist Siliziumdioxid mit △E = 8 eV, welches deshalb eine breite Verwendung in der Halbleiterfertigung findet.

Am Beispiel von Silizium wird das Verhalten eines Halbleiters aufgezeigt. Silizium kristallisiert im sogenannten Diamantgitter. Ein solcher völlig regelmäßig ausgebildeter Kristall wird Einkristall genannt. Das Si-Atom hat 4 Valenzelektronen. Diese üben auf die Valenzelektronen benachbarter Atome eine bindende Kraft aus. Die Valenzelektronen im Kristallgitter bilden Elektronenpaare. Jedes Si-Atom ist auf diese Weise mit den 4 ihm benachbarten Atomen verbunden. Man stellt sich vor, daß die Valenzelektronen die Atomkerne gemeinsam umfliegen und so miteinander verbinden.

Zur Verdeutlichung der elektrischen Vorgänge im Halbleiter genügt die wesentlich übersichtlichere ebene Darstellung (Bild 2.6).

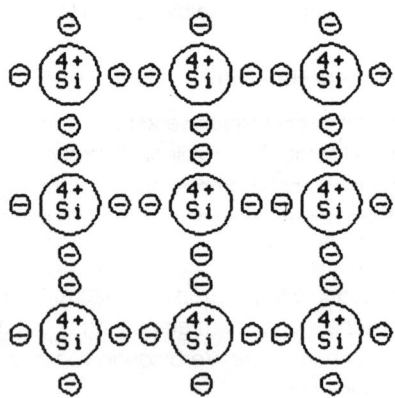

Bild 2.6   Ebene Darstellung eines Siliziumkristalls

Wären alle Valenzelektronen tatsächlich - wie in Bild 2.6 gezeichnet - fest an die Atome gebunden, so könnte beim Anlegen einer elektrischen Spannung an den Kristall kein Strom fließen, da ja dann keine frei beweglichen Elektronen vorhanden sind. Dieser Zustand trifft jedoch nur für den absoluten Nullpunkt der Temperatur (0 K = - 273 °C) zu. Für diesen Fall ist der Kristall ein idealer Isolator.

Generation. Durch die Zufuhr von Energie (Wärme, Licht, Strahlung) schwingen die Atome um ihre Ruhelage, und es können einzelne Bindungen gelöst werden. Das Entstehen von freien Elektronen durch das Aufbrechen der Elektronenpaarbindung nennt man Generation. Das im Kristallgitter eingebaute Si-Atom ist elektrisch neutral. Ein abgespaltenes Elektron hinterläßt eine Elektronenfehlstelle, auch Defektelektron oder Loch genannt. Diese Fehlstelle bedeutet den Wegfall der negativen elektrischen Ladung eines Elektrons. Hierdurch wirkt das bisher neutrale Atom nach außen hin als positiv geladenes Atom. Das Loch kann demnach als Träger einer positiven Elementarladung angesehen werden, deren Betrag mit dem der negativen Elementarladung eines Elektrons übereinstimmt. Freie Elektronen und Defektelektronen entstehen immer paarweise (Bild 2.7).

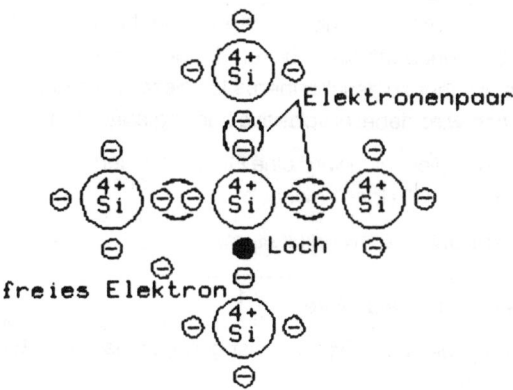

Bild 2.7   Elektronenpaarbindung

Rekombination. Ein freies Elektron führt eine ungerichtete Schwirrbewegung im Halbleiterkristall aus. Kommt es dabei in die Nähe eines Loches, so füllt es dieses aus, indem es in den Fehlplatz eintritt. Diesen Vorgang, bei dem jeweils ein freies Elektron und ein Loch verschwinden, bezeichnet man als Rekombination. Die Wahrscheinlichkeit der Rekombination wird um so größer, je größer die Konzentration der freien Elektronen und der Löcher wird. Es bildet sich ein Gleichgewichtszustand, bei dem die Anzahl der pro Zeiteinheit durch Generation entstehenden beweglichen Elektronen und Löcher genauso groß ist, wie die Zahl der in der gleichen Zeit durch Rekombination verschwindenden Elektronen und Löcher. Es ergibt sich so eine konstante Konzentration an beweglichen Elektronen. Diese Konzentration ist um so größer, je höher die Temperatur des Halbleiters ist.

Legt man an ein Stück reines Silizium eine elektrische Spannung, so wandern die freien Elektronen durch den Kristall in der Richtung vom Minuspol zum Pluspol (Elektronenstrom,

Bild 2.8). Außerdem kann unter dem Einfluß der angelegten Spannung ein einem Loch be-
nachbartes, gebundenes Valenzelektron in das Loch wandern. Dadurch verschwindet das
alte Loch, während am vorherigen Platz des gewanderten Valenzelektrons ein neues Loch
entsteht. Dieser Vorgang kann sich fortsetzen. In das neue Loch rückt jeweils ein anderes
gebundenes Valenzelektron nach, so daß als Ergebnis das Loch ebenfalls durch ein Kristall
wandert (ähnlich einer Lücke in einer Schlange nachrückender Autos).

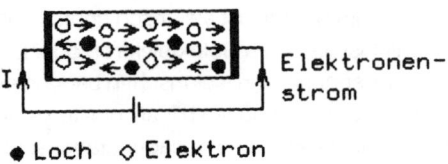

● Loch ◇ Elektron

Bild 2.8   Schematische Darstellung des Elektronen- und des Löcherstroms

Die Wanderungsrichtung der Löcher ist entgegengesetzt zur Flußrichtung der Elektronen,
d. h. vom Pluspol zum Minuspol. Es ist üblich, den Teil der Ladungsträgerbewegung, der
durch das vorstehend beschriebene Nachrücken der gebundenen Elektronen entsteht,
durch das Wandern der Löcher zu beschreiben. Man bezeichnet daher diesen Stromanteil
als Löcherstrom. Ein Loch wird dabei als positive Ladung aufgefaßt.

Mit der Ladungsträgerbeweglichkeit μ wird eine Größe definiert, mit der sich Ladungsträger
unter Einfluß eines elektrischen Feldes bewegen

$$\mu = \frac{\text{mittlere Driftgeschwindigkeit/ms}^{-1}}{\text{elektrische Feldstärke/Vm}^{-1}}.$$

Die Ladungsträgerbeweglichkeit für Löcher μ_P ist geringer als die für Elektronen μ_N. Einige
Werte sind in Tabelle 2.2 angegeben.

Tabelle 2.2   Ladungsträgerbeweglichkeit einiger Halbleiter

Halbleiter	μ_N (Elektronen)/$m^2V^{-1}s^{-1}$	μ_P (Löcher)/$m^2V^{-1}s^{-1}$
Germanium Ge	0,39	0,19
Silizium Si	0,15	0,05
Galliumarsenid GaAs	0,5	0,03

Für die Leitungsvorgänge im reinen Halbleiter sind also zwei entgegengesetzt wirkende
Vorgänge wichtig: die Generation und die Rekombination. Die Anzahl der durch Aufbrechen von Bindungen entstehenden Ladungsträgerpaare nimmt mit steigender Temperatur
stark zu. Diese temperaturabhängige Leitfähigkeit in Halbleitern wird thermische Eigenleit-
fähigkeit oder kurz Eigenleitung genannt. Im Bereich normaler Temperatur von 270 K bis
370 K ist pro 7 K mit einer Verdopplung der Leitfähigkeit zu rechnen.

Im Gegensatz zu Metallen, deren Widerstand mit steigender Temperatur zunimmt, sind reine Halbleiter Heißleiter. Ihr Widerstand bei Zimmertemperatur ist jedoch wesentlich höher als bei metallischen Leitern (Bild 2.9).

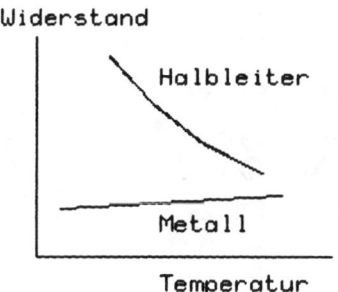

Bild 2.9   Temperaturabhängigkeit von Halbleitern und Metallen

Dotierung. Die relativ geringe elektrische Leitfähigkeit kann wesentlich vergrößert werden, wenn durch gezielte Verunreinigungen Fremdatome in den Halbleiterkristall eingebaut werden. Diesen Vorgang bezeichnet man als Dotieren. Man benutzt hierzu Stoffe, die entweder ein Valenzelektron mehr (Donatoren) oder ein Valenzelektron weniger (Akzeptoren) haben als das Silizium. Die Plätze im Kristallgitter, die durch ein Fremdatom eingenommen werden, bezeichnet man als Störstellen. Die Anzahl der Störstellen ist im Verhältnis zu den Siliziumatomen sehr gering, etwa $1:10^{14}$. Donatoren besitzen 5 Valenzelektronen, von denen 4 Elektronen Bindungen mit den Valenzelektronen der Nachbaratome eingehen. Das fünfte Valenzelektron findet keine Bindung, es bleibt übrig, d. h., es kann sich als freies Elektron durch den Kristall bewegen (Bild 2.10). Gleichzeitig wird das Donatoratom zum positiven Ion, denn es hat eine positive Kernladung mehr als Elektronen vorhanden sind. Die Wirkungen der Ladungsträger heben sich auf. Auch der dotierte Halbleiter verhält sich nach außen hin elektrisch neutral.

Typische Donatoren sind:

- Arsen (As),
- Antimon (Sb),
- Phosphor (P),
- Lithium (Li).

Mit dem Freiwerden von Elektronen nimmt die Leitfähigkeit des Halbleiters zu. Da diese Leitfähigkeit durch negative Ladungsträger hervorgerufen wird, spricht man von n-Leitfähigkeit und n-Halbleiter. Neben den bei Raumtemperatur stark vertretenen freien Elektronen enthält der n-Halbleiter auch wenige Defektelektronen aufgrund der Eigenleitung.

Die zahlenmäßig überwiegenden Ladungsträger heißen Majoritätsträger; es sind bei n-Leitung die Elektronen. Die schwach vertretenen Träger nennt man Minoritätsträger.

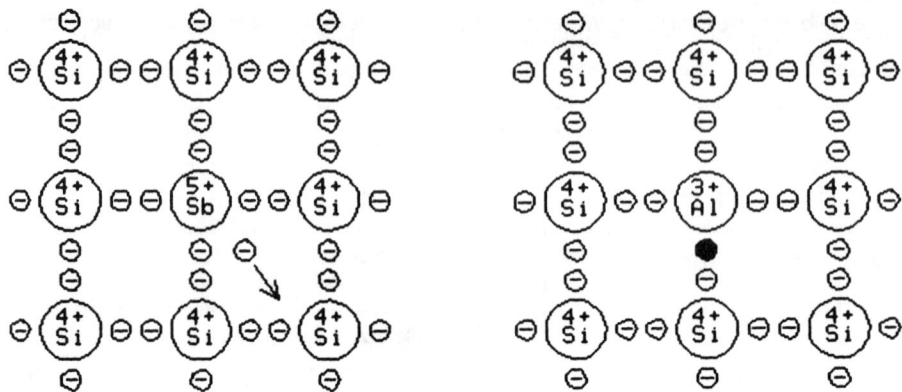

Bild 2.10   n-Leitung und p-Leitung

Im Gegensatz zum n-Halbleiter sind beim p-Halbleiter positive Ladungsträger, also Defektelektronen, die Majoritätsträger. Ein p-Halbleiter wird durch Dotieren mit Akzeptoren hergestellt. Die Akzeptoren besitzen 3 Valenzelektronen, also eines zu wenig, um 4 Valenzelektronen eines Nachbaratoms binden zu können (Bild 2.10). Diese Leerstellen ziehen Valenzelektronen aus den benachbarten Bindungen an, die an dieser Stelle Defektelektronen
hinterlassen. Die Defektelektronen bewegen sich als positive Elementarladungen durch
den Kristall. Das Akzeptoratom wird zum negativen Ion, denn es besitzt eine negative Ladung mehr, als der Atomkern ausgleichen kann.

Typische Akzeptoren sind:

- Bor (B),
- Gallium (Ga),
- Aluminium (Al),
- Indium (In).

Beispiele für Dotierungen. In 1 cm^3 eines Halbleiterkristalls befinden sich etwa 10^{22}
Atome. Für übliche Dotierungen gelten die Werte in Tabelle 2.3.

Tabelle 2.3   Beispiele für Dotierungen

Typ	spez. Widerstand/$(\Omega/\square)$	Dotierung/Fremdatome cm^{-3}
n :	5	10^{15}
n$^+$:	0,03	10^{18}
p :	2	10^{16}
p$^+$:	0,05	10^{18}

2.2 Der pn-Übergang

pn-Übergang ohne äußere Spannung. Fügt man einen p-Halbleiter und einen n-Halbleiter zusammen, die beide zunächst elektrisch neutral sind, so findet in der Grenzschicht ein Ladungsträgeraustausch statt. Vom n-leitenden Gebiet diffundieren Elektronen in das p-leitende Gebiet und rekombinieren dort mit Löchern. Umgekehrt dringen Löcher aus dem p-leitenden Gebiet in das n-leitende Gebiet und rekombinieren mit freien Elektronen. Es entsteht ein ladungsträgerfreies Gebiet, die sogenannte Sperrschicht. Bei diesem Vorgang bleiben die festeingebauten ionisierten Störstellenatome mit ihren positiven und negativen Ladungen zurück (Bild 2.11).

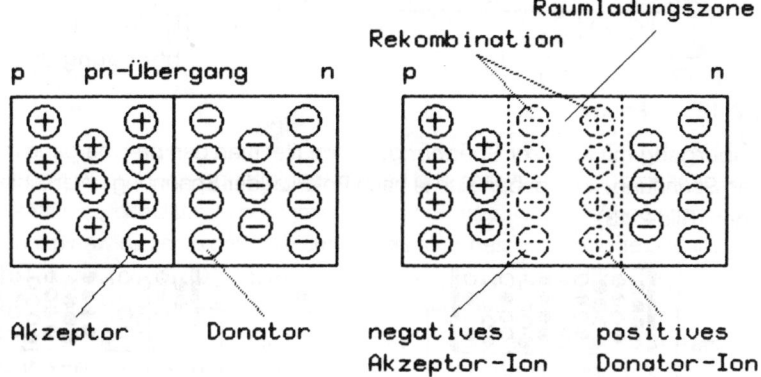

Bild 2.11   pn-Übergang ohne äußere Spannung

Innerhalb einer gewissen Zone entstehen zu beiden Seiten der Grenzschicht Raumladungen, d. h. die n-Schicht wird leicht positiv, während die p-Schicht leicht negativ wird (Bild 2.12). Wie zwischen den Platten eines geladenen Kondensators, so besteht auch zwischen den Ladungen der Grenzschicht ein elektrisches Feld und somit eine elektrische Spannung.

Dieses Feld wirkt einer weiteren Diffusion entgegen; die Diffusion begrenzt sich also selbst, so daß es zu einem Gleichgewichtszustand kommt. Die durch Ladungsträgerdiffusion entstehende elektrische Spannung wird als Diffusionsspannung U_D bezeichnet (Bild 2.12). Als durchschnittliche Werte gelten für Germanium etwa 0,3 V und für Silizium etwa 0,7 V.

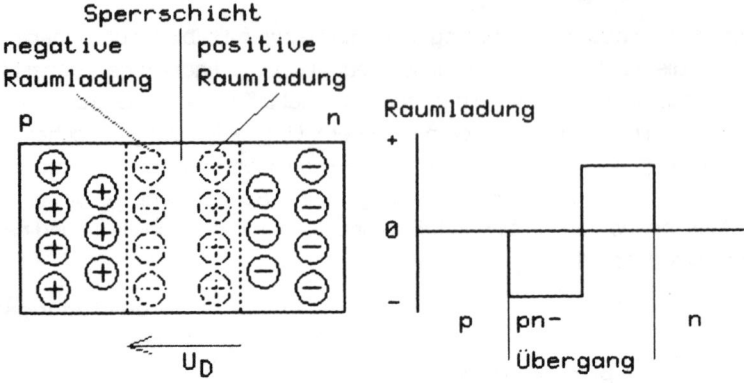

Bild 2.12   Raumladung

pn-Übergang mit äußerer Spannung. Beschaltet man den pn-Übergang mit einer elektrischen Spannung, so ergeben sich je nach Polarität der Spannung unterschiedliche Wirkungen (Bild 2.13).

Bild 2.13   Sperrzustand und Durchlaßzustand

Ist der negative Pol der Spannungsquelle mit der p-Zone und der positive Pol mit der n-Zone verbunden, werden die Elektronen zur Pluselektrode und die Löcher zur Minuselektrode abgesaugt. In der Mitte entsteht eine Zone, die frei ist von beweglichen Ladungsträgern. Diese Zone läßt keinen Majoritätsträgerstrom zu (Isolatoreigenschaft des Halbleiters). Tatsächlich kommt jedoch ein schwacher Strom aufgrund der thermischen Eigenleitung zustande. Man bezeichnet diesen Strom als Sperrstrom. Der pn-Übergang ist in Sperrichtung geschaltet.

Ist der positive Pol der Spannungsquelle mit der p-Zone und der negative mit der n-Zone verbunden, so wirkt die äußere Spannung der Diffusionsspannung entgegen. Das den Ladungsträgerübergang verhindernde elektrische Feld wird abgebaut. Die äußere Spannung treibt aus dem p-Gebiet Defektelektronen in großer Zahl über die abgebaute Schranke in das n-Gebiet, wo sie mit den dort zahlreich vorhandenen Elektronen rekombinieren. In gleicher Weise strömen Elektronen aus dem n-Gebiet in das p-Gebiet und rekombinieren dort mit Löchern. Es fließt also ein Strom durch den Halbleiter, der sich aus einem Defektelektronenstrom im p-Gebiet und einem Elektronenstrom im n-Gebiet zusammensetzt (Leitereigenschaft des Halbleiters). Da der Strom bereits bei kleinen Spannungen erhebliche Werte erreicht, spricht man von der Durchlaßrichtung des pn-Übergangs. Genauer betrachtet setzt der Stromfluß jedoch erst ein, wenn die angelegte Spannung größer ist als die Diffusionsspannung U_D.

Diode. Das technische Bauelement, bestehend aus einem Halbleitereinkristall mit einem pn-Übergang, wird als Diode bezeichnet. Der Strom durch die Diode in Abhängigkeit von der außen angelegten Spannung wird durch die Kennlinie der pn-Diode beschrieben (Bild 2.14).

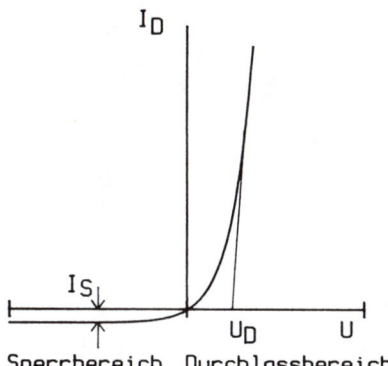

Bild 2.14   Kennlinie der pn-Diode

Dort, wo die Tangente an die Stromkennlinie im Durchlaßbereich die waagerechte Achse schneidet, läßt sich die Diffusionsspannung (Durchlaßspannung) U_D ablesen. Im Sperrbereich fließt nur ein sehr kleiner Sättigungsstrom I_S (Nanoampere).

2.3 MOS-Transistormodell

2.3.1 Übersicht

Unipolare Transistoren arbeiten im Gegensatz zu bipolaren Transistoren mit gesperrten pn-Übergängen, die durch die Wirkung eines elektrischen Feldes gesteuert werden. Man nennt sie daher auch Feldeffekttransistoren (FET). Das Prinzip wurde bereits Anfang der 30iger Jahre beschrieben, jedoch ließen die damals zur Verfügung stehenden technologischen Mittel keine praktische Auswertung zu. Erst 1960 durch Einführung der Planartechnik wurde es möglich, FETs industriell zu fertigen. Heute unterscheidet man zwischen zwei Gruppen von FETs, den Sperrschicht-FETs und den Isolierschicht-FETs (IGFET).

Außerdem gibt es zwei Ausführungsarten von Feldeffekttransistoren, p-Kanal- und n-Kanal-Typen. Da in der grundsätzlichen Arbeitsweise kein Unterschied besteht, werden im weiteren vorwiegend nur n-Kanal-Typen näher erläutert.

Der wesentliche Unterschied des Isolierschicht-FET gegenüber dem Sperrschicht-FET besteht darin, daß die steuernde Gate-Elektrode des Sperrschicht-FET vom Halbleitermaterial durch eine sehr dünne Oxidschicht isoliert ist. Aus dieser Schichtfolge leitet sich auch die angelsächsische Bezeichnung Metal-Oxid-Semiconductor-FET (MOSFET) ab, wenn auch heutzutage moderne MOS-Transistoren keine Metall-Gate-Elektrode mehr aufweisen. Beim MOSFET gibt es ebenfalls bezüglich der Polarität des Halbleitermaterials n- und p-Kanal-Typen. Sie funktionieren prinzipiell in gleicher Weise, nur daß die Polaritäten aller Spannungen und Ströme entgegengesetzt sind. Weiterhin kann man bei MOSFETs selbstsperrende (Anreicherungstyp, enhancement) und selbstleitende Typen (Verarmungstyp, depletion) unterscheiden.

Sperrschicht-FETs weisen aufgrund ihres Funktionsprinzips (nur reiner Verarmungstyp möglich) gegenüber den Isolierschicht-FETs ungünstigere Schaltereigenschaften auf und sind daher für die Anwendung innerhalb der Digitaltechnik weniger geeignet.

Eine Übersicht der wichtigsten Feldeffekttransistortypen ist in Tabelle 2.3 dargestellt.

Tabelle 2.3   Übersicht der Feldeffekttransistortypen und ihre Schaltzeichen mit Bezeichnung der Elektroden: Drain (D), Gate (G), Source (S) und Substrat (B)

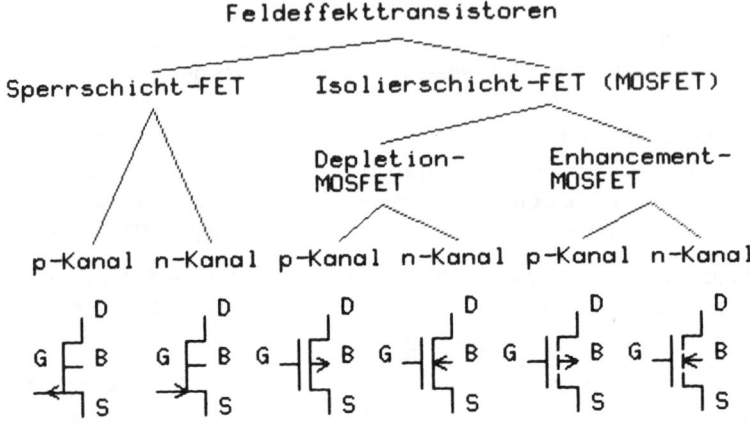

Selbstsperrender MOSFET (Enhancement-MOSFET). Bei einem n-Kanal-MOSFET
werden in das p-leitende Substrat zwei stark n-dotierte Zonen (n^+-Zonen) eingebracht
(Bild 2.15), die als Source- bzw. Drain-Gebiete (S, D) dienen und mittels Metallbahnen verknüpft werden können. Die metallische Gate-Elektrode G bildet mit dem darunter liegenden
Substrat einen Plattenkondensator, wobei die Isolierschicht aus Siliziumdioxid (SiO_2) das
Dielektrikum darstellt. Bei positiver Gate-Spannung gegenüber dem Substrat wird die dort
vorhandene Elektronendichte durch Influenzwirkung erhöht. Es entsteht die sog. Inversionsschicht, die hier einen n-leitenden Kanal (channel) zwischen Drain und Source auf-
baut, so daß beim Anlegen einer Drain-Source-Spannung U_{DS} ein Drainstrom I_D fließt. Mit
der Höhe der Gate-Source-Spannung U_{GS} läßt sich die Dicke der Inversionsschicht - also
der wirksame Kanalquerschnitt - und damit der Drainstrom I_D steuern. Der MOSFET weist
noch eine vierte Elektrode auf, und zwar den Substratanschluß B (bulk). Er wird zumeist
mit dem Source-Potential verbunden, damit die Kanal-Substrat-Diode immer in Sperrichtung gepolt ist. Bei gemeinsam auf einem Substrat integrierten Transistoren ist die Sub-
stratelektrode nicht für jeden Transistor einzeln zugänglich.

Der behandelte MOSFET gehört zum sog. Anreicherungstyp. Bei ihm müssen die zum
Stromtransport notwendigen Ladungsträger - wie beschrieben - erst durch Anlegen einer
Gate-Source-Spannung im Kanalgebiet angereichert werden. Bei $U_{GS} = 0$ ist die Inversionsschicht und damit der Kanal nicht vorhanden, so daß - abgesehen von Restströmen -
kein Strom zwischen Source und Drain fließen kann, d. h. der MOSFET ist selbstsperrend.

Bei MOSFETs wird diejenige Spannung U_{GS}, bei der die Bildung der Inversionsschicht im
Kanalgebiet gerade einsetzt, als Schwellspannung U_T (threshold voltage) bezeichnet. Sie
ist u. a. durch Oberflächenladungen an der Grenzfläche zwischen Substrat und Gateoxid
bedingt, und es muß erst mit der Spannung U_T ein Gegenfeld erzeugt werden, bevor sich

ein Kanal aufbauen kann.

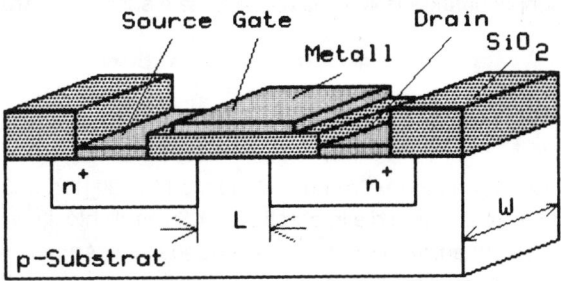

Bild 2.15   Struktur eines selbstsperrenden n-Kanal-MOSFET mit der Kanallänge L und
der Kanalweite W

Selbstleitender MOSFET (Depletion-MOSFET). Das Gegenstück zum Anreicherungs-
MOSFET ist der sog. Verarmungstyp (Bild 2.16). Bei diesem Transistortyp ist bereits bei
U_{GS} = 0 eine Inversionsschicht, d. h. ein leitender Kanal vorhanden. Der selbstleitende
Kanal wird in der Regel mittels Ionenimplantation verwirklicht. Die Dotierung des Kanals
erfolgt durch Ionenbeschuß des Kanalbereichs.

Bei negativer Gate-Source-Spannung tritt im n-Kanal eine Verarmung an frei beweglichen
Ladungsträgern ein, d. h. eine Verkleinerung der Inversionsschicht und damit eine Abnahme des Drainstroms I_D. Andererseits kann durch eine positive Gate-Source-Spannung
die Inversionsschicht noch vergrößert werden, wodurch diese MOSFET-Art auch Eigenschaften des Anreicherungstyps aufweist. Es handelt sich somit hier um MOSFETs, die
sowohl im Verarmungs- als auch im Anreicherungsgebiet arbeiten können.

Der Depletion-Transistor hat im Gegensatz zum Enhancement-Transistor eine Schwellspannung mit entgegengesetztem Vorzeichen.

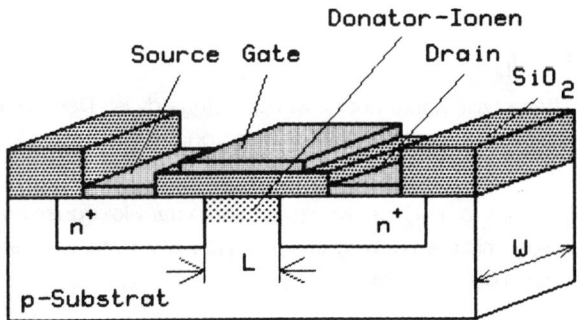

Bild 2.16   Struktur eines selbstleitenden n-Kanal-MOSFET mit der Kanallänge L und der
Kanalweite W

2.3.2 Strom-Spannungscharakteristik

Die Strom-Spannungscharakteristik eines MOSFET läßt sich in drei Arbeitsbereiche auftei-
len:

- Triodenbereich,
- Sättigungsbereich,
- Sperrbereich.

Die einfachen Modellgleichungen (Shichman-Hodges-Modell) [HoJa83] [Mösc81] für
MOS-Transistoren werden durch die Integration der Stromdichte J(x,y) über den gesamten
Kanalquerschnitt gewonnen, wobei zur Vereinfachung einige Annahmen vorausgesetzt
werden, wie z. B. konstante Kanallänge, Vernachlässigung der Randeffekte, homogene
Dotierung.

Bild 2.17 zeigt die zur Aufstellung eines MOSFET-Modells relevanten Strukturabmessungen.

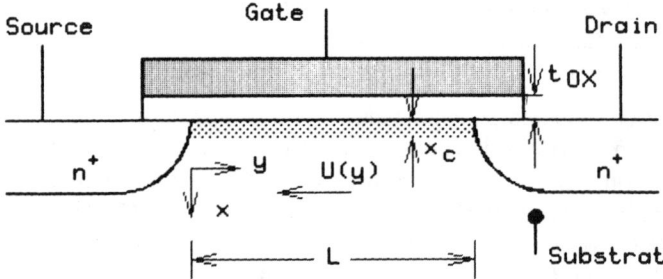

Bild 2.17   Längsquerschnitt eines n-Kanal-MOSFET

Der Strom I_D im Kanal eines MOSFET läßt sich aus dem Spannungsabfall dU entlang der
Kanallänge dy bestimmen

$$dU = I_D \, dR,$$

wobei dR der differentielle Kanalwiderstand der Länge dy ist. Der Kanal selbst hat die konstante Weite W, die konstante Länge L und eine von der y-Richtung abhängige Kanaltiefe
$x_c(y)$.

Mit der Leitfähigkeit $\kappa = e \, n \, \mu_N$, der Konzentration n der Elektronen im Kanal, der Elektro-
nenladung e und der mittleren Beweglichkeit μ_N der Elektronen im Kanal, gilt für den diffe-
rentiellen Widerstand dR der Ansatz

$$dR = \frac{dy}{\kappa \, x_c(y) \, W} = \frac{dy}{e \, n \, \mu_N \, x_c(y) \, W},$$

Als Vereinfachungen wird eine mittlere Elektronenbeweglichkeit μ_N angenommen, die unabhängig vom Ort ist.

Der MOS-Transistor kann als Plattenkondensator betrachtet werden, der im Kanal die flächenspezifische Ladung $Q_N(y)$ aufweist

$$Q_N(y) = e \, n \, x_c(y).$$

Die Ladung $Q_N(y)$ wird durch die Gateoxid-Kapazität C_{OX} und die effektiv wirksame Gate-Kanalspannung $U_{GC} = U_{GS} - U_T - U(y)$ bestimmt:

$$Q_N(y) = C_{OX} (U_{GS} - U_T - U(y)).$$

Die spezifische Gateoxid-Kapazität C_{OX} ist abhängig von der Oxiddicke t_{OX} und der Dielektrizitätskonstanten ϵ_{OX} des Gateoxids:

$$C_{OX} = \epsilon_{OX}/t_{OX} \qquad (F/cm^2).$$

Die Gleichung für den Drainstrom I_D läßt sich somit umschreiben:

$$I_D \, dy = Q_N(y) \, \mu_N \, W \, dU \qquad \text{bzw.}$$

$$I_D \, dy = \mu_N \, C_{OX} \, W \, (U_{GS} - U_T - U(y)) \, dU.$$

Die Integration über der Kanallänge L bzw. dem Spannungsabfall U_{DS} im Kanal ergibt:

$$I_D \int_O^L dy = \mu_N \, C_{OX} \, W \int_O^{U_{DS}} (U_{GS} - U_T - U(y)) \, dU$$

Triodenbereich. Die Lösung der Integrale führt zur Stromgleichung des MOS-Transistors für den Triodenbereich:

$$I_D = \mu_N \, C_{OX} \, \frac{W}{L} (U_{GS} - U_T - U_{DS}/2) U_{DS}.$$

Zusammen mit der Leitfähigkeitskonstanten $B = \mu_N \, C_{OX} \, (A/V^2)$ wird die transistorspezifische Leitfähigkeitskonstante ß eines MOSFET definiert durch:

$$ß = B \cdot W/L \qquad (A/V^2),$$

womit für die Stromgleichung im Triodenbereich mit $(U_{GS} - U_T) > U_{DS}$ gilt:

(2.1) $$I_D = B \, \frac{W}{L} (U_{GS} - U_T - U_{DS}/2) U_{DS}.$$

Bild 2.18 zeigt, wie bei einem MOSFET, der im Triodenbereich arbeitet, die Kanaltiefe von Source nach Drain entsprechend der effektiven Gate-Kanal-Spannung abnimmt.

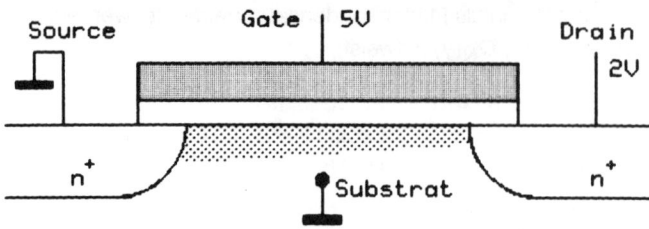

Bild 2.18   n-Kanal-MOSFET im Triodenbetrieb

Sättigungsbereich. Bei der Spannung $U_{DS} = U_{GS} - U_T$ geht der MOS-Transistor in den Sättigungsbetrieb über, weil am Kanalende (Drain) die wirksame Steuerspannung 0 wird. Ersetzt man in Gl. (2.1) U_{DS} durch $U_{GS} - U_T$, erhält man die Stromgleichung für den Sättigungsbereich:

$$(2.2) \qquad I_D = \frac{B}{2} \frac{W}{L} (U_{GS} - U_T)^2.$$

Mit der Spannung $U_{GS} - U_T = U_{DS}$ wird der Kanal am Drain abgeschnürt, und der Strom I_D wird nur noch von U_{GS} gesteuert. Wird die Spannung $U_{DS} > U_{GS} - U_T$, erfolgt eine Kanalverkürzung L_D (Bild 2.19), und die Elektronen (n-Kanal-MOSFET) werden aufgrund des positiven Feldes von der Drain-Elektrode angezogen. Dieser Effekt der Kanalverkürzung wird zunächst in Gl. (2.2) noch nicht berücksichtigt.

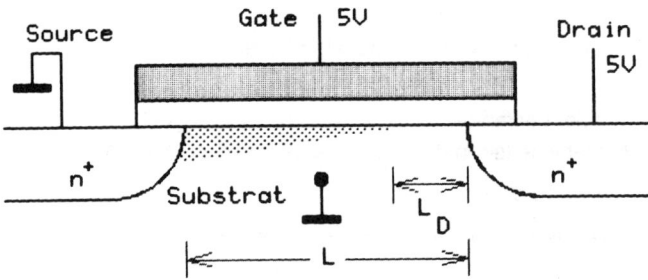

Bild 2.19   n-Kanal-MOSFET im Sättigungsbetrieb

Der MOSFET hat im Triodenbereich einen rein ohmschen Charakter. Im Sättigungsbereich zeigt er aufgrund seiner Unabhängigkeit von U_{DS} ein Konstantstromverhalten.

Der Enhancement-Transistor wird in der Digitaltechnik vorwiegend als Schalter eingesetzt, der Depletion-Transistor findet dagegen hauptsächlich als Lastwiderstand Anwendung.

2.3.3   Strom-Spannungs-Kennlinien

Die Strom-Spannungs-Charakteristika des MOS-Transitors lassen sich mit der Steuerkennlinie $I_D = f(U_{GS})$ und dem Ausgangskennlinienfeld $I_D = f(U_{DS})$ veranschaulichen. In
Bild 2.20 sind die Kennlinien für einen n-Kanal-Enhancement-Transistor und in Bild 2.21 die
für einen n-Kanal-Depletion-Transistor dargestellt.

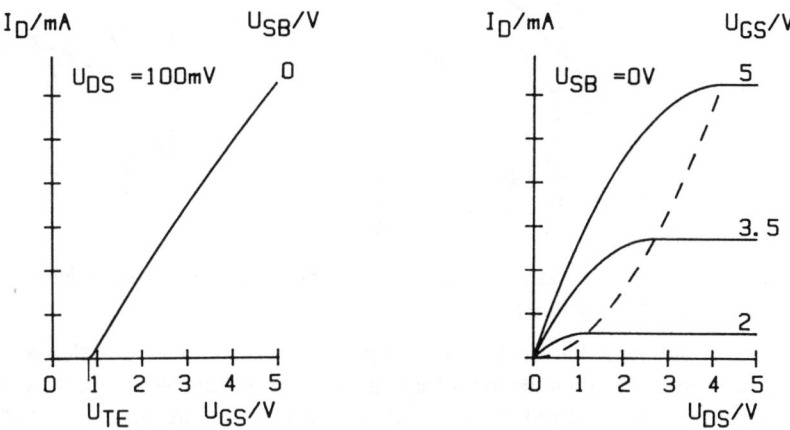

Bild 2.20   Steuerkennlinie und Ausgangskennlinienfeld für einen selbstsperrenden
              n-Kanal-MOSFET

Die Steuerkennlinie wird bei konstanter Drain-Source-Spannung U_{DS} (z. B.
U_{DS} = 100 mV) und bei konstanter Substrat-Spannung U_{SB} (z. B. U_{SB} = 0 V) gemessen.
Wegen des kleinen Wertes von U_{DS} verläuft die Steuerkennlinie fast ausschließlich im Triodenbereich, wodurch der Einsatz des Stromflusses bei der Schwellspannung U_T besonders deutlich wird. Das Ausgangskennlinienfeld zeigt Strom-Spannungs-Kurven für verschiedene Gate-Source-Spannungen U_{GS} bei konstanter Substrat-Spannung U_{SB}.

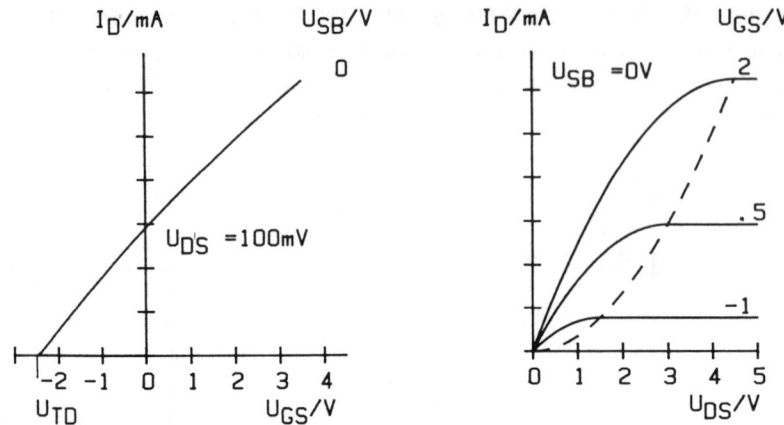

Bild 2.21   Steuerkennlinie und Ausgangskennlinienfeld für einen selbstleitenden
n-Kanal-MOSFET

Die Messung der Steuerkennlinie ist besonders zur Ermittlung der Transistorparameter geeignet (siehe Kap. 10). Im Ausgangskennlinienfeld wird das Betriebsverhalten verdeutlicht. Die gestrichelte Linie an der Stelle $U_{DS} = U_{GS} - U_T$ bildet die Grenze zwischen dem Triodenbereich (links) und dem Sättigungsbereich (rechts). Der Übergang der Ausgangskennlinien in einen waagerechten Verlauf charakterisiert das Konstantstromverhalten des MOSFET im Sättigungsbereich.

2.3.4 Modellerweiterungen

Die einfachen Modellgleichungen sind für eine exakte Schaltungsberechnung zu ungenau und deshalb höchstens für Überschlagsrechnungen und Abschätzungen geeignet. Der Stromfehler kann bei dem durch die Gleichungen (2.1) und (2.2) beschriebenen Transistormodell je nach Arbeitspunkt mehr als 30 % betragen. Der Entwurf von Schaltungen in Einkanal-Technik und insbesondere der von Treiberschaltungen erfordert jedoch Modelle, die weitere Transistoreffekte berücksichtigen, um eine zuverlässige Schaltungsanalyse zu gewährleisten.

Aus der Literatur [Elma74] sind zahlreiche Modelle bekannt, die das Verhalten des MOS-Transistors wesentlich genauer beschreiben. Dafür sind jedoch komplexe Modelle erforderlich, die eine Handrechnung unmöglich und eine rechnergestützte Schaltungssimulation aufgrund langer Rechenzeiten unwirtschaftlich werden lassen. Bei den häufig eingesetzten Modellen für die Schaltungssimulation (z. B. SPICE) [HoNi85] [Nage75] wird deshalb ein Kompromiß aus Rechenzeitbedarf und Genauigkeit der Ergebnisse gewählt. Der Fehler dieser Modelle liegt je nach Arbeitspunkt des Transistors im Bereich von 5 % bis 10 %, was für die meisten Schaltungsberechnungen ausreicht.

Im folgenden sollen nun einige der wichtigsten Effekte und Modellergänzungen aufgezeigt werden, mit denen eine genauere Schaltungsberechnung möglich ist.

Substrateffekt. Die Schwellspannung U_T eines MOS-Transistors setzt sich aus mehreren Ladungsanteilen zusammen, zu denen auch die Ladung der Raumladungszone zwischen Kanal und Substrat gehört. Diese Ladung ist abhängig von der angelegten Spannung zwischen Source und Substrat (Substratvorspannung U_{SB}), d. h. daß auch die Schwellspannung von dieser Spannung abhängig ist.

Für die Spannungsabhängigkeit der Schwellspannung gilt:

$$U_T = U_{TO} + \gamma(\sqrt{U_{SB} + 2\Phi_F} - \sqrt{2\Phi_F}),$$

U_{TO} Schwellspannung bei $U_{SB} = 0$ V,
γ Substrateffektkonstante,
$2\Phi_F$ Oberflächeninversionspotential ($2\Phi_F \approx 0{,}6$ V).

Zur Abschätzung bei Handrechnungen läßt sich folgende Näherungsgleichung verwenden:

$$U_T = U_{TO} + \gamma\sqrt{U_{SB}}.$$

Die Substrateffektkonstante γ ist ein Technologieparameter, der u. a. von der Oxiddicke t_{OX} und der Dotierung N_B des Substratmaterials abhängt:

$$\gamma = \frac{t_{OX}}{\epsilon_{OX}}\sqrt{2e\,\epsilon_{Si}\,N_B}.$$

Der Substrateffekt hat eine Reduzierung des Kanalstroms I_D zur Folge. In dem Steuerkennlinienfeld Bild 2.22 wird der Einfluß des Substrateffekts durch eine positive Verschiebung der Kennlinie zu höheren Schwellspannungen deutlich.

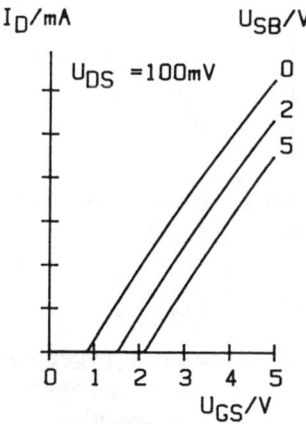

Bild 2.22   Einfluß des Substrateffekts

Für die Schaltungssimulation wird γ in der Regel meßtechnisch ermittelt. Schaltungstechnisch stört der Substrateffekt besonders bei den Lasttransistoren in Einkanal-MOS-Techniken, da deren Source-Elektrode mit dem vollen Signalhub betrieben wird. Außerdem muß der Substrateffekt bei Transmission-Gates berücksichtigt werden.

Beweglichkeitsreduktion. Bei hohen Gate-Source-Spannungen vergrößert sich das elektrische Feld senkrecht zur Bewegungsrichtung der Ladungsträger im Kanal, und die Beweglichkeit nimmt ab. Dieser Effekt der Beweglichkeitsreduktion wird durch folgende Gleichung modelliert:

$$\mu = \frac{\mu_0}{1 + \Theta(U_{GS} - U_T)}$$

bzw.

$$B = \frac{B_0}{1 + \Theta(U_{GS} - U_T)}$$

μ_0 Beweglichkeit bei der Feldstärke E = 0.

Der Beweglichkeitsreduktionsfaktor Θ (V^{-1}) ist ein technologieabhängiger Parameter, der ebenfalls meßtechnisch bestimmt wird. Der Einfluß der Beweglichkeitsreduktion (Bild 2.23) bewirkt ein Abflachen des Stromanstiegs bei höheren Gate-Source-Spannungen.

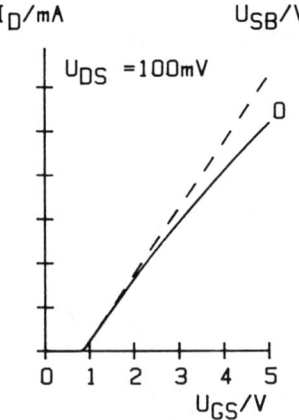

Bild 2.23   Einfluß der Beweglichkeitsreduktion

Kanallängenmodulation. Entgegen der bisher angegebenen Modellgleichung (2.2) für den Sättigungsbereich steigt der Strom oberhalb der Abschnürgrenze weiter an (Bild 2.24). Dieser Effekt ist dadurch zu erklären, daß sich am Drain eine an Ladungsträgern verarmte Zone bildet, die nicht mehr als steuerbarer Kanal berücksichtigt werden darf. Mit dem

Drainstrom an der Abschnürgrenze $I_D = I_{DS}$ gilt dann für den weiteren Stromanstieg oberhalb dieser Grenze

$$I_D = I_{DS} \frac{L}{L - L_D}.$$

Die Kanalverkürzung am Kanalende wird mit L_D bezeichnet. Aus der Beziehung für die Kanallängenmodulation wird deutlich, daß dieser Effekt besonders stark bei kurzen Transistoren wirksam wird.

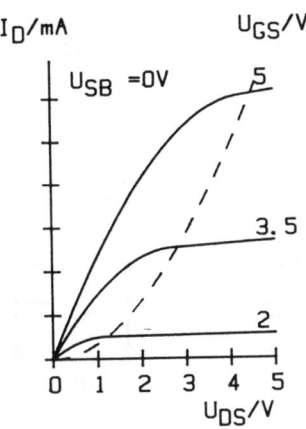

Bild 2.24   Einfluß der Kanallängenmodulation

Die Berechnung der Kanalverkürzung [Sibb77] ergibt sich aus

$$L_D = k_2 \sqrt{U_{DS} - U_{DSS}}$$

k_2 Kanallängenmodulationskonstante $(\mu m V^{-1/2})$,

U_{DSS} Sättigungsspannung, U_{DS} an der Stelle $U_{GS} - U_T$.

Weitere Modellergänzungen. Mit der Verkleinerung der Strukturen (Kanalbreite, Kanallänge) bei den modernen Technologien (unter 5 μm) treten zusätzliche Effekte [Zimm82] in den Vordergrund, die gegebenenfalls bei der Schaltungssimulation mit berücksichtigt werden müssen.

So werden bei sehr kurzen Transistoren die Schwellspannung und der Substrateffekt verringert (Short-Channel-Effekt) und bei sehr schmalen Transistoren die Schwellspannung und der Substrateffekt erhöht (Narrow-Channel-Effekt). Außerdem zeigt sich bei sehr kurzen Kanälen eine Abhängigkeit der Schwellspannung von der angelegten Drain-Source-Spannung U_{DS}, und auch die Beweglichkeit der Ladungsträger nimmt stark ab (heiße Ladungsträger).

Diese Effekte führen zu weiteren zum Teil komplexen Modellergänzungen, die den Rechenzeitbedarf bei der Schaltungssimulation stark erhöhen. Der Schaltungsentwickler sollte deshalb in Abhängigkeit seines Schaltungsproblems entscheiden und prüfen, welche Effekte besonders kritisch sind.

2.3.5 Kapazitätsmodell

Zur Analyse des dynamischen Verhaltens einer Schaltung sind wegen des Zusammenhangs τ = RC für die Zeitkonstante neben den Strom-Spannungsbeziehungen gleichgewichtig die Kapazitäten an einem MOSFET zu berücksichtigen.

Grundsätzlich wird zwischen spannungsabhängigen und spannungsunabhängigen Kapazitäten unterschieden. Bild 2.25 zeigt die dominierenden, parasitären Kapazitäten an einem MOS-Transistor.

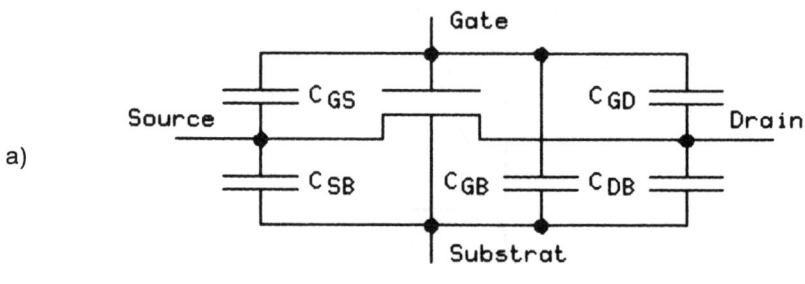

a)

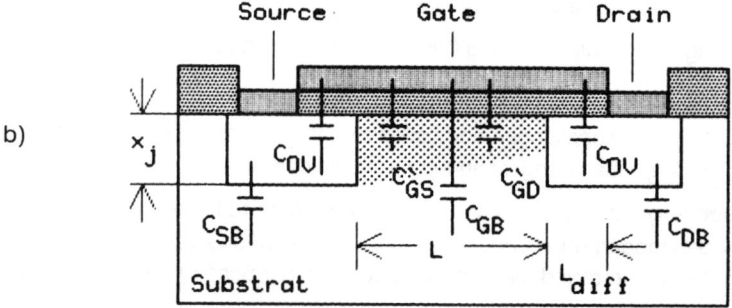

b)

Bild 2.25   Kapazitäten an einem MOSFET: a) Ersatzschaltbild, b) Struktur

Die wichtigsten zu berücksichtigenden parasitären Kapazitäten an einem MOSFET bilden die spannungsabhängigen Sperrschichtkapazitäten an Source C_{SB} und Drain C_{DB} sowie die Gate-Source-Kapazität C_{GS} und die Gate-Drain-Kapazität C_{GD}. Die beiden letzteren setzen sich aus der spannungsunabhängigen Überlappungskapazität C_{OV} und den spannungsabhängigen Gate-Kanal-Kapazitäten C_{GS}' und C_{GD}' zusammen. Außerdem wird noch im Fall des gesperrten Transistors die Gate-Substrat-Kapazität C_{GB} wirksam, die beim leitenden MOS-Transistor durch den Kanal isoliert ist.

Die Überlappungskapazität C_{OV} kann mit der Länge L_{diff} der Unterdiffusion berechnet werden:

$$C_{OV} = C_{OX} \cdot W \cdot L_{diff},$$

wobei

$$C_{OX} = \epsilon_{OX}/t_{OX}$$

die spezifische Gateoxid-Kapazität ist.

Die Spannungsabhängigkeit der flächenspezifischen Sperrschichtkapazität C_j wird mit folgender Beziehung modelliert:

$$C_j = \frac{C_{j0}}{(1 + \frac{U_{SB(DB)}}{\Phi_D})^{1/2}},$$

Φ_D Diffusionsspannung ($\Phi_D = 0{,}6\,V$),
C_{j0} Sperrschichtkapazität pro Fläche ohne Vorspannung ($U_{SB(DB)} = 0$).

Die Geometrien zur Berechnung der MOS-Transistor-Kapazitäten sind im Bild 2.26 dargestellt. Die Grundfläche des Source-Gebiets A_S und die des Drain-Gebiets A_D werden durch die Kantenlängen a und b bestimmt:

$$A_S = (a + L_{diff})\,b,$$
$$A_D = (a + L_{diff})\,b.$$

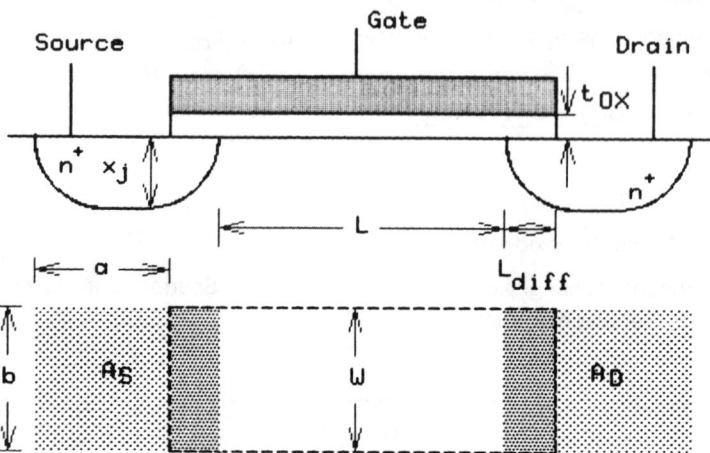

Bild 2.26 Querschnitt und Draufsicht eines MOSFET

Die Umfänge P_S und P_D der Diffusionsgebiete berechnen sich aus:

$$P_S = 2(a + L_{diff}) + 2b,$$

$$P_D = 2(a + L_{diff}) + 2b.$$

Mit der Gate-Kapazität C_G

$$C_G = C_{OX} \cdot W \cdot L$$

gelten für die einzelnen Arbeitsbereiche eines MOS-Transistors die im folgenden aufgeführten, vereinfachten Beziehungen für die parasitären Kapazitäten.

Sperrbereich. Im Sperrbereich sind an der Gate-Elektrode die Überlappungskapazitäten C_{OV} nach Source und Drain sowie die Gate-Substrat-Kapazität C_{GB} wirksam:

$$C_{GS} = C_{OV},$$

$$C_{GD} = C_{OV},$$

$$C_{GB} = C_G.$$

An der Source- und Drain-Elektrode befinden sich neben der Überlappungskapazität noch die Dioden-Sperrschichtkapazitäten C_{SB} bzw. C_{DB}:

$$C_{SB} = C_j(A_S + x_j P_S),$$

$$C_{DB} = C_j(A_D + x_j P_D).$$

Die Flächen A_S und A_D stellen die Grundflächen des Source- bzw. Drain-Gebietes dar. Der Umfang dieser Gebiete wird mit P_S bzw. P_D bezeichnet. Die Berechnung der Randflächen aus dem Produkt von Eindringtiefe x_j und den Flächenumfängen stellt eine einfache, aber zulässige Näherung dar, weil die Ränder nicht senkrecht abfallen.

Triodenbereich. Im Triodenbereich muß neben den bisher erwähnten Kapazitäten zusätzlich die Sperrschichtkapazität im Kanal berücksichtigt werden. Eine für die Analyse digitaler Schaltungen zulässige Vereinfachung schlägt eine Hälfte des Kanalgebiets dem Source-Gebiet und die andere dem Drain-Gebiet zu. Für die Kapazitäten gelten mit den Näherungen der spannungsabhängigen Gate-Kapazitäten $C_{GS}{'} = C_{GD}{'} = C_G/2$ im einzelnen:

$$C_{GS} = C_{0V} + C_G/2,$$

$$C_{GD} = C_{0V} + C_G/2,$$

$$C_{SB} = C_j(A_S + W\,L/2 + x_j\,P_S),$$

$$C_{DB} = C_j(A_D + W\,L/2 + x_j\,P_D),$$

$$C_{GB} = 0.$$

Sättigungsbereich. In guter Näherung werden für den Sättigungsbereich 2/3 der Gate-Kapazität C_G dem Source ($C_{GS}{'} = 2/3 C_G$) und 1/3 dem Drain ($C_{GD}{'} = 1/3 C_G$) zugeordnet. Mit dieser Annahme ergeben sich folgende Beziehungen für die Kapazitäten:

$$C_{GS} = C_{0V} + 2/3\,C_G,$$

$$C_{GD} = C_{0V} + 1/3\,C_G,$$

$$C_{SB} = C_j(A_S + 2/3\,W\,L + x_j\,P_S),$$

$$C_{DB} = C_j(A_D + 1/3\,W\,L + x_j\,P_D),$$

$$C_{GB} = 0.$$

Die MOS-Kapazitäten liegen im fF-Bereich (10^{-15} F) und können meßtechnisch direkt nicht erfaßt werden. Die Kapazitätswerte werden in der Regel aus den Strukturgeometrien des Transistors berechnet.

2.3.6 Kleinsignal-Parameter

Obwohl MOSFETs in digitalen Schaltungen nur mit großen Signalhüben betrieben werden und ihr Verhalten daher hauptsächlich mit den Großsignal-Parametern analysiert werden muß, so lassen sich doch mit Hilfe der Kleinsignal-Parameter häufig in einfacher Form Abschätzungen durchführen. Ein Beispiel für die Anwendung der Kleinsignal-Parameter ist die Berechnung der Störabstände (Kapitel 5).

Für Betrachtungen digitaler Schaltungen genügt die einfache Kleinsignalersatzschaltung in Leitwertform, wie sie in Bild 2.27 dargestellt ist.

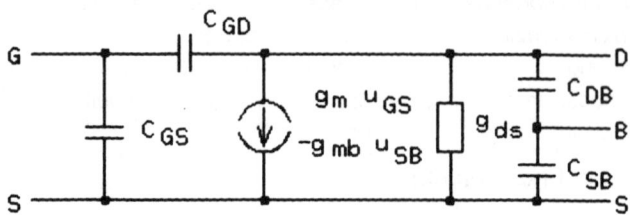

Bild 2.27   MOSFET-Kleinsignalersatzschaltung

Die Elemente der Kleinsignalersatzschaltung sind neben den Kapazitäten der Kanalleitwert g_{ds}, die Steilheit g_m und die Substratsteilheit g_{mb}. Die Substratsteilheit g_{mb} resultiert aus dem Substrateffekt und wirkt der Steilheit g_m entgegen. Die Kleinsignal-Parameter werden für den Trioden- und den Sättigungsbereich aus der Differentiation der Stromgleichungen (2.1) und (2.2) bestimmt.

Triodenbereich.

$$g_m = \left. \frac{\partial I_D}{\partial U_{GS}} \right|_{U_{DS} = \text{const.}} = B\,W/L\,U_{DS}$$

$$g_{sd} = \left. \frac{\partial I_D}{\partial U_{DS}} \right|_{U_{GS} = \text{const.}} = B\,W/L\,(U_{GS} - U_T - U_{DS})$$

$$g_{mb} = \left. \frac{\partial I_D}{\partial U_{SB}} \right|_{U_{GS},\,U_{DS} = \text{const.}} = B\,W/L\,U_{DS}\,\frac{\gamma}{2\sqrt{2\Phi_F + U_{SB}}}$$

Sättigungsbereich.

$$g_m = \left. \frac{\partial I_D}{\partial U_{GS}} \right|_{U_{DS} = \text{const.}} = B\,W/L\,(U_{GS} - U_T)$$

$$g_{sd} = \left. \frac{\partial I_D}{\partial U_{DS}} \right|_{U_{GS} = \text{const.}} = B\,W/L\,(U_{GS} - U_T)^2\,\frac{k_2}{4\,L\sqrt{U_{DS} - U_{DSS}}}$$

$$g_{mb} = \left. \frac{\partial I_D}{\partial U_{SB}} \right|_{U_{GS},\,U_{DS} = \text{const.}} = B\,W/L\,\frac{(U_{GS} - U_T)}{2\sqrt{2\Phi_F + U_{SB}}}$$

2.4   Prozeßtechnik

2.4.1   Die Planartechnik

Der Grundstein für die Großintegration wurde um 1960 mit der Entwicklung der Planartechnik gelegt. Die Planartechnik [Höff78] [Ong86] gestattet es, lokal in einem Halbleitersubstrat pn-Übergänge zu realisieren, mit denen dann Halbleiterbauelemente konstruiert werden können. Das Prinzip der Planartechnik ist in Bild 2.28 dargestellt.

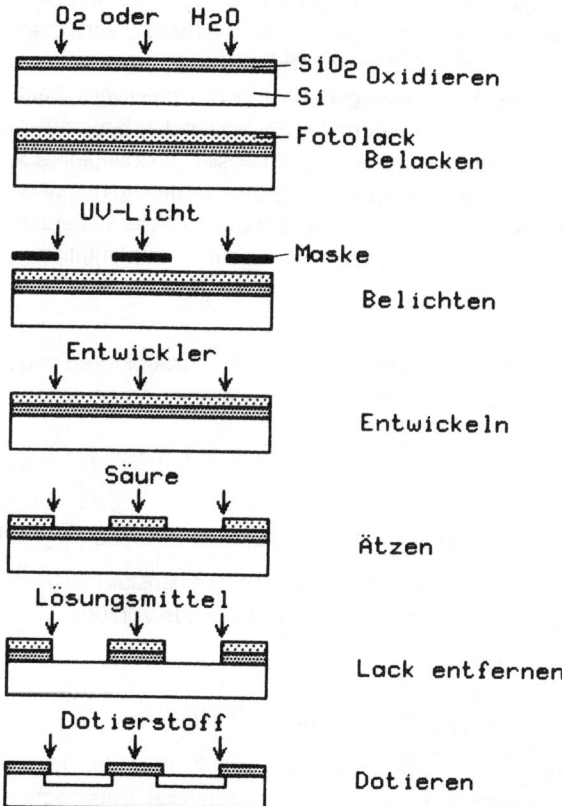

Bild 2.28   Prinzipieller Prozeßablauf bei der Herstellung von pn-Übergängen

Eine wichtige Voraussetzung zur Realisierung des Planarprozesses ist die Existenz von Stoffen mit unterschiedlichen Diffusionskoeffizienten. So weist z. B. Siliziumdioxid (SiO_2) einen wesentlich geringeren Diffusionskoeffizienten auf als Silizium (Si), d. h. ein Dotierstoff diffundiert in SiO_2 langsamer ein als in Si. Siliziumdioxid läßt sich somit als Maskierung bei der Diffusion bzw. Implantation zur Realisierung der pn-Übergänge einsetzen.

Ein wichtiges Hilfsmittel zur Realisierung der Planartechnik ist die Fotolithographie. Mit ihr lassen sich mittels belichtetem Fotolack selektiv Schichten wegätzen, so daß vertikale Strukturen hergestellt werden können.

Insgesamt bietet die Planartechnik folgende Konstruktionsmöglichkeiten:

- Realisierung lokaler pn-Übergänge,
- selektives Entfernen (Ätzen) von Schichten und damit
- Strukturierung der Bauelemente.

Der in Bild 2.28 gezeigte Prozeßablauf beginnt mit der thermischen Oxidation der Silizi-umoberfläche in einer Sauerstoffatmosphäre oder alternativ durch Abscheidung von Silizi-umdioxid. Danach erfolgt eine ganzflächige Beschichtung mit Fotolack, die dann unter Verwendung einer Maske mit kurzwelligem UV-Licht belichtet wird. Der Fotolack wird an-schließend entwickelt und an den belichteten Stellen mit der darunterliegenden Oxidschicht weggeätzt. Hierbei unterscheidet man zwischen Positiv- und Negativlack, je nachdem, ob die belichteten oder die unbelichteten Stellen geätzt werden. In den nächsten Prozeß-schritten erfolgt ein Ablösen des Lackes und das Belegen des Wafers mit einem Dotierstoff (Diffusion) oder alternativ mit einer entsprechenden Ionenimplantation. In die vom Silizium-dioxid befreiten Bereiche kann der Dotierstoff eindringen, und es entstehen dort lokale pn-Übergänge.

Zur Vervollständigung der Transistor- und Verknüpfungsstrukturen müssen die beschrie-benen und ähnliche Prozeßschritte mehrmals wiederholt werden. Moderne CMOS-Pro-zesse erfordern 14 und mehr Masken.

2.4.2 Prozeßschritte

Im folgenden werden die wichtigsten Prozeßschritte kurz vorgestellt [Paul81].

Ausgangsstoff für die meisten MOS-Technologien ist einkristallines Silizium als Substrat-material. In der Halbleiterfertigung bietet Silizium folgende Vorzüge:

- preiswertes Grundmaterial,
- relativ leichte Oxidierbarkeit,
- gute Isolatoreigenschaften des Siliziumdioxids.

Als Substratmaterial werden Scheiben (wafer) von z. Z. 10 cm bis 15 cm (4" bis 6") Durch-messer und einer Dicke von 0,3 mm bis 0,5 mm eingesetzt. Entsprechend des zu fertigen-den MOS-Prozesses wird leicht dotiertes p- oder n-Material gewählt.

Oxidation. Die Oxidation des Siliziums erfolgt bei einer Temperatur im Bereich von 1000 $^{\circ}$C. Es wird unterschieden zwischen der trockenen Oxidation in einer reinen Sauer-stoffatmosphäre und einer feuchten Oxidation in einer mit Wasserstoff angereicherten Sauerstoffatmosphäre. Die beiden Methoden unterscheiden sich in den Wachstumsraten und in der Festigkeit der Oxidschicht.

Diffusion. Mit der Diffusion werden n- bzw. p-dotierte Gebiete im Substratmaterial geschaffen. Dazu werden die oxidmaskierten Scheiben in einen Diffusionsofen gebracht und dort von einer gasförmigen Dotierungsquelle umgeben. Als Dotierstoffe werden z. B. Borwasserstoff für die p-Dotierung und Phosphorwasserstoff für die n-Dotierung verwendet. Die Dotierung erfolgt in zwei Schritten: Belegung und Anreicherung der Siliziumoberfläche mit dem gewählten Dotierstoff sowie anschließende Diffusion auf die gewünschte Eindringtiefe x_j bei Temperaturen zwischen 900 $^{\circ}$C und 1200 $^{\circ}$C.

In modernen MOS-Prozessen wird die Diffusion weitgehend durch die Ionenimplantation abgelöst, da hierfür nicht so hohe Temperaturen benötigt werden.

Ionenimplantation. Bei der Ionenimplantation werden mit einem Teilchenbeschleuniger die Dotieratome in das Silizium geschossen. Über die Dosis und die Beschleunigungsspannung (150 kV bis 350 kV) der Dotieratome lassen sich Konzentration und Eindringtiefe einstellen. Nach der Ionenimplantation erfolgt bei etwa 900 $^{\circ}$C ein Ausheilen des Kristallgefüges, wodurch die Ionen elektrisch aktiviert werden.

Die Ionenimplantation bietet u. a. den großen Vorteil, daß mit ihr durch dünne Oxidschichten, wie z. B. das Gateoxid, implantiert werden kann. Diese Eigenschaft läßt sich zur gezielten Einstellung der MOSFET-Schwellspannung nutzen.

Ätzen. Zum Entfernen überschüssiger Schichten werden naßchemische und trockene Ätzverfahren angewandt. Hierzu werden unterschiedliche ätzende Stoffe bei bestimmten Temperaturen und entsprechenden Zeitintervallen eingesetzt. Naßchemische Ätzverfahren bieten den Vorteil einer guten Selektion, d. h., die zu entfernenden Materialien werden im Gegensatz zu den maskierenden besonders gut weggeätzt. Diese Vorteile weisen moderne Ätzverfahren, wie Plasma- und Ionenätzung, weniger auf, mit ihnen lassen sich jedoch steilere Ätzkanten und damit feinere Strukturen erzeugen.

Ablagerung. Durch bestimmte Verfahren können additiv verschiedene Schichten auf dem Wafer abgelagert werden. Das Aufbringen zusätzlicher Schichten wird benötigt für

- die Metallisierung,
- die Isolation und Passivierung,
- die Epitaxie.

Die Schichterzeugung kann durch Aufdampfen im Vakuum erfolgen, wobei Magnetfelder zur Unterstützung eingesetzt werden.

Die Epitaxie wird zur Aufbringung einer ganzflächigen einkristallinen Schicht auf das Silizium-Substrat angewandt, wie sie z. B. bei modernen CMOS-Prozessen benötigt wird.

2.5 MOS-Prozesse

2.5.1 Einleitung

Entsprechend des Leitungstyps der Transistoren werden die MOS-Technologien unterteilt in [Zimm82]:

- p-Kanal-Technologie auf der Basis von n-Substrat (PMOS),
- n-Kanal-Technologie auf der Basis von p-Substrat (NMOS),
- Komplementär-MOS-Technologie mit p-Kanal und n-Kanal-Transistoren (CMOS),
- CMOS-Mischtechnologien mit Bipolartransistoren (BICMOS, BiCMOS).

Obwohl die p-Kanal-Technologie aufgrund der geringeren Ladungsträgerbeweglichkeit der p-Kanal-Transistoren gegenüber den n-Kanal-Transistoren kaum noch für Neuentwicklungen eingesetzt wird, so stand sie doch am Anfang der Großintegration, da der p-Kanal-Prozeß relativ einfach zu realisieren ist. Zur Zeit ist die NMOS-Technologie noch das Rückgrat der MOS-Fertigung. Der Trend verläuft jedoch in Richtung CMOS-Technologie. Trotz der höheren Prozeßkomplexität im Vergleich zur NMOS-Technologie (mehr Prozeßschritte, geringere Ausbeute) zeigen CMOS-Schaltungen bei der fortschreitenden Reduzierung der Transistorgeometrien gegenüber Einkanal-Techniken einen besseren Störabstand. Außerdem kann ein CMOS-Prozeß ohne großen Mehraufwand um Bipolartransistoren erweitert werden, die sich dann besonders für den Einsatz in Treiberstufen eignen.

2.5.2 Metall-Gate-p-Kanal-Technologie

Am Anfang der Entwicklung von MOS-Technologien stand der p-Kanal-Metall-Gate-Prozeß, weil er einfach und mit nur 4 Masken realisiert werden konnte. Dieser Prozeß erlaubte nach dem damaligen Fertigungsstand ausschließlich Transistoren vom Enhancement-Typ, deren Schwellspannung prozeßbedingt etwa $U_T = -3$ V betrug. Für einen guten Störabstand mußte deshalb eine Versorgungsspannung von $U_{DD} = -20$ V gewählt werden. Wegen der negativen Versorgungsspannung erfolgte die Implementierung der Schaltung meistens in sogenannter negativer Logik.

55

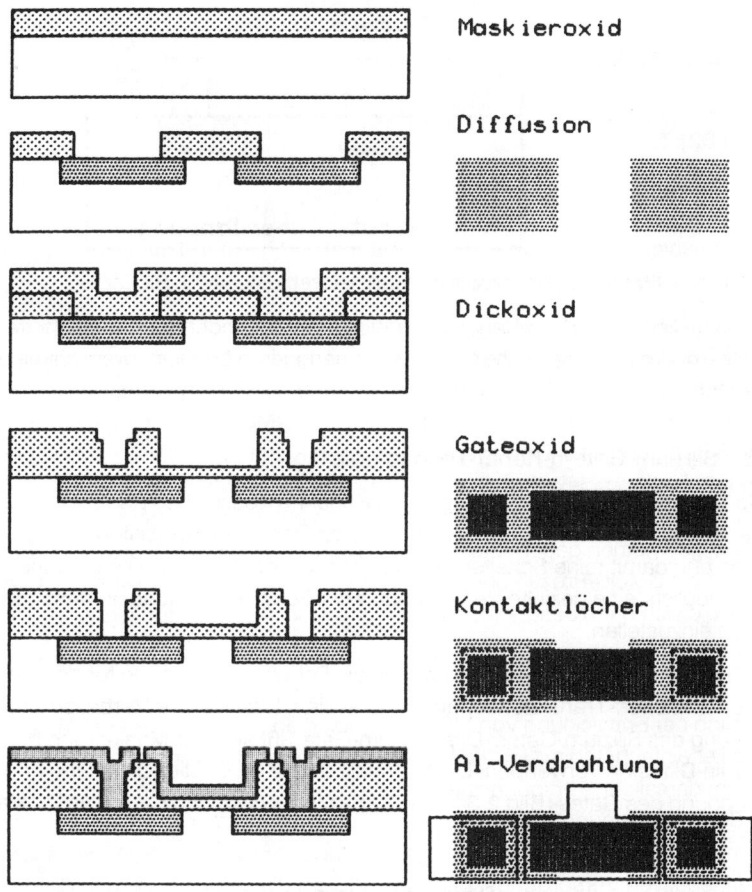

Bild 2.29   Prozeßfolge für die Metall-Gate-p-Kanal-Technologie

Bild 2.29 zeigt die Prozeßfolge für eine Metall-Gate-Technologie. Neben der hohen Versorgungsspannung ist ein wesentlicher Nachteil dieser Standard-p-Kanal-Technologie die geringere Löcherbeweglichkeit bei den p-Kanal-Transistoren gegenüber der Elektronenbeweglichkeit bei den n-Kanal-Transistoren. Als typische Taktfrequenzen wurden bei Strukturbreiten von 7,5 μm bis 10 μm Werte im Bereich von 1 MHz gewählt. Ein weiterer Nachteil ergab sich aus der Realisierung des Metall-Gates.

Da die Diffusionsgebiete vor dem Gateoxid eingebracht wurden, mußte für einen sicheren Anschluß von Source bzw. Drain zum Gate eine Überlappung in der Größe der maximalen Maskenjustiertoleranzen (etwa 2 μm) vorgesehen werden. Diese Metall-Gate-Struktur führt deshalb zu großen Überlappungskapazitäten, wie in Bild 2.30 deutlich wird.

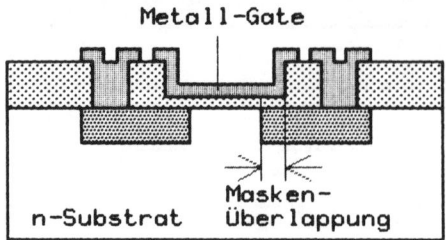

Bild 2.30   Metall-Gate-Transistor

Heutzutage ließe sich die p-Kanal-Technologie durch moderne Prozeßschritte erheblich verbessern, der grundsätzliche Nachteil der geringeren Löcherbeweglichkeit bleibt jedoch gravierend.

2.5.3 Silizium-Gate-n-Kanal-Technologie

Die Schwierigkeit in der Herstellung des n-Kanal-Prozesses bestand zunächst darin, daß mit den Standardprozeßschritten ausschließlich Depletion-Transistoren realisiert werden konnten und damit reine Schalter-Transistoren fehlten. Erst mit Hilfe der Ionenimplantation war es möglich, eine gezielte Verschiebung der Schwellspannung zu dem gewünschten Wert hin einzustellen.

Außerdem erlaubte die Ionenimplantation, die Schwellspannungen für den Enhancement- und den Depletion-Transistor separat einzustellen. Eine weitere Verbesserung ergab die Einführung des Silizium-Gates. Das Silizium-Gate läßt sich zur Maskierung bei der Source- und Drain-Diffusion verwenden. Damit entfällt die für die Justiertoleranzen erforderliche Überlappung des Gates (Bild 2.31). Die Kapazitäten C_{GS} und C_{GD} werden kleiner, und der Systemtakt kann erhöht werden.

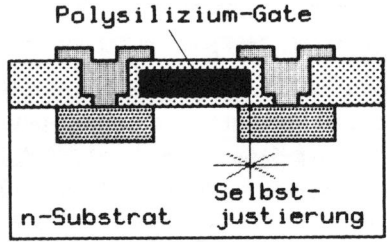

Bild 2.31   Polysilizium-Gate-Transistor

Dieses Verfahren, bei dem das Gate zur Maskierung der Transistorgeometrie eingesetzt wird, nennt man "Selbstjustierung".

Mit dem Al-Gate ist diese Selbstjustierung nicht möglich, da bei der Diffusion hohe Temperaturen auftreten, die das Aluminium zum Schmelzen bringen würden.

Die Prozeßfolge für einen Silizium-Gate-Prozeß ist in Bild 2.32 dargestellt.

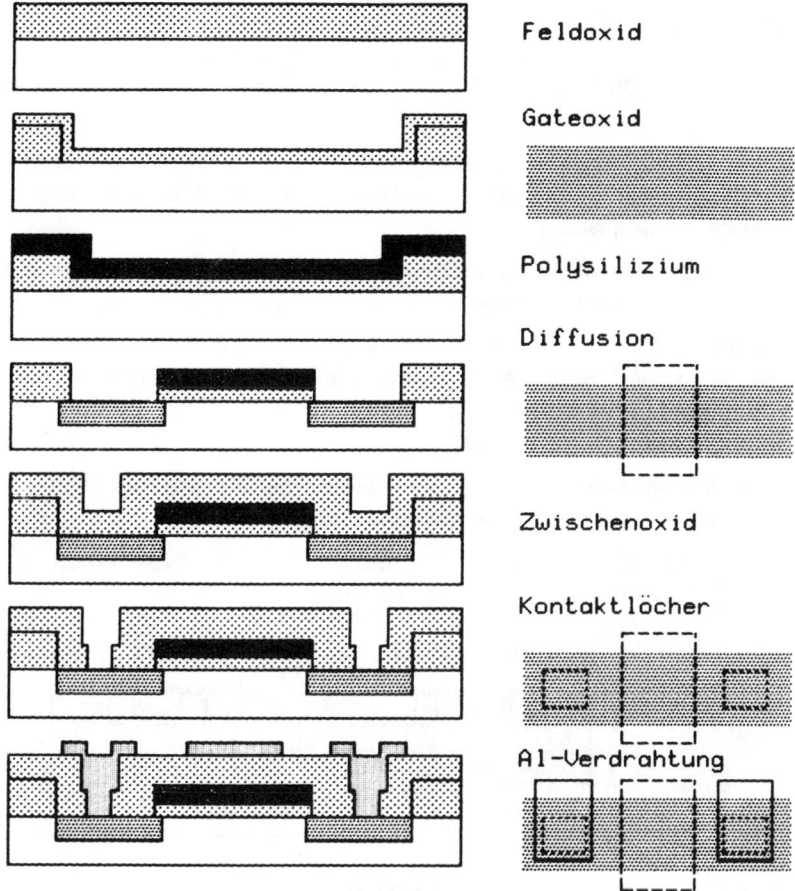

Bild 2.32   Prozeßfolge einer Si-Gate n-Kanal-Technologie

Für den 5 Volt-Prozeß werden die Schwellspannungen auf U_{TE} = 0,8 V und U_{TD} = - 2,5 V eingestellt. Mit einer minimalen Gate-Länge L = 2.5 μm sind Taktfrequenzen im Bereich von 20 MHz möglich. Je nach Prozeßvariante sind 8 bis 12 Masken erforderlich.

2.5.4 CMOS-Technologie

Schaltungstechnisch bietet die CMOS-Technik den Freiheitsgrad, daß beide Versorgungsspannungen direkt über einen der beiden Komplementärtransistoren geschaltet werden können. Es fließt daher im Ruhezustand kein Querstrom.

Diesem Vorteil standen in der Vergangenheit die höhere Prozeßkomplexität und die geringere Packungsdichte im Vergleich zu den Einkanal-Technologien gegenüber, wodurch

CMOS-Schaltungen zunächst nur für besonders verlustleistungsarme Anwendungen wirtschaftlich erschienen.

In letzter Zeit gewinnt jedoch die CMOS-Technik zunehmend an Bedeutung. Mit dem Wunsch nach niedrigeren Versorgungsspannungen und kleineren Transistorgeometrien zeigt sich die CMOS-Technik bezüglich des Störabstandes den Einkanal-Techniken überlegen.

Bei den Einkanal-Techniken ist das Widerstandsverhältnis (Ratio-Technik) zwischen Schalter- und Lasttransistor aufgrund der Geometrie- und Schwellspannungstoleranzen schwieriger einzuhalten.

Zum Entwurf einer CMOS-Technologie gibt es verschiedene Varianten, von denen hier nur die wichtigsten aufgeführt werden:

- Erweiterung einer p-Kanal-Technologie mit n-Kanal-Transistoren (p-Wannen-Prozeß),
- Erweiterung einer n-Kanal-Technologie mit p-Kanal-Transistoren (n-Wannen-Prozeß),
- Zwei-Wannen-CMOS-Technologie,
- CMOS-Technologie mit Oxidisolation.

Die beiden letztgenannten Technologievarianten zielen auf eine Reduzierung des Latch-up-Effekts und damit auf eine Strukturverkleinerung hin.

p-Wannen-CMOS-Prozeß. Die ersten CMOS-Technologien basierten auf der Erweiterung des Metall-Gate-p-Kanal-Prozesses (Bild 2.33).

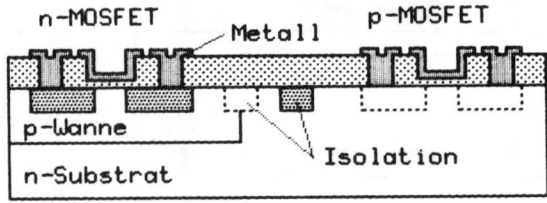

Bild 2.33   CMOS-Struktur einer Metall-Gate-Technologie

Die Erweiterung gegenüber der p-Kanal-Technologie besteht in der Einbringung einer p-Wanne für die Aufnahme der n-Kanal-Transistoren. Zur Vermeidung der großen Überlappungskapazitäten des Al-Gates wurden auch entsprechende Technologien mit Silizium-Gate entwickelt.

Ein Nachteil dieser auf einem p-Kanal-Prozeß basierenden CMOS-Variante besteht in der Unverträglichkeit zu den modernen n-Kanal-Prozessen. Es können dabei nämlich keine kompakten, in NMOS-Technik entworfenen Schaltungsblöcke (z. B. RAMs) übernommen werden, denn die in der Wanne untergebrachten Transistoren zeigen ungünstigere Eigenschaften (u. a. geringere Ladungsträgerbeweglichkeit) gegenüber den direkt im Ausgangsmaterial eingebauten Transistoren.

Der Vorteil des p-Wannen-CMOS-Prozesses liegt in der optimalen Verstärkung des p-Kanal-Transistors, so daß eine bessere Symmetrie gegenüber dem n-Kanal-Transistor erzielt werden kann, als dies bei einem n-Wannen-CMOS-Prozeß möglich ist. Der Einsatz der p-Wannen-Technologie ist daher besonders für die Anwendung rein statischer CMOS-Logik geeignet.

n-Wannen-CMOS-Prozeß. Die Nachteile des p-Wannen-CMOS-Prozesses haben zu einer NMOS-kompatiblen CMOS-Variante geführt, bei der die Standard-n-Kanal-Technologie eine Untermenge des gesamten CMOS-Prozesses ist (Bild 2.34).

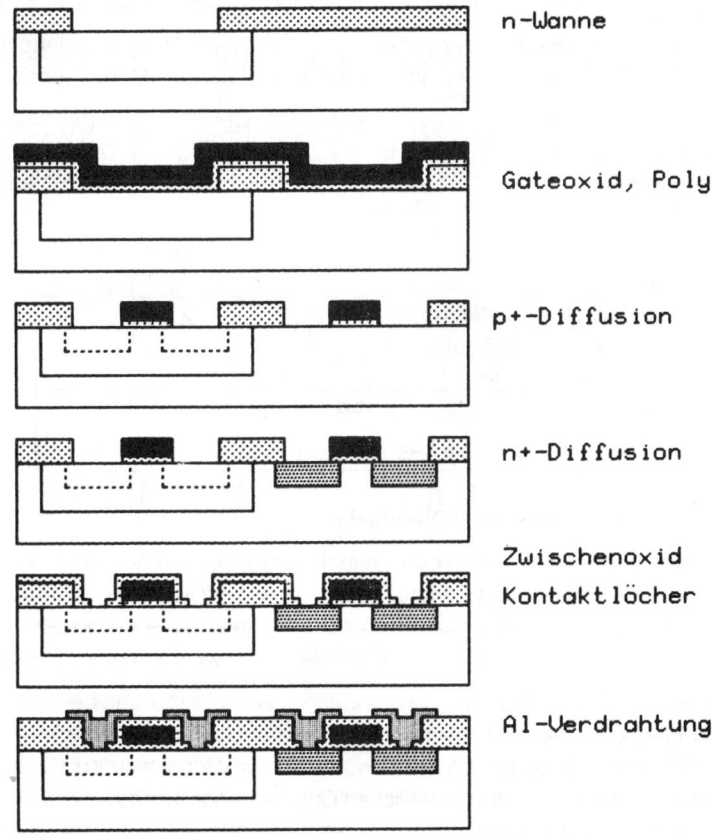

Bild 2.34   Prozeßfolge einer NMOS-kompatiblen CMOS-Technologie

Der n-Wannen-CMOS-Prozeß eignet sich besonders für Schaltungen mit einem hohen Anteil von n-Kanal-Transistoren, wie dies z. B. bei der Domino-Logik der Fall ist.

Vergleich n-Wannen- und p-Wannen-CMOS-Prozeß. Beide CMOS-Varianten weisen Vor- und Nachteile auf; z. Z. werden beide Prozesse in der Produktion angewendet. Für den optimalen symmetrischen Störabstand eines CMOS-Inverters benötigt man neben symmetrischen Schwellspannungen für den p- und den n-Kanal-Transistor auch symmetrische Steilheiten (proportional der Ladungsträgerbeweglichkeit). Im idealen Fall ist $\mu_{ON} \approx 2\mu_{OP}$, so daß beim p-Kanal-Transistor $W_P = 2W_N$ wäre. Damit sind jedoch keine Minimalstrukturen möglich.

Wie bereits erwähnt, wird bei dem in der Wanne befindlichen Transistortyp die Ladungsträgerbeweglichkeit reduziert. In der p-Wanne wird daher der gute Transistor (n-Kanal) beeinträchtigt und in der n-Wanne der schlechte (p-Kanal). Ein wesentliches Argument für die auf dem p-Kanal-Prozeß basierende Variante besteht darin, daß der p-Kanal-Transistor optimiert werden kann und damit kleinere Geometrien möglich sind (ungefähr $W_P = 2W_N$).

Für die andere Prozeßvariante ergibt sich ungefähr $W_P = 3W_N$. Der Hauptvorteil der n-Wannen-CMOS-Technologie liegt in ihrer Kompatibilität zur NMOS-Technik.

Zwei-Wannen-CMOS-Prozeß. Der Zwei-Wannen-CMOS-Prozeß (twin tub) sieht jeweils eine separate Wanne für den n- und den p-Kanal-Transistor vor. Die beiden Wannen werden in eine schwach dotierte Epitaxischicht eingebracht, wie es in Bild 2.35 dargestellt ist.

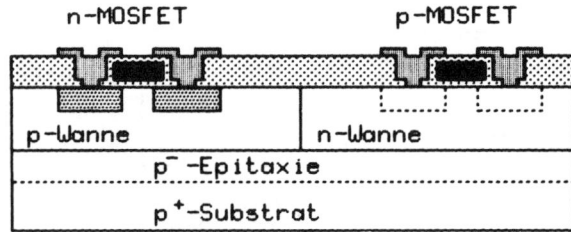

Bild 2.35   Zwei-Wannen-CMOS-Struktur

Die separaten Wannen erlauben eine unabhängige Optimierung der beiden Transistortypen. Der Zwei-Wannen-CMOS-Prozeß bietet Vorteile hinsichtlich der Strukturverkleinerung in den Submikrometerbereich. Damit möglichst symmetrische n- und p-Kanal-Transistoren hergestellt werden können, ist eine individuelle Justierung der Transistoren erforderlich.

Trench-Isolation. Zur Reduzierung des Latch-up-Effekts müssen bei CMOS-Prozessen mit einer Wanne die Aktivgebiete innerhalb und außerhalb der Wanne in relativ großen Abständen (7 μm bis 15 μm) zum Wannenrand hin angeordnet werden. Die entsprechenden Designregeln führen zu einem erheblichen Chipflächenbedarf bei rein statischer Logik. Ein erheblicher Flächengewinn läßt sich erzielen, wenn die n- und p-Kanal-Transistoren durch Oxidgräben (trenches) voneinander isoliert werden. Bild 2.36 zeigt das Schema einer n-Wannen-CMOS-Struktur mit Trench-Isolation, wobei die n^+- und p^+-Gebiete bis auf einen Abstand von 1 μm angeordnet werden können. Um eine effektive Isolation zu gewährleisten, müssen die Gräben tiefer als die n-Wanne angelegt werden.

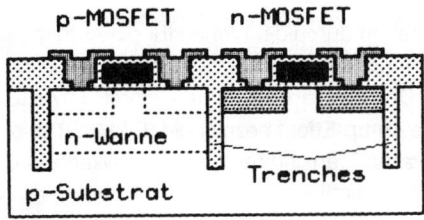

Bild 2.36   n-Wannen-CMOS-Struktur mit Trench-Isolation

Der wesentliche Nachteil der Trench-Isolation ist die komplizierte Herstellung der Gräben.

2.5.5 CMOS-Mischtechnologie

Im Bereich der Systemintegration tritt zunehmend die Forderung auf, neben den Interface-Schaltungen, wie z. B. A/D-Umsetzer, D/A-Umsetzer [Seit77] und SC-Filter, auch hochwertige analoge Schaltungskomponenten mitintegrieren zu können. Das ist nicht mit Bipolar/CMOS-Mischtechnologien möglich, bei denen der Bipolartransistor im wesentlichen nur als Abfallprodukt aus der CMOS-Struktur abgeleitet wird [Zimm82]. Die so gewonnenen Bipolartransistoren weisen eine relativ geringe Stromverstärkung ($\beta \approx 30$) auf und schränken damit ihren eigentlichen Vorteil gegenüber den MOS-Transistoren ein.

Bei einem echten Bipolar-CMOS-Kombinationsprozeß (BiCMOS, BICMOS) werden zur Verbesserung des Bipolartransistors Epitaxieschichten und hochdotierte vergrabene Schichten (buried channels) angewandt (Bild 2.37).

Der Einsatz der hochdotierten Schichten im CMOS-Teil reduziert außerdem die Gefahr des Latch-up-Effekts.

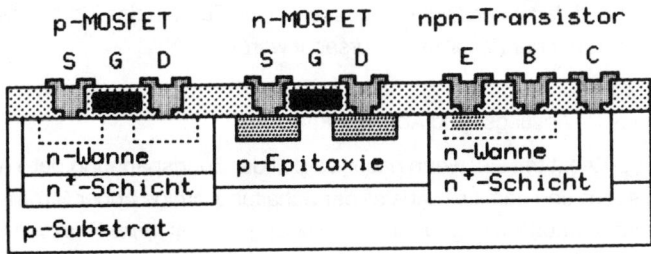

Bild 2.37   Struktur einer Bipolar-CMOS-Mischtechnologie

2.6 Latch-up-Effekt

In der CMOS-Technik entstehen durch die Wanne für die Aufnahme der komplementären Transistoren parasitäre npn- und pnp-Bipolartransistoren, die in ihrer Verkopplung einen Thyristor bilden [Morg83]. Das Zünden dieses parasitären Thyristors und sein Verbleiben im Haltezustand wird als Latch-up-Effekt bezeichnet. Bild 2.38 zeigt die Struktur und das Ersatzschaltbild der parasitären Transistoren bei einer n-Wannen-CMOS-Struktur.

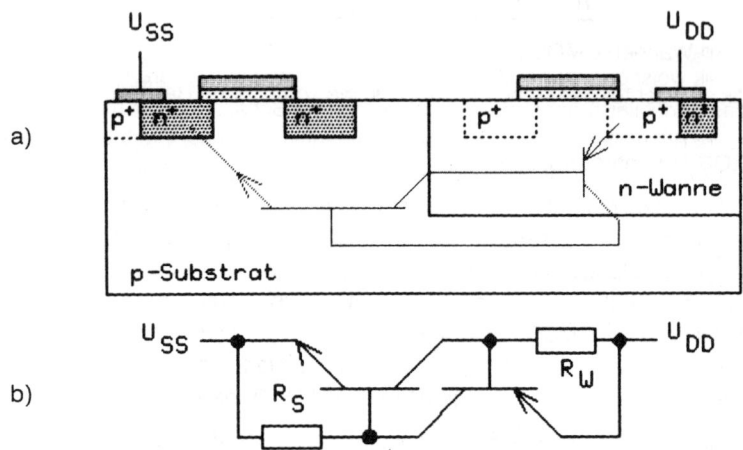

Bild 2.38   Parasitäre Bipolartransistoren: a)Struktur, b) Ersatzschaltbild

In der Wanne liegt ein vertikaler pnp-Transistor, bei dem die Wanne als Basis dient. Gleichzeitig ist die Wanne der Kollektor des benachbarten npn-Transistors, wobei dessen Basis wiederum mit dem Kollektor des pnp-Tranistors verbunden ist. Im Normalfall sind beide Transistoren und damit der Thyristor gesperrt. Das Zünden des Thyristors kann durch verschiedene Störspannungsspitzen verursacht werden:

- auf der Versorgungsspannung,
- aufgrund steiler Anstiegs- und Abfallflanken.

Der Latch-up-Effekt tritt ein, wenn nach Wegfall der Zündspannung der Thyristor nicht selbsttätig sperrt und damit ein Ausfall der Schaltung infolge hoher Ströme verursacht wird. Als wichtigste Voraussetzung für die Vermeidung des Latch-up-Effekts muß das Produkt der Stromverstärkungen $\beta_{npn} \cdot \beta_{pnp} < 1$ sein, damit ein Halten verhindert wird.

Der Latch-up-Effekt stellt für CMOS-Schaltungen ein ernsthaftes Problem dar, dem von technologischer Seite entgegengewirkt werden muß. So werden die Stromverstärkungen entsprechend günstig gewählt, und außerdem müssen die Widerstände R_S und R_W möglichst niederohmig sein, damit ein schneller Ladungsabfluß aus den Basiszonen erfolgen kann. Andere Maßnahmen zur Vermeidung des Latch-up-Effekts sind u. a. die Einführung der Trench-Isolation und der Einsatz hochdotierter vergrabener Schichten.

2.7 Vergleich der MOS-Technologie-Generationen

Den NMOS-Technologien fiel in der Vergangenheit eine Schrittmacherrolle zu, weil sie sich aufgrund ihres hohen Integrationsgrades ausgezeichnet für die Herstellung von Speicherschaltungen eigneten. Der hohe Speicherchipbedarf forcierte wiederum die Entwicklung der NMOS-Technologien. Die entsprechenden CMOS-Technologien erschienen in der Regel um bis zu zwei Jahre später, weil ihr Prozeßablauf komplexer und der Bedarf geringer war.

In jüngster Zeit werden hauptsächlich nur noch CMOS-Technologien entwickelt. Die CMOS-Technik weist gegenüber der NMOS-Technik einen günstigeren Störabstand auf, und auch das Verlustleistungsproblem hochkomplexer Schaltungen ist mit der CMOS-Technik besser beherrschbar. Der erhöhte Prozeßaufwand für die CMOS-Technologie stellt aufgrund verbesserter Herstellungsverfahren kein gravierendes Kostenproblem mehr dar.

In der Tabelle 2.4 ist die historische Entwicklung der MOS-Standardtechnologien mit ihren charakteristischen Kenngrößen dargestellt.

Tabelle 2.4   Entwicklung der MOS-Technologien

	PMOS-Enh.	NMOS-Enh.	NMOS-Depl.	H-MOSI
Jahr der Einführung	1966	1972	1974	1977
Kanallänge/μm	7,5	6	6	3
Gate-Oxid-Dicke/nm	120	120	120	70
Tiefe der Diffusion x_j/μm	2	2	2	0,8
Versorgungsspannung/V	-24	12	12	5
Gatterverzögerung/ns	100	12	4	1
Power-Delay-Produkt/pJ	50	18	4	1

	H-MOSII	H-MOSIII	CH-MOSIII	CH-MOSIV
Jahr der Einführung	1980	1983	1984	1987
Kanallänge/μm	2	1,2	1,2	0,8
Gate-Oxid-Dicke/nm	40	25	25	18
Tiefe der Diffusion x_j/μm	0,5	0,3	0,3	0,2
Versorgungsspannung/V	5	5	5	5
Gatterverzögerung/ns	0,4	0,2	0,2	0,1
Power-Delay-Produkt/pJ	0,5	0,25	0,01	0,005

Die Jahreszahlen geben den Produktionseinsatz an. Nach der PMOS-Technologie und der NMOS-Technologie mit Enhancement-Lastelementen wurde 1974 der n-Kanal-Prozeß mit

Depletion-Lastelementen eingeführt. Der Einsatz von Depletion-Lastelementen ermöglichte eine Chipflächenreduzierung von rund 20 % und eine Halbierung der Gatterlaufzeit gegenüber dem n-Kanal-Prozeß mit Enhancement-Lasttransistoren.

Der NMOS-Enhancement-Prozeß wird durch seine hohe Oxiddicke von 120 nm und seine minimale Transistorkanallänge von 6 μm charakterisiert, weswegen er sich auch für Betriebsspannungen bis zu 20 V einsetzen läßt (z. B. für Analogschaltungen). Die Weiterentwicklung zu einem reinen 5 V-Prozeß erfolgte dann mit dem H-MOSI-Prozeß (high performance). Das Zurücknehmen der Betriebsspannung erlaubte kleinere Strukturen, und damit konnte die Gatterlaufzeit auf ein Viertel gegenüber der Vorläufer-NMOS-Technologie reduziert werden.

Die Prozesse H-MOSII und H-MOSIII sind die Ergebnisse einer weiteren Skalierung der Strukturen, soweit es eben der Fortschritt der Fertigungstechnik zu dem jeweiligen Zeitpunkt erlaubte.

Wie bereits erwähnt, sind der Motor der Prozeßentwicklung die Speicherbausteine, weil in ihrem Anwendungsbereich die höchsten Stückzahlen auftreten. Mit H-MOSII werden z. B. die 64 kB DRAMs und mit H-MOSIII die 256 kB DRAMs realisiert. Die dynamischen 1 MB RAMs werden mit Strukturen im Submikrometerbereich ($\approx$ 0,8 μm) gefertigt. Logikschaltungen, wie z. B. Mikroprozessoren, folgen ein bis zwei Jahre später, weil ihre hohe Entwurfskomplexität eine längere Entwicklungszeit erfordert.

3　Layout

3.1　Einleitung

Nach dem Entwurf einer Schaltung auf Transistorebene muß für die Schaltungsintegration ein Maskenlayout erstellt werden, mit dessen Hilfe die Halbleitertechnologen anschließend den Halbleiterchip fertigen können.

Das Layout ist praktisch die Konstruktionszeichnung, mit der die Umrisse der Strukturen jeder einzelnen Ebene gezeichnet und nach deren Maßen die Masken angefertigt werden. Mit der Layouterstellung erfolgt eine Umsetzung der Transistorschaltung in eine topologische Anordnung von Strukturen. Jedes Bauelement besteht aus mehreren Rechtecken in verschiedenen Maskenebenen, deren Größe und Anordnung von Layoutregeln bestimmt werden. Die Layoutregeln sind Konstruktionsvorschriften, die für jeden Halbleiterprozeß von den Technologen speziell vorgegeben werden.

3.2　Layoutregeln

Zur besseren Unterscheidung und Kontrolle erfolgt die Darstellung der Rechtecke in den einzelnen Maskenebenen durch verschiedene Farben oder bei Schwarz-Weiß-Abbildung durch unterschiedliche Stricharten oder Schraffuren.

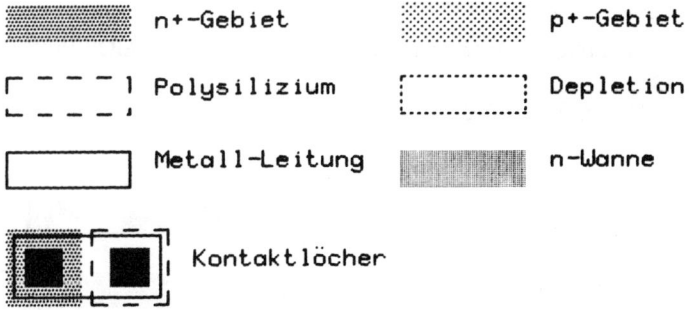

Bild 3.1　　Darstellung verschiedener Maskenebenen

Bild 3.1 zeigt ein Beispiel für die Darstellung verschiedener Maskenebenen eines n-Wannen-CMOS-Prozesses. In diesem Buch wird diese Darstellungsweise für die Präsentation der Layoutbeispiele beibehalten.

Die Layoutregeln geben die minimalen Strukturbreiten und Abstände der Bauelemente und der Verbindungsleitungen vor, die der Schaltungsentwickler anwenden darf.

Die Bauelemente werden im Gegensatz zu den Verbindungsleitungen durch mehrere Maskenebenen definiert, so daß die Layoutregeln unterteilt werden können in Regeln

- innerhalb einer Maske für minimale Breiten und Abstände,
- mit Bezug auf andere Masken, z. B. minimale Überlappung.

Die Begründung für die Layoutregeln liegt sowohl in physikalischen als auch in fertigungstechnischen Grenzen.

Der minimale Abstand zweier Diffusionsgebiete z. B. ist von der Betriebsspannung abhängig, bei der sich die Raumladungszonen noch nicht berühren. Eine fertigungstechnische Regel ergibt sich z. B. aus den Justiertoleranzen. In der folgenden Tabelle 3.1 werden die wichtigsten Layoutregeln für einen 5V-Silizium-Gate-CMOS-Prozeß mit n-Wanne vorgestellt. Es handelt sich dabei um einen sogenannten "3μm-Prozeß", was bedeutet, daß die minimalen Strukturbreiten und Abstände diesem Maß entsprechen.

Alle Maße sind als Minimalmaße anzusehen, die nicht unterschritten werden dürfen.

Die Maße werden so angegeben und gezeichnet, wie die Strukturen später nach der Realisierung der Schaltung gewünscht werden. Eine Ausnahme bildet die durch Unterdiffusion reduzierte Kanallänge der Transistoren. Da die Unterdiffusion nur in Richtung der Kanallänge (und nicht Kanalweite) auftritt, läßt sich diese Verkürzung nicht durch eine Vorverzerrung der Daten bei der Maskengenerierung kompensieren.

Ansonsten werden alle Daten für die Maskenherstellung mit sogenannten "Technologievorhalten" verzerrt, damit nach der Fertigung die angestrebten Strukturbreiten erzielt werden. Diese Trennung von Entwurfs- und Technologiedaten bietet den Vorteil der Flexibilität bei der Änderung prozeßbedingter Parameter.

Tabelle 3.1   Layoutregeln für einen n-Wannen-Silizium-Gate-CMOS-Prozeß

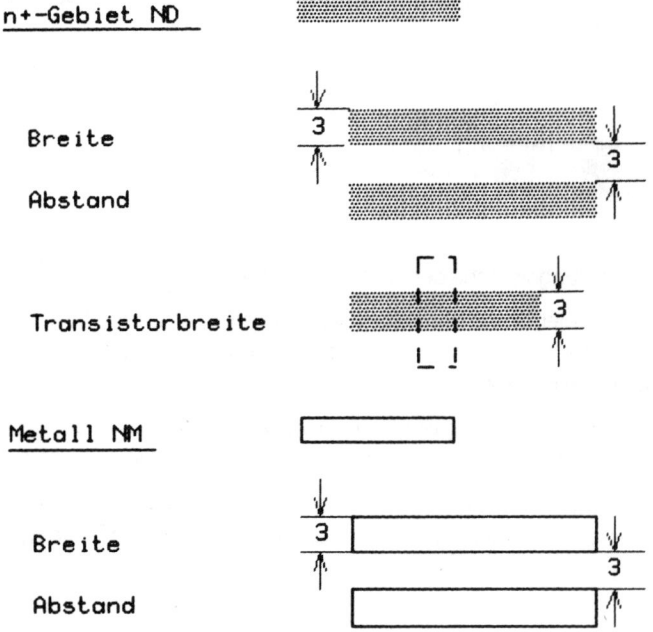

Tabelle 3.1 (Fortsetzung) Layoutregeln für einen n-Wannen-Silizium-Gate-CMOS-Prozeß

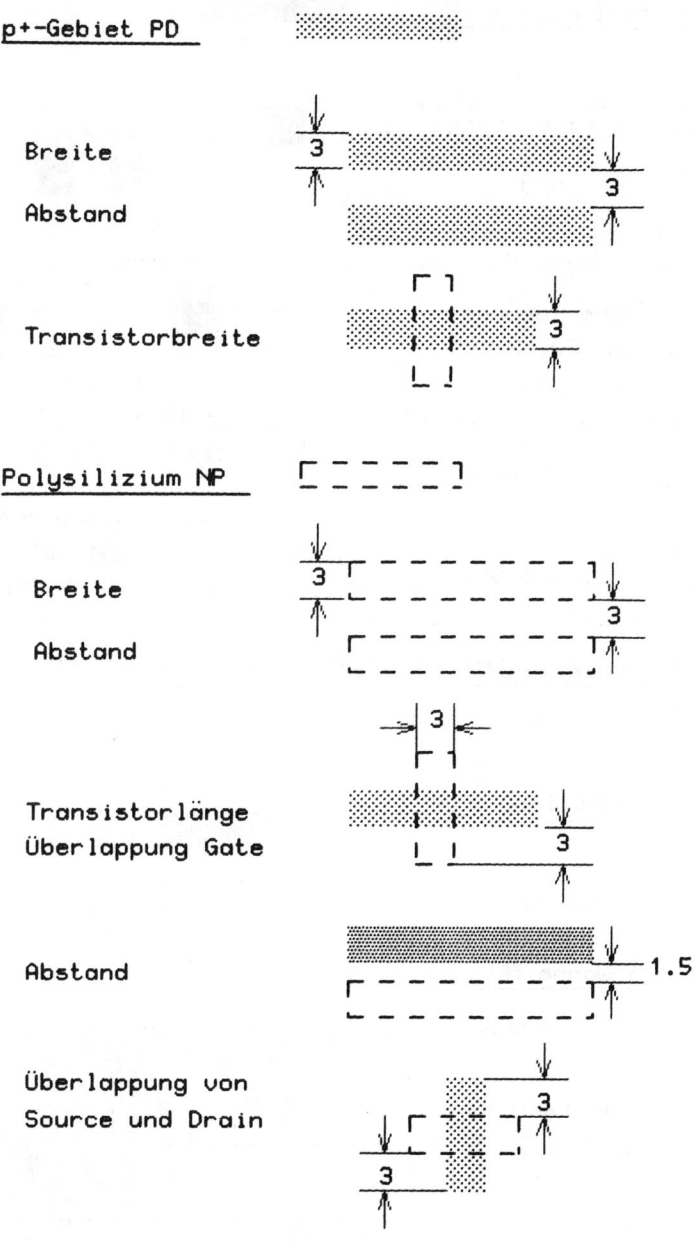

Tabelle 3.1   (Fortsetzung) Layoutregeln für einen n-Wannen-Silizium-Gate-CMOS-Prozeß

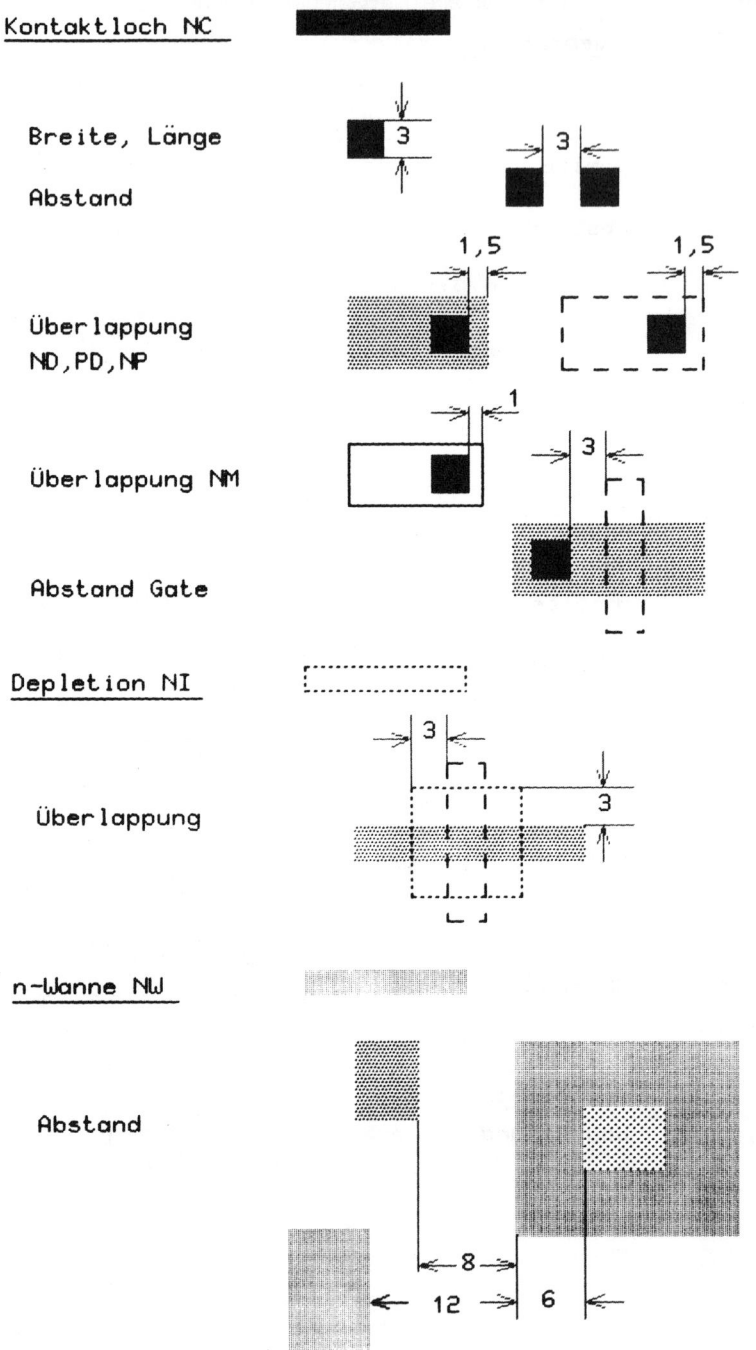

Kontaktloch NC

Breite, Länge

Abstand

Überlappung
ND,PD,NP

Überlappung NM

Abstand Gate

Depletion NI

Überlappung

n-Wanne NW

Abstand

Außer den rein geometrischen Vereinbarungen werden noch zusätzliche Absprachen getroffen. Es darf z. B. kein Kontakt direkt im Gatebereich angebracht werden (Dünnoxid), oder es sind keine Kontakte innerhalb großer Aluminiumflächen erlaubt.

Symbolisches Layout. Für eine einfache, schematische Layoutdarstellung werden die Strukturen durch eine Symbolgraphik (stick diagram) definiert. Die symbolische Layoutdarstellung nimmt eine Mittelstellung zwischen der realen Topologie des Layouts und dem Transistorschaltbild ein.

Die Darstellung der symbolischen Layoutebenen ist in Bild 3.2 angegeben.

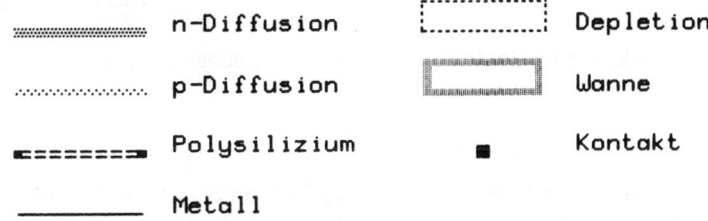

Bild 3.2   Symbolische Darstellung der Maskenebenen

Aus dem symbolischen Layout kann dann mit Hilfe eines Programmes [KePo87] [WeEs85] und den gewünschten Layoutregeln das aktuelle Layout generiert werden. Die Eingabevorschriften für das symbolische Layout sind unabhängig von den Layoutregeln und relativ leicht an verschiedene Prozeßvarianten anzupassen. Im einzelnen sind folgende Regeln der symbolischen Darstellung zu beachten:

- Die Berührung oder Kreuzung von Linien einer Layoutebene bedeuten eine elektrische Verbindung.
- Kontakte zwischen Metall und Diffusion oder Metall und Polysilizium werden durch Kontaktpunkte dargestellt.
- Tranistoren werden durch die Kreuzung von Polysilizium und Diffusion definiert.
- Die komplementären Transistoren werden mit einer Wannen-Linie umgeben.
- Depletion-Transistoren werden mit einer Depletion-Ebene markiert.
- Die Enhancement-Transistoren werden mit der Minimallänge generiert.
- Die Transistorweite kann als Vielfaches der Minimalweite über ein Kennwort (Label W#) definiert werden.

Zur Veranschaulichung des symbolischen Layouts sind in Bild 3.3 einige Layoutkonfigurationen dargestellt.

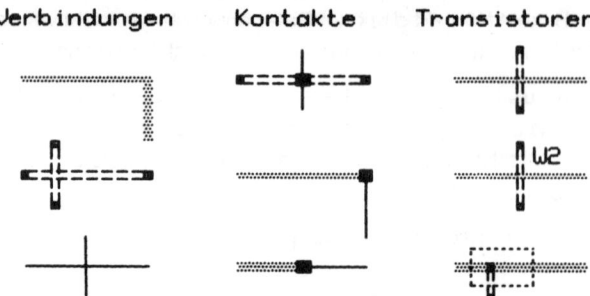

Bild 3.3   Beispiele für Konfigurationen im symbolischen Layout

3.3   Elektrische Parameter

Neben den Regeln für die Layouterstellung benötigt der Schaltungsentwickler die elektrischen Prozeßparameter zur Schaltungsdimensionierung und -simulation.

Im folgenden werden für den bereits erwähnten 3μm-Silizium-Gate-CMOS-Prozeß die typischen elektrischen Prozeßparameter angegeben. Die elektrischen Parameter beziehen sich auf die Transistoren, die Bahnwiderstände und die Kapazitäten der Transistoren und Verbindungsstrukturen.

Der Entwurfszyklus einer integrierten Schaltung beginnt mit der Dimensionierung der Transistoren auf der Basis von Schätzwerten für Bahnwiderstände und Kapazitäten. Danach erfolgt die Erstellung des Layouts mit anschließender Extraktion der tatsächlichen Kapazitäts- und Bahnwiderstandswerte. Unter Einbeziehung der gefundenen Werte muß die Schaltung in ihrer Funktion überprüft und gegebenenfalls neu dimensioniert werden.

Widerstände. Der Widerstand einer Leitung mit der Länge L und der Querschnittsfläche A = d•W wird berechnet nach:

$$R = \rho \frac{L}{A} = \rho \frac{L}{d\,W},$$

wobei ρ der spezifische Widerstand ist. In einem Halbleiterprozeß ist ρ und die Dicke d fest vorgegeben, so daß der Schaltungsentwickler nur die Länge L und die Weite W variieren kann. Aus diesem Grund wird in der integrierten Schaltungstechnik, wo die Widerstandsbahnen näherungsweise einen rechteckförmigen Querschnitt aufweisen, der spezifische Widerstand pro quadratischer Flächeneinheit $R_\square$ definiert:

$$R_\square = \frac{\rho}{d} \quad (\Omega/\square),$$

Dieser sog. Flächenwiderstand ist bezogen auf den Sonderfall W = L. Der tatsächliche Widerstandswert R einer Verbindung ergibt sich dann als Vielfaches der Einheitsquadrate $R_\square$ (Bild 3.4):

$$R = R_\square \frac{L}{W}.$$

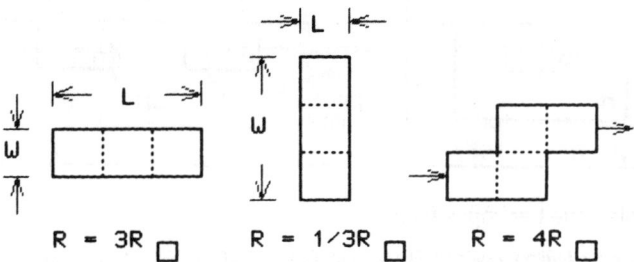

Bild 3.4   Beispiele zur Berechnung von Bahnwiderständen

Für gewinkelte Widerstandsbahnen kann zur Vereinfachung des Rechenaufwands in guter Näherung die mittlere Weglänge angenommen werden, da es sich um eine pessimistische Annahme handelt.

In der Tabelle 3.2 sind für einen n-Wannen-CMOS-Prozeß die typischen Widerstandswerte aufgeführt.

Tabelle 3.2   Widerstandswerte

Material	Bezeichnung	Widerstand $\Omega/\square$
Metall	R_M	0,02
Polysilizium	R_P	50
n-Diffusion	R_n	20
p-Diffusion	R_p	30

Kapazitäten. Außer den bereits in Kapitel 2.3 beschriebenen Transistorkapazitäten müssen die Streukapazitäten der die Transistoren verbindenden Leitungen berücksichtigt werden. Diese Leitungskapazitäten sind abhängig von der Länge L und Weite W der Leitung sowie dem grundsätzlichen Aufbau der Prozeßstrukturen. Im Vergleich zur Berechnung der Bahnwiderstände gestaltet sich die Ermittlung der Leitungskapazitäten wesentlich komplizierter, da oft mehrere Bezugsebenen berücksichtigt werden müssen. Wir wollen mit der Beschränkung auf digitale Schaltungen nur die dominierenden Leitungskapazitäten betrachten, wie sie in Bild 3.5 dargestellt sind.

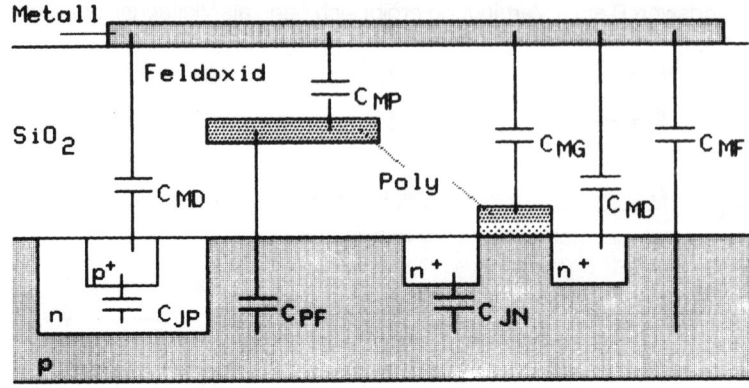

Bild 3.5   Relevante Leitungskapazitäten

Für die Kapazitäten gelten folgende Bezeichnungen:

C_{JP}	p-Diffusions-Kapazität
C_{JN}	n-Diffusions-Kapazität
C_{PF}	Polysilizium-Feldoxid-Kapazität
C_{MP}	Metall-Polysilizium-Kapazität
C_{MG}	Metall-Gateoxid-Kapazität
C_{MF}	Metall-Feldoxid-Kapazität
C_{MD}	Metall-Diffusion-(n- oder p-)Kapazität

Zur Berechnung der Kapazitäten wird zunächst von dem einfachen Modell des Plattenkondensators ausgegangen:

$$C = \frac{\epsilon\, W\, L}{d},$$

wobei d die Dicke der entsprechenden Isolierschicht ist.

Bei den Diffusionsgebieten müssen zu den Kapazitätsanteilen der Grundfläche $C_{j0N(P)}$ noch die der Ränder berücksichtigt werden. Die flächenspezifische Kapazität des Randes C_{j0SW} (side wall) wird in pF/μm auf die Länge des Umfangs bezogen. Für die Kapazität $C_{JN(JP)}$ einer Leitung aus n- bzw. p-Diffusion gilt:

$$C_{JN(JP)} = C_{j0N(P)}\, W\, L + 2C_{j0SWN(P)}\, (W + L).$$

Außerdem ist noch die Spannungsabhängigkeit der Sperrschichtkapazitäten zu berücksichtigen. Diffusionsgebiete, die direkt mit Masse oder Versorgungsspannung verbunden sind, haben für die Analyse der Laufzeiten keine Bedeutung.

Bei den Kapazitäten zwischen Metall, Polysilizium und Substrat können die Einflüsse der Ränder näherungsweise vernachlässigt werden, so daß gilt:

$$C_{MP} = C_{mp} \, W \, L,$$

$$C_{PF} = C_{pf} \, W \, L,$$

$$C_{MG} = C_{mg} \, W \, L,$$

$$C_{MF} = C_{mf} \, W \, L,$$

$$C_{MD} = C_{md} \, W \, L.$$

Diese Vernachlässigung ist jedoch nicht zulässig bei eng nebeneinander verlaufenden Metall- oder Polysiliziumleitungen, wie Bild 3.6 zeigt.

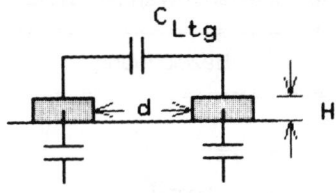

Bild 3.6   Kapazität zwischen zwei benachbarten Leitungen

Aufgrund von Streufeldern stellt sich eine höhere Kapazität ein, als sich aus der Ableitung nach dem einfachen Modell des Plattenkondensators ergeben würde. Nach Veröffentlichungen [GlDo85] kann sich der aktuelle Kapazitätswert bei kleinen Strukturabmessungen bis zum doppelten Betrag erhöhen.

In der Tabelle 3.3 sind die typischen Kapazitätswerte für einen Silizium-Gate-CMOS-Prozeß angegeben.

Tabelle 3.3   Kapazitätswerte für einen Silizium-Gate-CMOS-Prozeß

Kapazität	Bezeichnung	Wert	
Gate-Kanal	C_{OX}	0,8	fF/μm^2
n-Diffusion	C_{j0N}	0,12	fF/μm^2
n-Diffusion-Rand	C_{j0SWN}	0,7	fF/μm
p-Diffusion	C_{j0P}	0,2	fF/μm^2
p-Diffusion-Rand	C_{j0SWP}	0,9	fF/μm
Polysilizium-Feldoxid	C_{pf}	0,05	fF/μm^2
Metall-Polysilizium	C_{mp}	0,05	fF/μm^2
Metall-Gate	C_{mg}	0,03	fF/μm^2
Metall-Feldoxid	C_{mf}	0,02	fF/μm^2
Metall-Metall (3 μm)	C_{mm}	0,015	fF/μm^2
Polysilizium-Polysilizium	C_{pp}	0,015	fF/μm^2
Metall-(n- oder p-)Diffusion	C_{md}	0,09	fF/μm^2

Transistoren. In der Tabelle 3.4 sind die Transistorparameter für einen 3μm-Silizium-Gate-CMOS-Prozeß mit Depletion-Transistoren aufgeführt. Der p-Kanal-Transistor befindet sich in einer n-Wanne. Bei Nichtverwendung des p-Kanal-Teils können reine n-Kanal-kompatible Schaltungen integriert werden.

Die minimale Kanallänge L der Transistoren wird durch die minimale Breite der Polysilizium-struktur bestimmt. Zur Berechnung der effektiven Kanallänge L_{eff} muß die Unterdiffusion L_{diff} berücksichtigt werden:

$$L_{eff} = L - 2L_{diff}.$$

Tabelle 3.4   Transistorparameter für einen n-Wannen-Silizium-Gate-CMOS-Prozeß

Parameter	Bezeichnung	Wert	
n-Kanal Transistoren			
Schwellspannung	U_{TEN}	0,8	V
	U_{TDN}	-2,5	V
Leitfähigkeitskonstante	B_{OEN}	40	$\mu A/V^2$
	B_{ODN}	40	$\mu A/V^2$
Substrateffektkonstante	γ_{EN}	0,5	$V^{1/2}$
	γ_{DN}	0,6	$V^{1/2}$
Beweglichkeitsreduktion	Θ	0,03	V^{-1}
Kanallängenmodulation (SPICE)	λ	0,02	V^{-1}
(DOMOS)	k_2	0,4	$\mu m V^{-1}$
Substratdotierung	N_B	$1 \cdot 10^{15}$	cm^{-3}
Minimale Kanallänge	L	3	μm
Minimale Kanalweite	W	3	μm
Unterdiffusion	L_{diff}	0,3	μm
p-Kanal Transistoren			
Schwellspannung	U_{TEP}	-0,8	V
Leitfähigkeitskonstante	B_{OEP}	16	$\mu A/V^2$
Substrateffektkonstante	γ_{EP}	0,8	$V^{1/2}$
Beweglichkeitsreduktion	Θ	0,05	V^{-1}
Kanallängenmodulation (SPICE)	λ	0,01	V^{-1}
(DOMOS)	k_2	0,2	$\mu m V^{-1/2}$
Minimale Kanallänge	L	3	μm
Minimale Kanalweite	W	3	μm
Unterdiffusion	L_{diff}	0,6	μm
Wannendotierung	N_W	$2 \cdot 10^{15}$	cm^{-3}

Tabelle 3.4   (Fortsetzung) Transistorparameter für einen n-Wannen-Silizium-Gate-CMOS-Prozeß

Parameter	Bezeichnung	Wert	
Prozeßparameter			
Oxiddicke	t_{OX}	40	nm
Oberflächeninversionpotential	$2\Phi_F$	0,56	V

In der Tabelle 3.4 sind Mittelwerte angegeben, zu denen bei der Überprüfung der Schaltungsfunktion noch Streubereiche berücksichtigt werden müssen.

3.4   Laufzeiten auf RC-Leitungen

Die Verzögerung von Signalen auf RC-Leitungen hängt von mehreren Faktoren ab:

- verteilter Widerstand und verteilte Kapazitäten der Leitung,
- Innenwiderstand der treibenden Quelle,
- Last.

Bei kleinen Transistorstrukturen und langen Leitungen beginnt der Einfluß des Leitungswiderstands und der Leitungskapazität auf die Verzögerungszeit zu dominieren. In Reihe geschaltete RC-Glieder erscheinen häufig in integrierten MOS-Schaltungen. Beispiele dafür sind lange Polysilizium- oder Diffusionsleitungen oder in Reihe geschaltete Transmissions-Gates. Diese Netzwerke können verteilt, nichtlinear oder beides sein. Für die weiteren Betrachtungen wollen wir uns auf lineare RC-Netzwerke beschränken (Bild 3.7).

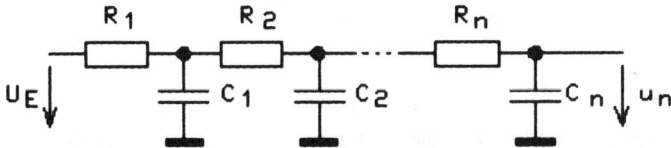

Bild 3.7   Darstellung einer Leitung durch verteilte RC-Elemente

Betrachten wir eine Leitung mit n Widerstandselementen und n Kapazitätselementen, dann gilt für die Spannung u_n am n-ten Knoten:

$$u_n(t) = U_E - \sum_{j=1}^{n} C_j \frac{du_j}{dt} \sum_{i=1}^{j} R_i,$$

mit

$$C_j \frac{du_j}{dt} \qquad \text{Strom durch die Kapazität am Knoten j,}$$

$$\sum_{i=1}^{j} R_j \qquad \text{Gesamtwiderstand bis zum Knoten j.}$$

Die äußere Summation stellt die Überlagerung aller Spannungsabfälle dar. Durch Umstellung der Gleichung und Integration von $t = 0$ bis $t = t_d$ erhält man folgende Bezeichnung

$$\int_{0}^{t_d} (U_E - u_n(t))\, dt = \sum_{j=1}^{n} \sum_{i=1}^{j} R_i\, C_j\, u_j$$

t_d \qquad Verzögerungszeit bis zum Erreichen der Spannung u_n am Knoten n.

Eine Näherungslösung der komplizierten Gleichung [GlDo85] läßt sich durch Abschätzung einer unteren und oberen Grenze finden. Ohne im Detail auf die Ableitung einzugehen, soll hier nur das Ergebnis betrachtet werden:

$$t_d = R_0\, C_0\, \frac{n(n+1)}{2}.$$

Die Gleichung zeigt, daß die Verzögerung einer homogenen RC-Leitung quadratisch mit der Zahl der Leitungselemente n wächst.

Bezieht man R_0, C_0 und n auf 1 μm Leitungslänge, dann vereinfacht sich t_d für lange Leitungen:

$$t_d = R_0\, C_0\, \frac{l^2}{2},$$

l \qquad Länge der Leitung in μm,
R_0 \qquad Widerstand/μm,
C_0 \qquad Kapazität/μm.

Die Tabelle 3.5 zeigt typische Verzögerungszeiten für 3 μm breite und 1 mm lange Widerstandsbahnen.

77

Tabelle 3.5   Typische Verzögerungszeiten integrierter Leiterbahnen

	Kapazität fF/μm	Widerstand Ω/μm	Verzögerungszeit ns für 1 mm
Metall	C_{MF} 0,1	R_M 0,02	t_{dm} 0,001
Polysilizium	C_{PF} 0,15	R_P 17	t_{dP} 1,3
n-Diffusion	C_{JN} 1,8	R_D 7	t_{dD} 6,3

In der Realität liegen die Verzögerungszeiten höher, weil bei dieser Abschätzung die Seitenkapazitäten und auch die unterschiedlichen Bezugsebenen nicht berücksichtigt wurden. Beim Schaltungsentwurf läßt sich die Verzögerungszeit langer Leitungen durch den Einbau von Treiberstufen reduzieren.

3.5   Layoutstrukturen

Zur einfachen Verknüpfung der logischen Grundzellen wird deren Layoutstruktur vereinheitlicht, so daß eine einfache Kaskadierbarkeit möglich ist. Die Layouts der Zellen werden zwar von den spezifischen Layoutregeln der Prozesse beeinflußt, die Grundkonzepte sind jedoch ähnlich.

Fast allen Zellenkonzepten ist gemeinsam, daß die Strukturen zur logischen Verknüpfung zwischen den beiden Versorgungsleitungen für U_{DD} und U_{SS} angeordnet werden, wie die schematische Darstellung in Bild 3.8 zeigt.

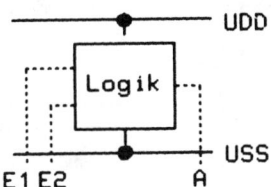

Bild 3.8   Schematische Layoutstruktur für logische Grundgatter

Die Variationen dieser Grundstruktur unterscheiden sich im wesentlichen in der Anordnung der Ein- und Ausgänge und, ob Leitungen quer durch die Zelle mitgeführt werden. Dies trifft z. B. für die Versorgung mit zentralen Taktsignalen zu. In Bild 3.9 sind zwei Layoutalternativen aufgezeigt.

78

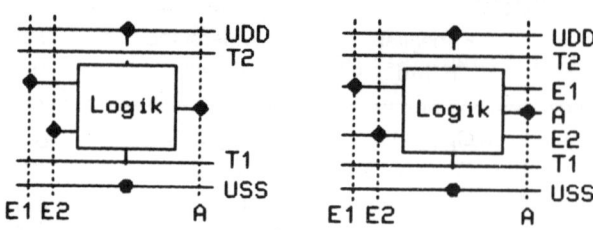

Bild 3.9   Alternative Zellenkonzepte

In den im Bild 3.9 wiedergegebenen Beispielen werden die Ein- und Ausgänge oben und
unten herausgeführt, im zweiten Beispiel zusätzlich noch zu den Seiten. Außerdem werden
die Taktleitungen T1 und T2 durch die Zelle geführt. Die Verdrahtbarkeit der Zellen muß mit
erhöhtem Chipflächenbedarf erkauft werden, wie in Bild 3.10 am Beispiel eines CMOS-
NAND-Gatters entsprechend den Strukturen aus den Bildern 3.8 und 3.9 deutlich wird.

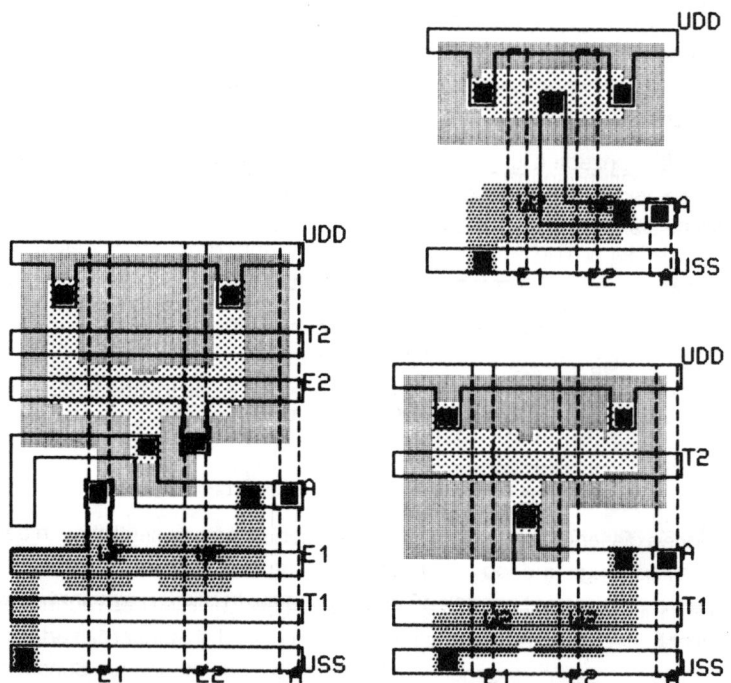

Bild 3.10   Layoutvarianten eines NAND-Gatters in CMOS-Technik

Die Wahl der geeigneten Layoutstruktur für die Zellen wird entscheidend von dem gewählten Logikkonzept (statische Logik, Mehrphasenlogik usw.) bestimmt.

4 Entwurf logischer Grundgatter

4.1 Allgemeine Entwurfsaspekte

Der Inverter bildet die Basisstruktur für aktive digitale Schaltungen, an der die grundsätzlichen Eigenschaften und Leistungsmerkmale einer Logikfamilie charakterisiert werden können. Die anderen Grundgatter lassen sich sehr leicht aus der Dimensionierung der Inverter ableiten. Die Funktion eines Inverters wird entweder mit einem schaltbaren Spannungsteiler (Ratio-Technik, Bild 4.1a) oder mit einem Wechselschalter (Ratioless-Technik, Bild 4.1b) realisiert.

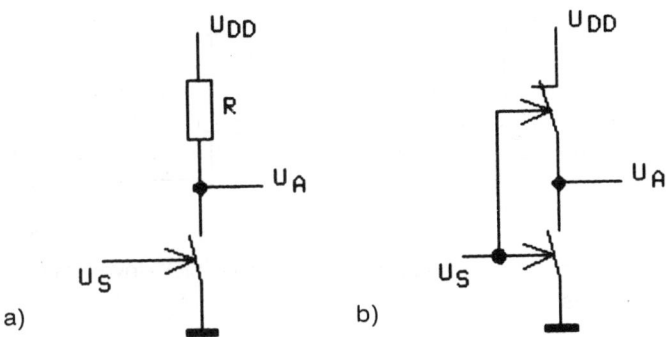

Bild 4.1   Schaltungsprinzipien für Inverter: a) Ratio-Technik, b) Ratioless-Technik

MOS-Inverter die in Ratio-Technik arbeiten, bestehen aus einem Last- und einem Treiberelement. Als Treiber wird in der Regel ein Enhancement-Transistor eingesetzt, für das Lastelement kann ein MOS-Transistor oder ein echter Widerstand gewählt werden.

Inverter in Ratioless-Technik verwenden Enhancement-Transistoren, die in der Einkanal-Technik gegenphasig und in der CMOS-Technik wegen der komplementären Transistoren gleichphasig angesteuert werden. Die Dimensionierung eines Inverters muß folgende Aspekte berücksichtigen:

- Einhaltung eines sicheren Störabstands,
- minimaler Chipflächenbedarf,
- geringer Leistungsbedarf,
- kurze Schaltzeiten.

Bei einem optimierten Halbleiterprozeß wird zwar schon mit Hilfe der Technologieparameter versucht, alle Aspekte zu berücksichtigen, so daß der Standardinverter in seiner Berechnung im wesentlichen vorgegeben ist. Innerhalb einer integrierten Schaltung kann jedoch, z. B. an bestimmten Knotenpunkten, eine hohe Treiberleistung erforderlich sein, die eine Abweichung von der Standarddimensionierung erfordert. Ähnliche Voraussetzungen liegen vor, wenn besonders leistungsarme oder schnelle Schaltungen entwickelt werden müssen.

MOS-Inverter mit Widerstandslast. Es wird nun die Berechnung für einen Widerstandslast-Inverter durchgeführt. Obwohl dieser Invertertyp für die MOS-Technik nicht relevant ist,
kann an ihm das allgemeine Berechnungsprinzip gut veranschaulicht werden.

Aus Gründen der Übersichtlichkeit werden bei allen folgenden Betrachtungen, falls nicht
anders erwähnt, n-Kanal-Transistoren vorausgesetzt.

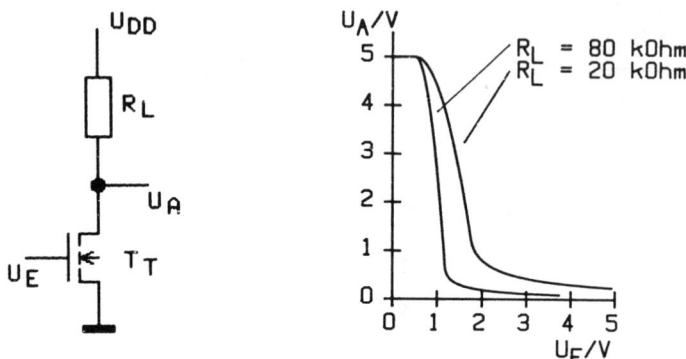

Bild 4.2   Schaltung und Übertragungskennlinie eines MOS-Inverters mit Widerstandslast

Störabstand. Solange die Eingangsspannung $U_E < U_T$ des Treibertransistors T_T ist,
sperrt T_T, und für die Ausgangsspannung U_A gilt $U_A = U_{DD}$. Mit $U_E > U_T$ wird T_T leitend,
und die Ausgangsspannung nimmt ab, bis sie bei $U_E = U_{DD}$ ihren Minimalwert erreicht
hat. Dieser Minimalwert U_{AL} hängt nun von dem Widerstandsverhältnis β_R zwischen dem
Lastwiderstand R_L und dem Innenwiderstand R_T des Treibertransistors T_T ab:

$$\beta_R = R_L/R_T.$$

Dieses Widerstandsverhältnis muß nun so gewählt werden, daß

$$U_{AL} < U_T$$

wird, um mit dem Ausgangssignal nachfolgende Gattereingänge sicher in den LOW-Zustand zu versetzen.

Zahlenbeispiel. Mit der Annahme:

$$U_{DD} = 5\,V \quad und \quad U_{AL} = 0,2\,V$$

ergibt sich z. B. für das Widerstandsverhältnis

$$U_{AL} = U_{DD}\frac{R_T}{R_L + R_T} = U_{DD}\frac{1}{\beta_R + 1}$$

$$\beta_R = \frac{R_L}{R_T} \approx \frac{U_{DD}}{U_{AL}} = \frac{5V}{0,2V} = \underline{25}.$$

Der Lastwiderstand R_L bzw. der Treiberwiderstand R_T läßt sich dann aus der Vorgabe des jeweils anderen Widerstands berechnen. Für den Treibertransistor kann das W/L-Verhältnis $(W/L)_T$ aus der Stromgleichung für den Triodenbereich entsprechend Gl. (2.2) bestimmt werden:

$$(4.1) \qquad (W/L)_T = \frac{1}{B\,(U_{GS} - U_T - U_{DS}/2)\,R_T}.$$

Mit der Vorgabe

$$R_L = \beta_R R_T$$

gilt dann:

$$(W/L)_T = \frac{\beta_R}{R_L\,B\,(U_{GS} - U_T - U_{DS}/2)}.$$

Chipfläche. Unter Einhaltung des vorbestimmten Widerstandsverhältnisses kann der Chipflächenbedarf des Inverters minimiert werden.

Die Chipfläche A_T für einen Treibertransistor beträgt etwa das Vierfache seiner Gatefläche $W_T \cdot L_T$, wenn man für die Source- und Draingebiete und den Abstand die gleichen Flächenbeträge ansetzt:

$$A_T = 4W_T \cdot L_T.$$

Der Chipflächenbedarf A_R für einen Widerstand in Mäanderform beträgt inklusive Abstand etwa

$$A_R = 2W_R \cdot L_R,$$

so daß sich für den Gesamtflächenbedarf des Inverters mit Widerstandslast ergibt:

$$A = A_T + A_R.$$

Wählt man für den Treibertransistor die minimale Kanallänge und für den Lastwiderstand die minimale Weite, dann gilt in der Regel die Annahme:

$$L_T = W_R = b,$$

womit sich die Gesamtfläche des Inverters mit Widerstandslast beschreiben läßt durch:

$$(4.2) \qquad A = 4W_T L_T + 2W_R L_R = 2b\,(2W_T + L_R).$$

Der Wert des Lastwiderstands wird bestimmt aus seiner Geometrie und dem spezifischen Flächenwiderstand $\square$:

$$R_R = \frac{L_R}{W_R}\square.$$

Der Transistorwiderstand R_T wird aus der Stromgleichung für den Triodenbereich berechnet (mit $U_{GS} = U_{DD}$ und $U_{DS}/2 \approx 0$):

$$R_T = \frac{1}{B \, W_T/L_T \, (U_{DD} - U_T)}.$$

Über das Widerstandsverhältnis β_R erhält man eine Verknüpfung der beiden Widerstände

$$\frac{R_T}{R_R} = \beta_R = \frac{1}{B \, W_T/L_T \, (U_{DD} - U_T) \, L_R/W_R \, \Box}.$$

Umgeformt mit $L_T = W_R = b$ ergibt sich

$$(4.3) \qquad W_T \, L_R = \frac{b^2}{\beta_R B \, (U_{DD} - U_T) \Box}.$$

Mit

$$W_T = \frac{A}{4b} - \frac{L_R}{2}$$

aus Gleichung (4.2) erhält man eingesetzt in Gl. (4.3) und umgeformt

$$(4.4) \qquad A = \frac{4b^3}{\beta_R B \, (U_{DD} - U_T) \Box \, L_R^2} + 2b \, L_R.$$

Das Minimum der Chipfläche läßt sich durch Differentiation bestimmen

$$\frac{dA}{dL_R} = \frac{-4b^3}{\beta_R B \, (U_{DD} - U_T) \Box \, L_R^2} + 2b.$$

Mit dem Minimum an der Stelle $dA/dL_R = 0$ kann die Länge L_R des Lastwiderstands berechnet werden

$$0 = -4b^3 + 2b \, \beta_R B \, (U_{DD} - U_T) \Box \, L_R^2,$$

$$L_R = \frac{2b}{\sqrt{2\beta_R B \, (U_{DD} - U_T) \Box}}.$$

Zahlenbeispiel. Gegeben: $b = L_T = W_R = 3 \, \mu m$; $U_{DD} = 5 \, V$; $B = 50 \, \mu A/V^2$; $\beta_R = 1/25 = 0{,}04$; $U_T = 1 \, V$; $\Box = 1 \, k\Omega$.

$$L_R = \frac{2 \cdot 3 \, \mu m}{\sqrt{2 \cdot 0{,}04 \cdot 50 \, \mu A/V^2 \cdot 4 \, V \cdot 1 \, k\Omega}}$$

$$L_R = \underline{47{,}5 \, \mu m}$$

Die Transistorweite W_T kann nun aus Gleichung (4.3) bestimmt werden

$$W_T = \frac{b^2}{\beta_R \, B \, (U_{DD} - U_T) \, \square \, L_R}.$$

Mit den Zahlenwerten ergibt sich

$$W_T = \underline{24 \, \mu m}.$$

Bei dem Inverter mit minimalem Chipflächenbedarf sind aufgrund der Geometrien die Verlustleistung P und die Zeitkonstante τ_f für die Abfallzeit zwangläufig bestimmt:

$$P = U_{DD}^2 / R_L,$$

$$\tau_f = R_L \, C_L.$$

Als Lastkapazität C_L kann im einfachsten Fall die Gatekapazität eines nachfolgenden Eingangstransistors angenommen werden:

$$C_L = W_T \, L_T \, C_{OX}.$$

Schaltzeiten. Die Zeitanalyse kann auch als Ausgangspunkt für die Inverterberechnung gewählt werden, wenn z. B. besondere dynamische Eigenschaften erfüllt werden müssen. In diesem Fall muß zunächst der Lastwiderstand R_L bestimmt werden und dann über das Widerstandsverhältnis die Geometrie des Treibertransistors.

Mit R_L wird der maximale Querstrom vorgegeben, und es kann das W/L-Verhältnis des Treibertransistors bestimmt werden. Als Ansatz für die Dimensionierung dient die Gleichung zur Bestimmung des LOW-Pegels U_{AL}

$$U_{AL} = U_{DD} - I_D \, R_L,$$

in die die Stromgleichung für den Triodenbereich des Treibertransistors T_T,

$$I_D = B \, (W/L)_T \, U_{AL} \, (U_{DD} - U_T - U_{AL}/2),$$

eingesetzt und mit $U_{GS} = U_{DD}$, $U_{DS} = U_{AL}$ und $U_{DS}/2 << U_{GS} - U_T$ anschließend vereinfacht wird:

$$U_{AL} = U_{DD} - R_L \, B \, (W/L)_T \, (U_{DD} - U_T) \, U_{AL}.$$

Umgestellt nach $(W/L)_T$ erhält man

$$(W/L)_T = \frac{U_{DD}/U_{AL} + 1}{R_L \, B \, (U_{DD} - U_T)}.$$

Der Innenwiderstand R_T des Treibertransistors im Triodenbereich läßt sich dann bestimmen aus:

$$R_T = \frac{1}{B \, (W/L)_T \, (U_{DD} - U_T)}.$$

Als nächste Berechnungsschritte lassen sich die Anstiegszeit t_r und die Abfallzeit t_f berechnen. Faßt man alle Kapazitäten am Ausgangsknoten des Inverters in C_L zusammen, dann gilt für die Anstiegszeit bei gesperrtem Transistor T_T mit

$$\tau_r = C_L \, R_L$$

der Ansatz

$$U_A = U_{DD} \, (1 - \exp(-t_r/\tau_r)).$$

Aus dieser Beziehung erhält man für die Anstiegszeit von $0,1 U_{DD}$ bis $0,9 U_{DD}$:

$$t_r = 2,3\tau_r.$$

Analog wird die Abfallzeit t_f berechnet:

$$\tau_f = C_L \, R_T,$$

$$t_f \approx 2,3\tau_f.$$

Die Berechnung für die Abfallzeit t_f gilt nur näherungsweise, da R_T von U_{DS} abhängig ist und ein Wechsel vom Sättigungs- in den Triodenbereich erfolgt.

Verlustleistung. Die Dimensionierung eines Inverters unter Vorgabe einer bestimmten Verlustleistung P erfolgt ebenfalls durch Festlegung des Lastwiderstands R_L, da durch ihn der maximale Querstrom bestimmt wird

$$R_L = \frac{U_{DD}^2}{P}.$$

Die Geometrien des Treibertransistors lassen sich dann aus dem Widerstandsverhältnis β_R berechnen:

$$R_T = \frac{R_L}{\beta_R} = \frac{U_{DD}^2}{\beta_R P}.$$

Daraus folgt mit Gl. (4.1)

$$(W/L)_T = \frac{U_{DD}^2}{\beta_R P B (U_{DD} - U_T - U_{AL}/2)}.$$

Die Chipfläche und die Schaltzeiten werden durch die Vorgabe von R_L festgelegt.

Zusammenfassung. Zur Charakterisierung einer Schaltungstechnik wird meistens das Power-Delay-Produkt PDP eines Inverters verwendet.

$$PDP = P \, t_D.$$

Für integrierte Schaltungen ist es außerdem interessant, den Chipflächenbedarf A in die Charakterisierung einzubeziehen.

$$PDAP = P \, t_D \, A.$$

In der Tabelle 4.1 ist in normierter Form der flächenoptimierte Inverter einem Inverter mit halber Verlustleistung bzw. doppelter Schaltgeschwindigkeit gegenübergestellt.

Tabelle 4.1   Gegenüberstellung verschiedener Inverterentwürfe

Invertervariante	A	P	t_D	PDP	PDAP
minimale Fläche	1	1	1	1	1
halbe Verlustleistung	1,25	0,5	2	1	1,25
halbe Abfallzeit	1,25	2	0,5	1	1,25

Diese Gegenüberstellung zeigt, daß die Schaltungsanpassung an Verlustleistung oder Schaltungsgeschwindigkeit immer die Chipfläche vergrößert. Wirtschaftlich gesehen ist daher in der Regel die flächenoptimierte Struktur vorzuziehen.

Betrachtet man die Gleichung (4.4) für die Fläche des Inverters, wird deutlich, daß sie durch technologische Parameter geprägt wird. Für den Schaltungsentwickler ist somit die minimale Inverterfläche bereits durch die Prozeßparameter festgelegt.

Aufgrund der Berechnung der An- und Abfallzeit wird ein wesentlicher Nachteil der Inverterschaltungen deutlich, die auf der Basis eines Widerstandsverhältnisses arbeiten. Da $R_L > R_T$ ist auch $\tau_r > \tau_f$, was zu stark unsymmetrischen Schaltflanken führt.

Speziell für den Inverter mit Widerstandslast zeigt sich ein weiterer großer Nachteil. Bei den niedrigen spezifischen Flächenwiderständen von Diffusion und Polysilizium (20 $\Omega/\square$ bis 50 $\Omega/\square$) würden sich sehr kleine W/L-Verhältnisse ergeben. Diese Forderung führt zu einem erheblichen Flächenbedarf (Bild 4.3). Außerdem wäre dieser großflächige Widerstand mit einer großen Lastkapazität verbunden, die eine Beeinträchtigung der Dynamik zur Folge hätte.

Abhilfe ließe sich nur durch einen speziellen Prozeßschritt mit einer hochohmigen Widerstandsschicht erzielen, wie sie auch bei manchen Herstellern zur Realisierung statischer RAM-Speicher verwendet wird. Die elegantere Lösung ist jedoch die Verwendung von flächensparenden Transistoren als Lastelemente, wie im folgenden besprochen wird.

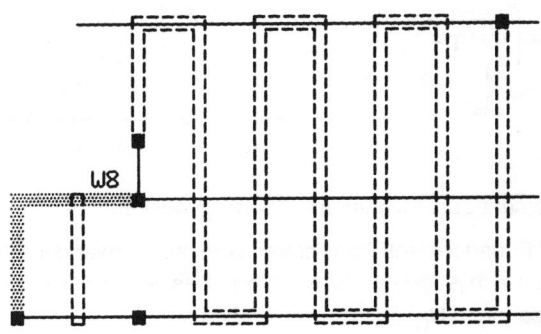

Bild 4.3   Stickdiagramm eines Inverters mit Widerstandslast aus Polysilizium

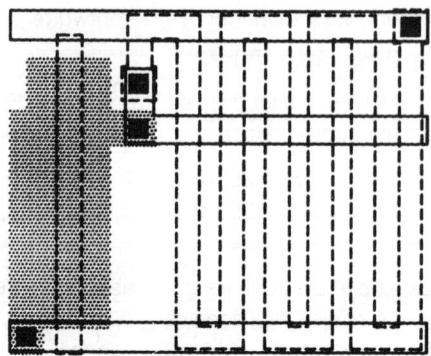

Bild 4.3   (Fortsetzung) Layout eines Inverters mit Widerstandslast aus Polysilizium

4.2   Einkanal-MOS-Technik

4.2.1   Enhancement-Last-Inverter

Wie schon in Kapitel 2 ausgeführt, konnten in den Anfängen der MOS-Technologieent-wicklung mit der p-Kanal-Technologie wegen der fehlenden Implantationstechnik noch keine Depletion-Transistoren hergestellt werden, und es mußten als Lastelemente aus-schließlich Enhancement-Transistoren verwendet werden (Bild 4.4).

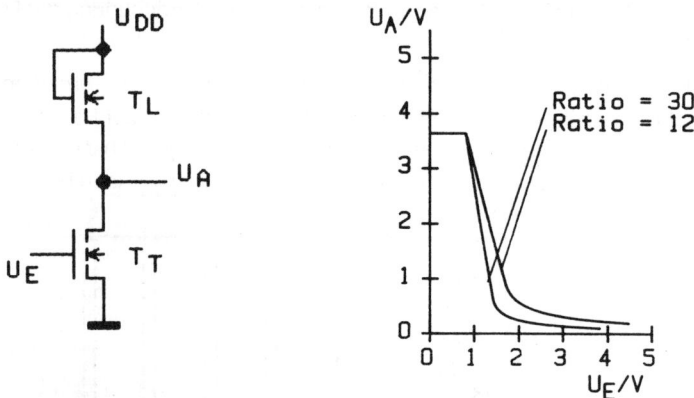

Bild 4.4   Enhancement-Last-Inverter und Übertragungskennlinie

Die Beschränkung auf Enhancement-Transistoren vereinfacht zwar den Prozeß, schal-tungstechnisch ergeben sich jedoch einige Nachteile. Das Gate des Lasttransistors T_L ist mit der Versorgungsspannung U_{DD} beschaltet, und es gilt:

$$U_{GS} = U_{DS}.$$

Der Lasttransistor arbeitet somit ständig im Sättigungsbereich, und seine Stromfunktion lautet entsprechend Gl. (2.2):

$$I_D = B\,(W/L)_L\,(U_{DD} - U_A - U_T)^2/2.$$

Betrachten wir nun wieder die Dimensionierung der Transistoren. Für den Low-Pegel U_{AL} des Inverters berechnet sich die Stromfunktion des Treibertransistors nach Gl. (2.1) aus:

$$I_D = B\,(W/L)_T\,(U_{DD} - U_T - U_{AL}/2)\,U_{AL}.$$

Durch Gleichsetzen beider Stromgleichungen erhält man das Widerstandsverhältnis:

$$\beta_R = (W/L)_T/(W/L)_L = \frac{(U_{DD} - U_{AL} - U_T)^2}{2U_{AL}\,(U_{DD} - U_T - U_{AL}/2)}.$$

Näherungsweise gilt für kleine Werte von U_{AL} gegenüber $U_{DD} - U_T$:

$$(W/L)_T/(W/L)_L \approx (U_{DD} - U_T)/(2 \cdot U_{AL}).$$

Zahlenbeispiel. Mit den Zahlenwerten des Beispiels vom Widerstandslast-Inverter erhält man ein Widerstandsverhältnis β_R für den Enhancement-Last-Inverter von

$$\beta_R = \underline{10}.$$

Wird der Flächenbedarf auf beide Transistoren etwa gleichmäßig aufgeteilt, können z. B. folgende gerundete W/L-Verhältnisse gewählt werden:

$$(W/L)_T = \underline{3} \quad \text{und} \quad (W/L)_L = \underline{1/4}$$

Aus dem Zahlenbeispiel wird die erhebliche Chipflächeneinsparung bei Enhancement-Last (Bild 4.5) gegenüber der Widerstandslast (Bild 4.3) deutlich, was im übrigen einer der wesentlichen Vorteile der MOS-Technik im Vergleich zu den meisten Bipolar-Techniken ist.

Außerdem reduzieren sich mit dem kleineren Lastelement auch die parasitären Kapazitäten, was eine Geschwindigkeitssteigerung zur Folge hat.

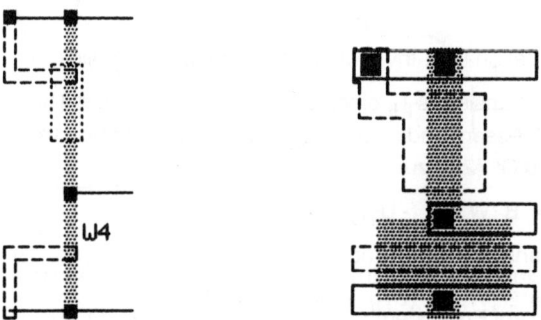

Bild 4.5   Stickdiagramm und Layout eines Enhancement-Last-Inverters

Das Enhancement-Lastelement hat jedoch zwei wesentliche Nachteile. Erstens kann die maximale Ausgangsspannung U_{AHmax} nicht gleich der Versorgungsspannung U_{DD} werden, da der Last-Transistor an der Stelle $U_{DD} - U_T$ sperrt, d. h.

$$U_{AHmax} = U_{DD} - U_T.$$

Diese Reduzierung des maximalen Signalhubes führt dazu, daß MOS-Schaltungen mit Enhancement-Last meistens mit einer hohen Versorgungsspannung (z. B. $U_{DD} = 12\,V$) betrieben werden.

Zweitens ist der Laststrom von der Ausgangsspannung U_A abhängig. Diese Gegenkopplung führt zu einer Verlängerung der Schaltzeiten. Beide Nachteile lassen sich mit dem Depletion-Last-Inverter weitgehend vermeiden.

4.2.2. Depletion-Last-Inverter

Mit der Einführung der Ionenimplantation und der gemeinsamen Herstellung von Depletion- und Enhancement-Transistoren auf einem Wafer gelang eine weitere Verbesserung hinsichtlich kleinerer Chipfläche und höherer Geschwindigkeit. Es wurde jedoch ein zusätzlicher Prozeßschritt für die Depletion-Implantation erforderlich.

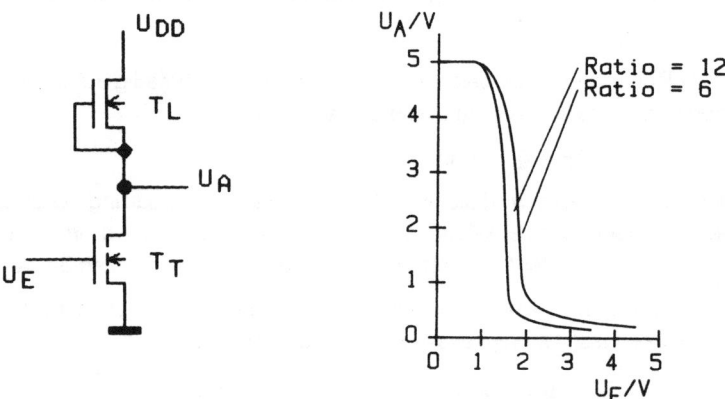

Bild 4.6   Depletion-Last-Inverter und Übertragungskennlinie

Das Gate des Lasttransistors T_L eines Depletion-Last-Inverters (Bild 4.6) ist mit seinem Source kurzgeschlossen, und es gilt $U_{GS} = 0\,V$. Die Strombeziehung für T_L vereinfacht sich entsprechend Gl. (2.2) zu

$$I_D = B\,(W/L)_L\,(-U_{TD})^2/2.$$

Für den Treibertransistor gilt im Triodenbereich nach Gl. (2.1) wieder

$$I_D = B\,(W/L)_T\,(U_{DD} - U_{TE} - U_{AL}/2)\,U_{AL}.$$

Das Widerstandsverhältnis $ß_R$ kann dann bestimmt werden zu

$$ß_R = (W/L)_T/(W/L)_L = \frac{(-U_{TD})^2}{2U_{AL}\,(U_{DD} - U_{TE} - U_{AL}/2)}.$$

Näherungsweise gilt mit $U_{AL}/2 << U_{DD} - U_{TE}$:

$$(W/L)_T/(W/L)_L \approx \frac{(-U_{TD})^2}{2U_{AL}(U_{DD} - U_{TE})}.$$

Zahlenbeispiel. Mit der Depletion-Schwellspannung $U_{TD} = -3\,V$ und den bisher verwendeten Zahlenwerten erhält man

$$\beta_R = \underline{5{,}6}.$$

Aufgerundet werden für die Transistorgeometrien folgende W/L-Verhältnisse gewählt:

$$(W/L)_T = \underline{2} \quad \text{und} \quad (W/L)_L = \underline{1/3}$$

Mit dem Depletion-Lastelement wird also eine weitere Chipflächenreduzierung (Bild 4.7) erzielt.

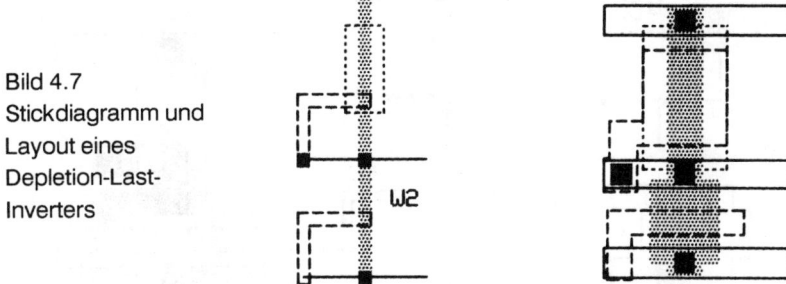

Bild 4.7
Stickdiagramm und
Layout eines
Depletion-Last-
Inverter

Ein Nachteil des Depletion-Last-Inverters ergibt sich aus der Tatsache, daß die Depletionsschwellspannung U_{TD} zum strombestimmenden Faktor einer Schaltung wird, und der Hersteller deshalb die Einhaltung möglichst geringer Toleranzen für diesen Prozeßparameter gewährleisten muß. Die daraus resultierende Schwierigkeit ist mit ein Grund für den Trend in Richtung CMOS-Technik bei weiterer Miniaturisierung.

4.2.3. NOR- und NAND-Gatter mit Depletion-Last

Im folgenden wollen wir uns auf Gatter mit Depletion-Lastelementen und auf CMOS-Gatter beschränken, da diese mit den modernen Prozessen fast ausschließlich realisiert werden. In den Bildern 4.8 und 4.9 sind Schaltung und Layout von NAND- bzw. NOR-Gatter in NMOS-Technik mit Depletion-Lastelement dargestellt.

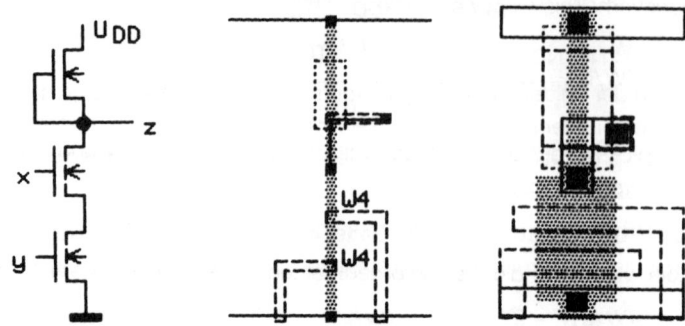

Bild 4.8   Schaltung, Stickdiagramm und Layout eines NAND-Gatters in NMOS-Depletion-Technik

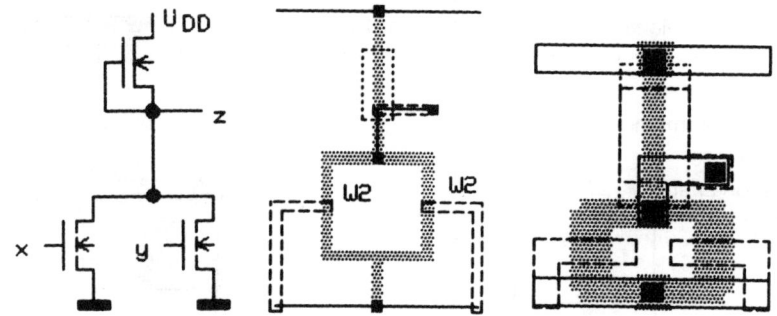

Bild 4.9   Schaltung, Stickdiagramm und Layout eines NOR-Gatters in NMOS-Depletion-Technik

Zur Dimensionierung der Gatter wird das Widerstandsverhältnis β_R der Inverter-Schaltung übernommen. Der Lasttransistor bleibt unverändert, und die Treibertransistoren müssen gegebenenfalls entsprechend ihrer Anordnung in ihrem Übergangswiderstand R_T angepaßt werden.

Mit W_{TI} als Weite für den Treibertransistor des Inverters kann für die Treibertransistoren eines NOR-Gatters die gleiche Weite gewählt werden, da aufgrund der Parallelschaltung der Treibertransistoren die Weite W_{TNOR} unabhängig von der Zahl der Eingänge ist:

$$W_{TNOR} = W_{TI}.$$

Im Prinzip lassen sich beliebig viele Transistoren parallel schalten, ohne daß der Störabstand beeinflußt wird. Jedoch werden die dynamischen Eigenschaften beeinträchtigt. Mit der Parallelschaltung der Treibertransistoren wächst nämlich die parasitäre Kapazität am Ausgangsknoten und es kann u. U. zur dynamischen Anpassung eine Neudimensionierung erforderlich sein.

Beim NAND-Gatter sind die Treibertransistoren in Reihe geschaltet, und es muß daher deren Weite W_{TNAND} entsprechend der Zahl n der Eingänge vervielfacht werden, um das

Widerstandsverhältnis zu gewährleisten:

$$W_{TNAND} = n \, W_{TI}.$$

Der Vergleich der beiden Grundgatterlayouts Bilder 4.8 und 4.9 zeigt, daß die Verwendung von NOR-Gatter in der Einkanal-MOS-Technik günstiger ist, da beim NAND-Gatter die Treibertransistoren proportional mit der Zahl der Eingänge größer werden und damit auch deren Eingangskapazität wächst.

Aus diesen Gründen wird das NAND-Gatter in Einkanal-Techniken weitgehend vermieden oder nur mit maximal drei Eingängen eingesetzt.

4.3   CMOS-Technik

4.3.1   CMOS-Inverter

Wird das Lastelement durch einen p-Kanal-Transistor ersetzt, der ebenfalls direkt mit dem Eingangssignal angesteuert wird, so erhält man einen CMOS-Inverter (Bild 4.10).

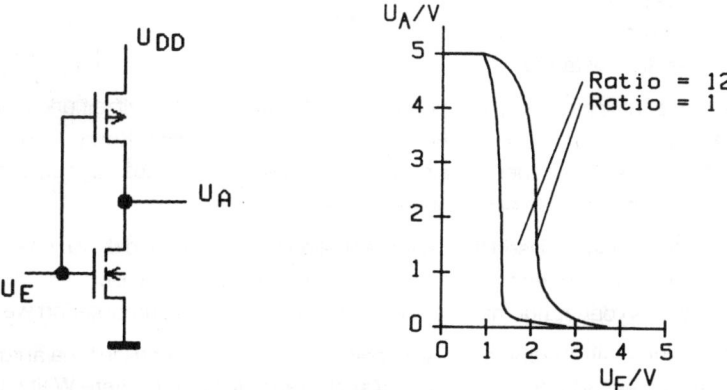

Bild 4.10   CMOS-Inverter und Übertragungskennlinie

Der CMOS-Inverter benötigt kein Widerstandsverhältnis zwischen Last- und Treibertransistor mehr, da immer einer der beiden Transistoren gesperrt ist (Ratioless-Technik). Es gilt also für die Ausgangspegel

$$U_{AH} = U_{DD} \quad \text{und} \quad U_{AL} = 0 \, V.$$

Vom statischen Verhalten her ist deshalb der CMOS-Inverter unkritisch und es können für ihn Minimaltransistoren verwendet werden (W/L = 1), um den Chipflächenbedarf zu optimieren. Es gilt folglich:

$$\beta_R = 1.$$

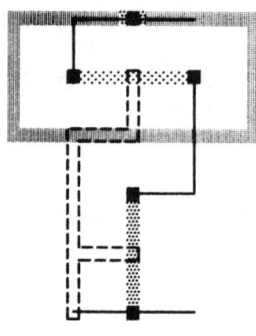 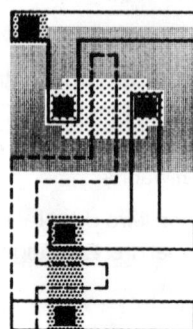

Bild 4.11   Stickdiagramm und Layout eines CMOS-Inverters

Für den individuellen Anwendungsfall kann jedoch von diesem Transistorverhältnis abge-
wichen werden, da die grundsätzliche Funktion nicht in Frage gestellt ist. Als Optimierungs-
aspekte sind gegeben:

- Wirtschaftlichkeit,
- Schaltzeitminimum,
- Symmetrie der Störabstände.

Die größte Wirtschaftlichkeit wird erzielt, wenn das Produkt aus Schaltzeit und Chipflächenbedarf ein Minimum bildet. In diesem Fall werden minimale p- und n-Kanal-Transistoren
eingesetzt. Neben der Flächenersparnis wird eine Vereinfachung des Layouts erzielt, da
der Entwurf weitgehend mit Minimaltransistoren erfolgen kann.

Beim Schaltzeitminimum müssen,für die individuelle kapazitive Last,die Transistoren hinsichtlich ihres optimalen Innenwiderstands berechnet werden. Diese Berechnung ist sehr
aufwendig und kann daher nur mit einem Simulationsprogramm durchgeführt werden.

Die volle Symmetrie der Störabstände ergibt nicht die kürzeste Schaltzeit, da aufgrund der
geringeren Beweglichkeit der Löcher der p-Kanal-Transistor eine größere Weite erhalten
muß (Bild 4.11), was zu einer Vergrößerung der Eingangskapazität führt.

Diese Betrachtungen gelten unter der Voraussetzung der Symmetrie der Schwellspannungen $U_{TN} = -U_{TP}$.

4.3.2 NAND- und NOR-Gatter in CMOS-Technik

Wie beim CMOS-Inverter werden auch bei den NOR- und NAND-Grundgattern in CMOS-
Technik mit jedem Eingangssignal gleichzeitig ein Last- und ein Treibertransistor parallel
angesteuert.

Bild 4.12
NAND-Gatter in CMOS-Technik:
Schaltung, Layout
und Stickdiagramm

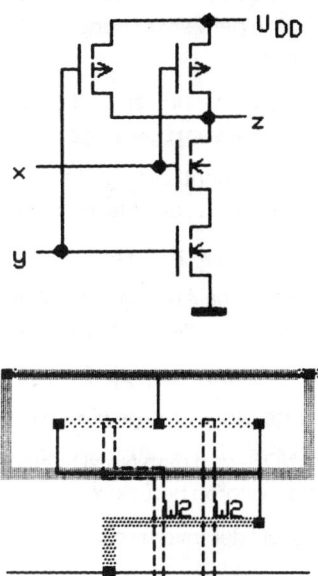

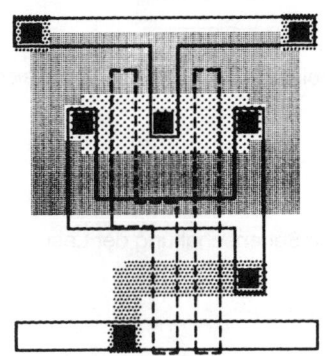

Beim NAND-Gatter (Bild 4.12) werden die Treibertranistoren (n-Kanal) in Reihe und die Lasttransistoren (p-Kanal) parallel geschaltet. Für das NOR-Gatter (Bild 4.13) gilt die umgekehrte Anordnung.

Bild 4.13
NOR-Gatter in CMOS-Technik:
Schaltung, Stickdiagramm
und Layout

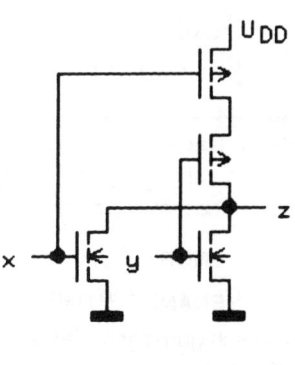

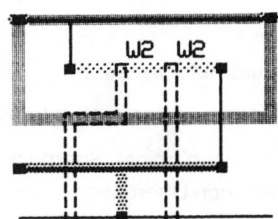

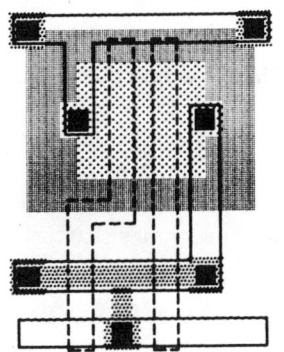

Da die grundsätzliche Funktion nicht vom Widerstandsverhältnis β_R abhängt, sind bezüglich des Störabstands beide Schaltungen gleichgut. Dies gilt auch für den wirtschaftlichen Aspekt, denn bei Verwendung von Minimaltransistoren ergibt sich vom Aufwand her kein Unterschied.

Gravierend unterscheiden sich die beiden Schaltungen jedoch in ihrem dynamischen Schaltverhalten vom Low-Pegel zum High-Pegel und umgekehrt.

Wie bereits erwähnt, beträgt die Ladungsträgerbeweglichkeit bei n-Kanal-Transistoren je nach Prozeß das 2- bis 3-fache der Beweglichkeit der p-Kanal-Transistoren, d. h.

$$\mu_N = 2...3 \cdot \mu_P.$$

Für symmetrische Anstiegs- und Abfallflanken muß bei einem CMOS-Inverter bei gleicher Kanallänge der beiden Transistoren

$$W_{LI} = \mu_N/\mu_P \cdot W_{TI}$$

für die Transistorweiten gewählt werden.

Bei dem NOR- und dem NAND-Gatter muß nun noch die Serienschaltung der Last- bzw. Treibertransistoren berücksichtigt werden.

Auf der Basis der Invertergeometrien gilt für das NAND-Gatter:

$$W_{LNAND} = \mu_N/\mu_P \, W_{TI},$$
$$W_{TNAND} = n \, W_{TI},$$

und für das NOR-Gatter:

$$W_{LNOR} = n \, \mu_N/\mu_P \, W_{TI},$$
$$W_{TNOR} = W_{TI}.$$

Diese Gegenüberstellung zeigt den Nachteil des NOR-Gatters, denn hier muß der bereits große p-Kanal-Transistor entsprechend der Anzahl der Eingänge vergrößert werden. Damit ergeben sich ungünstige Eingangskapazitäten C_E, und der Chipflächenbedarf wächst. Die Eingangskapazitäten sind proportional der Transistorweite, d. h.

$$C_{ENOR} \sim W_{TI} \, (1 + n \, \mu_N/\mu_P),$$
$$C_{ENAND} \sim W_{TI} \, (n + \mu_N/\mu_P).$$

Als die elektrisch günstigere Realisierung ist folglich in der CMOS-Technik das NAND-Gatter dem NOR-Gatter vorzuziehen.

4.3.3 Transmission-Gate

Der MOS-Transistor hat im Vergleich zum Bipolar-Transistor

- einen sehr hochohmigen Sperrwiderstand und
- einen ohmschen Übergangswiderstand im Durchlaßbereich.

Diese beiden Eigenschaften des MOS-Transistors werden neben den klassischen Realisierungen aktiver Logikgatter ebenfalls zur Erzeugung von Logikfunktionen (passive Gatter) angewendet.

Der hochohmige Sperrzustand des MOS-Transistors erlaubt nämlich die Entkopplung kleinster Ladungsmengen, die dann zur Informationsspeicherung ausgenutzt werden können (Bild 4.14). In der Einkanal-MOS-Technik wird der als Signalschalter eingesetzte MOSFET als Transfer-Gate bezeichnet.

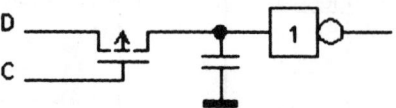

Bild 4.14   Informationsspeicherung mit Transfer-Gate

Im durchgeschalteten Zustand lassen sich ohne wesentlichen Spannungsabfall niederohmig Signale durchschalten. Für den Übergangswiderstand R_{ON} im Triodenbereich gilt nach Gl. (2.1) aber

$$R_{ON} = \frac{1}{B\,W/L\,(U_{GS} - U_T - U_{DS}/2)},$$

d. h. der Übergangswiderstand zeigt eine Abhängigkeit von U_{DS} und damit von der Signalspannung, die über das Transfer-Gate geschaltet wird. Dieser Nachteil wird in der CMOS-Technik durch die Parallelschaltung eines p-Kanal-Transistors weitgehend vermieden (Transmission-Gate, Bild 4.15).

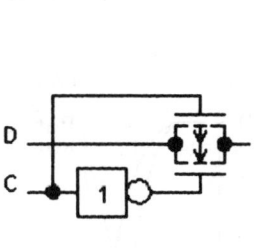
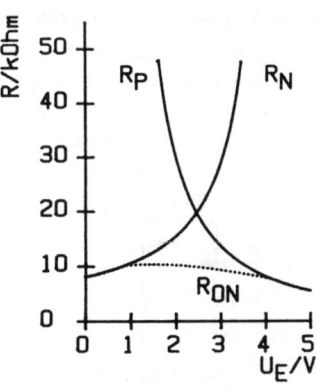

Bild 4.15   Transmission-Gate: Schaltung und Widerstandsverhalten

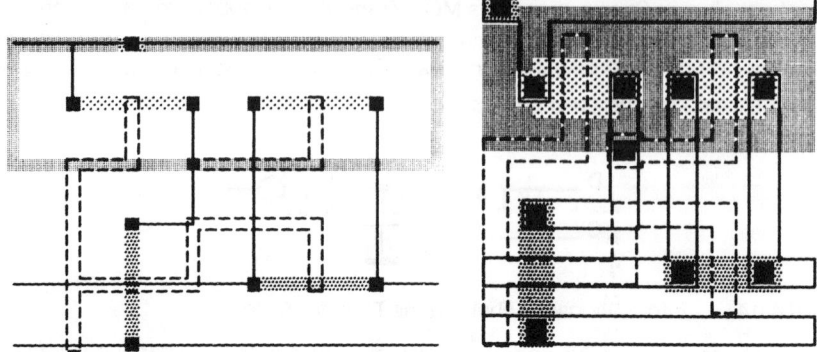

Bild 4.15   (Fortsetzung) Transmission-Gate: Stickdiagramm und Layout

Der p-Kanal-Transistor wird über einen Inverter invers angesteuert und ist damit immer gleichzeitig mit dem n-Kanal-Transistor durchgeschaltet bzw. gesperrt. Da beide Transistoren parallel geschaltet sind, ergibt sich ein weitgehend linearisiertes Widerstandsverhalten für das Transmission-Gate. Zur Dimensionierung werden in der Regel für diese Schaltertransistoren Minimalgeometrien angewendet.

4.3.4 Pseudo-NMOS-Technik

Wird bei einem Depletion-Last-Inverter der Depletion-Transistor durch einen p-Kanal-Transistor ersetzt und wird dessen Gate an U_{SS} geschaltet, so erhält man einen Pseudo-NMOS-Inverter, wie er in Bild 4.16 dargestellt ist.

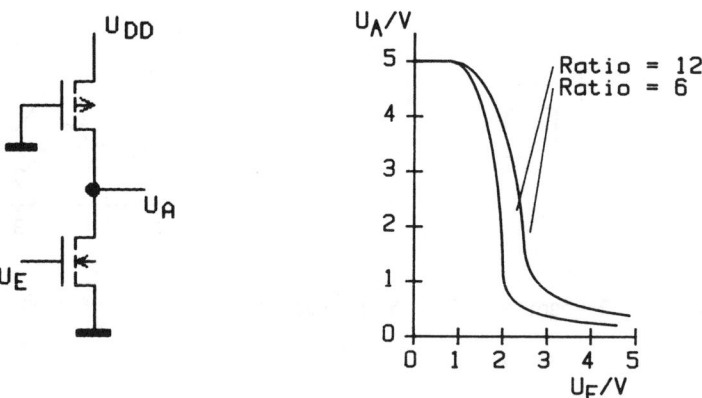

Bild 4.16   Pseudo-NMOS-Inverter und Übertragungskennlinie

Die Dimensionierung und das Schaltverhalten ist ähnlich dem des Depletion-Inverters. Der Unterschied besteht darin, daß auf den p-Kanal-Transistor kein Substrateffekt wirkt.

Die Pseudo-NMOS-Technik bietet vorteilhaft die Möglichkeit, in der CMOS-Technik NMOS-

Schaltungen nachbilden zu können und dabei Chipfläche zu sparen, da auf die der Eingangstransistoren entsprechende Anzahl der in der CMOS-Technik erforderlichen komplementären Lasttransistoren verzichtet werden kann. Diese Schaltungstechnik eignet sich besonders für Dekodiererschaltungen.

4.4 BICMOS-Technik

In der Digitaltechnik ergeben sich für den Einsatz von BICMOS-Schaltungen an den Stellen Vorteile, wo eine hohe Treiberleistung benötigt wird. Eine reine BICMOS-Logik hat sich wegen des erhöhten Chipflächenbedarfs für die Bipolartransistoren bisher noch nicht entwickelt; deshalb werden z. Z. vorwiegend nur Treiberstufen in dieser Logik realisiert.

Die bisher zahlreich veröffentlichten Schaltungsvarianten [SiAr85] lassen sich prinzipiell

- in dynamische Treiberstufen und
- in statische Treiberstufen

unterteilen, wobei die Bipolartransistoren entweder nur dynamisch (d. h. während der Schaltflanken) oder statisch (durch die Pegel) angesteuert werden.

Für die Digitaltechnik sind insbesondere dynamische BICMOS-Stufen wegen der geringen Verlustleistung attraktiv. Eine häufig eingesetzte Schaltungsvariante ist in Bild 4.17 dargestellt. Das Signal n3 stellt den Verlauf der Basis-Emitter-Spannung des Bipolar-Transistors T6 dar.

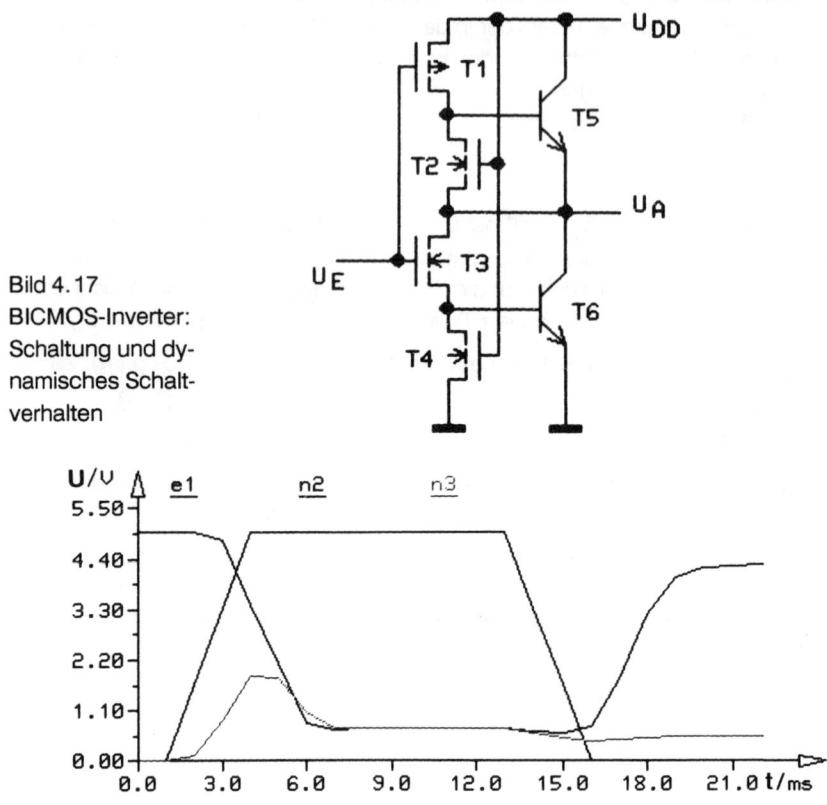

Bild 4.17
BICMOS-Inverter:
Schaltung und dy-
namisches Schalt-
verhalten

Im Vergleich zur reinen CMOS-Ausführung (Transistoren T1 und T3) muß der BICMOS-Inverter durch zwei MOS-Transistoren (T2 und T4) in der Logik und zwei Bipolar-Transisto-
ren (T5 und T6) in der Endstufe ergänzt werden.

Schaltet die Eingangsspannung von LOW nach HIGH, wird der Transistor T3 leitend und
T1 sperrt (normale Inverterfunktion). Die Transistoren T2 und T4 sind immer leitend und
übernehmen die Aufgabe eines Widerstands. Schaltet nun der Transistor T3 durch, wird
die Spannung vom Ausgang (HIGH-Pegel) an die Basis des Transistors T6 geschaltet, der
damit leitend wird und den Ausgang schnell nach Masse entlädt. Mit der abfallenden Ausgangsspannung sperrt sich der Bipolartransistor T6 selbst, und der Ausgang bleibt dann
über die Transistoren T3 und T4 statisch mit Masse verbunden. Für die Schaltflanke der
Eingangsspannung von HIGH nach LOW werden die Transistoren T1 und T5 ähnlich wie
vorher beschrieben aktiviert.

Wegen des Einflusses der dynamischen Wirkungsweise ist ein Schaltungsentwurf nur mit
Simulation sinnvoll. Für die Transistoren T1, T3, T5 und T6 werden üblicherweise Minimaltransistoren verwendet. Die Dimensionierung der Transistoren T2 und T4 ist von dem Kompromiß steiler Schaltflanken und einem schnellen Einschwingen auf den Endpegel geprägt.

Das Stickdiagramm und das Layout eines BICMOS-Inverters sind in Bild 4.18 dargestellt.

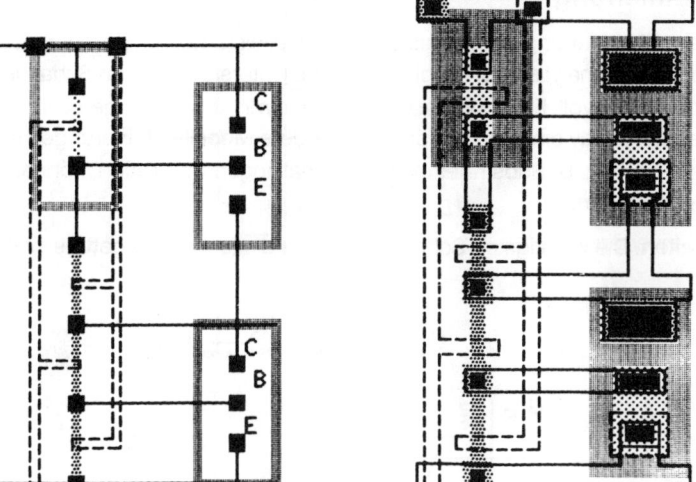

Bild 4.18   BICMOS-Inverter: Stickdiagramm und Layout

Der BICMOS-Inverter läßt sich durch entsprechende Änderung im CMOS-Logik-Teil zu einem NAND- oder NOR-Gatter erweitern. Der Vorteil der BICMOS-Stufen liegt in der erhöhten Treiberleistung gegenüber reinen CMOS-Schaltungen.

5 Schaltzeiten, Verlustleistung und Störabstände

5.1 Einleitung

Eine exakte Berechnung der Schaltzeiten, Verlustleistung und Störabstände ist wegen der Komplexität des analytischen Problems nur mit Unterstützung von Schaltungssimulations-programmen sinnvoll. Für grobe Abschätzungen mit Abweichungen von 10 % bis 20 % genügen jedoch relativ einfache Ansätze. Besondere Modellverfeinerungen für die Stromgleichungen, wie z. B. Substrateffekt oder Kanallängenmodulation, können häufig vernachlässigt werden.

Schaltzeiten. Die wichtigsten Schaltzeiten eines digitalen Logikgatters sind in Bild 5.1 dargestellt.

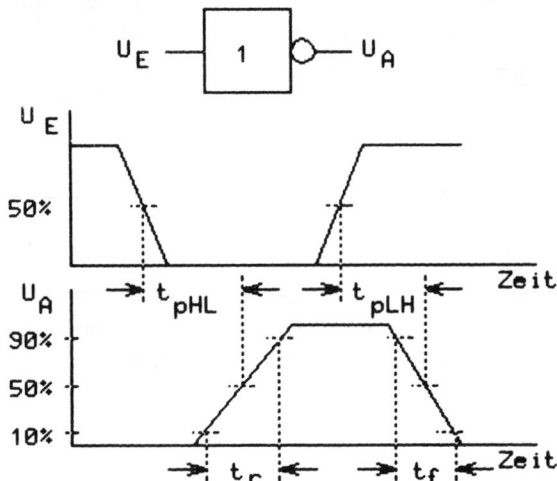

Bild 5.1   Definition der Schaltzeiten

Im einzelnen bedeuten:

t_{pHL} Verzögerungszeit von HIGH nach LOW (propagation delay time),
t_{pLH} Verzögerungszeit von LOW nach HIGH,
t_r Anstiegszeit (rise time),
t_f Abfallzeit (fall time).

Die Verzögerungszeit t_p definiert den Zeitraum vom 50%-Wert der Eingangsspannung U_E bis zum Erreichen des 50%-Wertes der Ausgangsspannung U_A. Die Verzögerungszeiten für den Übergang von HIGH zu LOW und umgekehrt sind in der Regel verschieden, so daß zur Bestimmung des Power-Delay-Produktes das arithmetische Mittel aus den beiden Zeiten gewählt wird:

$$t_p = \frac{t_{pHL} + t_{pLH}}{2}.$$

Die Anstiegszeit t_r bezeichnet den Zeitraum zwischen 10 % und 90 % der Ausgangsspannung U_A. Die Abfallzeit t_f bezieht sich auf die abfallende Flanke von 90 % und 10 % der Ausgangsspannung U_A.

Störabstände. In digitalen Schaltungen sind der Störabstand für den HIGH-Zustand S_H und der für den LOW-Zustand S_L in der Regel verschieden. Die Definition der statischen Störabstände lautet allgemein:

$$S_H = U_{AH} - U_{EH},$$

$$S_L = U_{EL} - U_{AL},$$

wobei für die Ausgangsspannungen U_{AH} und U_{AL} sowie die Eingangsspannungen U_{EH} und U_{EL} die jeweils ungünstigsten Toleranzwerte eingesetzt werden.

Die kritischen Punkte werden bei einem Inverter an den Stellen in der Übergangskennlinie definiert, an denen die Verstärkung $dU_A/dU_E = -1$ ist. Das negative Vorzeichen resultiert aus der Signalumkehrung des Inverters.

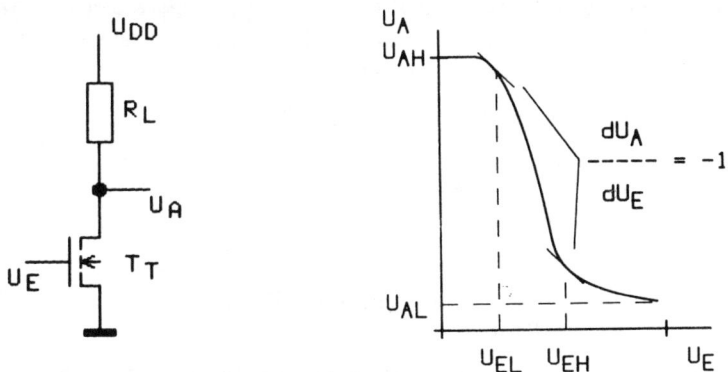

Bild 5.2   Übergangskennlinie eines Inverters mit Widerstandslast

Bild 5.2 zeigt die beiden kritischen Punkte zur Bestimmung der Störabstände, wobei für statische NMOS-Depletion- und CMOS-Inverter $U_{AH} = U_{DD}$ gilt und U_{AL} bei $U_E = U_{DD}$ bestimmt wird.

Die Arbeitspunkte $dU_A/dU_E = -1$ lassen sich mit Hilfe der Kleinsignalparameter bestimmen. Zum Beispiel gilt für die Spannungsverstärkung A_u eines Inverters mit Widerstandslast

$$A_u = \frac{dU_A}{dU_E} = -\frac{g_m}{G_L + g_{ds}},$$

wobei g_m die Steilheit und g_{ds} der Kanalleitwert des Eingangstransistors sind.

Für den Arbeitspunkt an der Stelle $U_{GS} = U_{EL}$ befindet sich der Transistor in der Sättigung, und g_{ds} kann vernachlässigt werden. Somit gilt mit Gl. (2.2)

$$I_D = \frac{\beta_T}{2}(U_{GS} - U_{TE})^2 \quad \text{und}$$

$$g_m = \frac{\partial I_D}{\partial U_{GS}} = \beta_T(U_{GS} - U_{TE}).$$

Mit $U_{GS} = U_{EL}$ läßt sich der obere kritische Punkt berechnen:

$$\frac{dU_A}{dU_E} = -\frac{\beta_T(U_{EL} - U_{TE})}{G_L} = -1, \text{ d. h.}$$

$$U_{EL} = \frac{G_L}{\beta_N} + U_{TE}.$$

Im Falle des unteren Arbeitspunkts an der Stelle $U_{GS} = U_{EH}$ arbeitet der Transistor im Triodenbereich, und es kann der Lastwiderstand R_L gegenüber dem wesentlich kleineren Kanalwiderstand r_{ds} vernachlässigt werden:

$$I_D = \beta_T U_{DS}(U_{GS} - U_{TE} - U_{DS}/2),$$

$$g_m = \frac{\partial I_D}{\partial U_{GS}} = \beta_T U_{DS},$$

$$g_{ds} = \frac{\partial I_D}{\partial U_{DS}} = \beta_N(U_{GS} - U_{TE} - U_{DS}).$$

Mit $U_{GS} = U_{EH}$ und $U_{DS} = U_A$ berechnet sich die Eingangsspannung U_{EH} aus

$$\frac{dU_A}{dU_E} = -\frac{g_m}{g_{ds}} = -\frac{\beta_T U_A}{\beta_T(U_{EH} - U_{TE} - U_A)} = -1$$

und daraus folgt

$$U_{EH} = 2U_A - U_{TE}.$$

Der Zahlenwert für $U_{EH} = U_{GS}$ läßt sich dann bestimmen aus den Beziehungen

$$U_A = U_{DD} - I_D R_L \quad \text{und}$$

$$U_A = \frac{U_{EH} + U_{TE}}{2}.$$

Verlustleistung. Die Verlustleistung P digitaler MOS-Schaltungen setzt sich hauptsächlich aus einem statischen und einem dynamischen Anteil zusammen:

$$P = P_{stat} + P_{dyn}.$$

103

Leckstromverluste können bei typischen Betriebsfrequenzen vernachlässigt werden. Bei der Ratio-Technik (z. B. NMOS-Depletion-Technik) überwiegt die statische Verlustleistung, die durch den Querstrom in einem der beiden Logikzustände verursacht wird. In der statischen CMOS-Technik (Ratioless-Technik) dominiert dagegen die dynamische Verlustleistung, die zum Umladen der Lastkapazität erforderlich ist.

5.2 Depletion-Last-Inverter

Die Berechnung der Schaltzeiten eines Depletion-Last-Inverters erfolgt mit einer Lastkapazität C_L, in der alle parasitären Ausgangskapazitäten eines Inverters zusammengefaßt sind.

Anstiegszeit t_r. Zur Vereinfachung der Bestimmung der Anstiegszeit t_r wird ein idealer Spannungssprung der Eingangsspannung U_E am Treibertransistor vorausgesetzt, so daß beim Übergang vom HIGH-Pegel zum LOW-Pegel der Massepfad ohne Zeitverzögerung gesperrt wird.

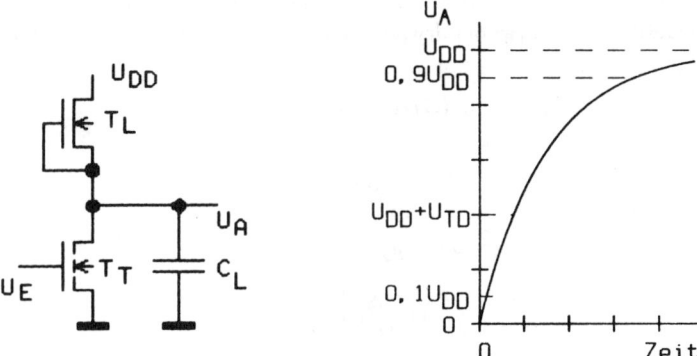

Bild 5.3   Integrationsintervalle zur Bestimmung der Anstiegszeit

Für die Aufladung der Lastkapazität C_L gilt die Beziehung (vgl. Bild 5.3):

$$I_D = \frac{dU_A}{dt} C_L.$$

Die Aufladung der Kapazität erfolgt über den Depletion-Transistor, wobei der Strom vom Arbeitspunkt des Transistors abhängig ist. Es gilt entsprechend den Gleichungen (2.1) und (2.2)

$$I_D = \frac{\beta_L}{2}(U_{TD})^2 \qquad \text{(Sättigungsbereich)},$$

$$I_D = \beta_L U_{DS}(-U_{TD} - \frac{U_{DS}}{2}) \qquad \text{(Triodenbereich)}.$$

Mit $U_{DS} = U_{DD} - U_A$ gilt für den Triodenbereich:

$$I_D = \beta_L (U_{DD} - U_A)[- U_{TD} - \frac{1}{2}(U_{DD} - U_A)].$$

Der Einfluß des Substrateffekts auf den Strom des Lasttransistors wird bei den weiteren Betrachtungen vernachlässigt.

Während des Übergangs vom LOW-Pegel zum HIGH-Pegel erfolgt für den Lasttransistor ein Wechsel vom Sättigungsbereich zum Triodenbereich (Bild 5.3), so daß eine Fallunterscheidung an der Stelle $U_{DD} + U_{TD} = U_A$ berücksichtigt werden muß.

Die Anstiegszeit t_r setzt sich aus den Zeiten der Integrationsintervalle des Sättigungsbereichs (t_{r1}) und des Triodenbereichs (t_{r2}) zusammen:

$$t_r = t_{r1} + t_{r2}.$$

Für die Anstiegszeit im Sättigungsbereich gilt

t_{r1} (Aufladung von $0,1U_{DD}$ bis $U_{DD} + U_{TD}$):

$$\frac{dU_A}{dt} C_L = \frac{\beta_L}{2} (U_{TD})^2,$$

$$t_{r1} = \frac{2C_L}{\beta_L U_{TD}^2} \int_{0,1U_{DD}}^{U_{DD} + U_{TD}} dU_A,$$

$$t_{r1} = \frac{2C_L}{\beta_L U_{TD}^2} (0,9U_{DD} + U_{TD}).$$

Für die Anstiegszeit im Triodenbereich gilt

t_{r2} (Aufladung von $U_{DD} + U_{TD}$ bis $0,9U_{DD}$):

$$\frac{dU_A}{dt} C_L = \frac{\beta_L}{2} (U_{DD} - U_A)[- 2U_{TD} - (U_{DD} - U_A)],$$

$$t_{r2} = \frac{2C_L}{\beta_L} \int_{U_{DD} + U_{TD}}^{0,9U_{DD}} \frac{dU_A}{(U_{DD} - U_A)[- 2U_{TD} - (U_{DD} - U_A)]};$$

mit der Substitution $x = U_{DD} - U_A$ und der allgemeinen Lösung [BrSe69]

$$\frac{dx}{ax^2 + bx} = - \frac{1}{b} \ln(\frac{ax + b}{x}) \qquad \text{gilt:}$$

$$t_{r2} = \frac{C_L}{\beta_L\, U_{TD}}\, \ln\left(\frac{0,1U_D}{-0,1U_{DD} - 2U_{TD}}\right).$$

Für die gesamte Anstiegszeit t_r ergibt sich ($t_r = t_{r1} + t_{r2}$):

$$t_r = \frac{C_L}{\beta_L\, U_{TD}}\left[\frac{2(0,9U_{DD} + U_{TD})}{U_{TD}} + \ln\left(\frac{0,1U_{DD}}{-0,1U_{DD} - 2U_{TD}}\right)\right].$$

Näherungslösung. Zur Abschätzung der Anstiegszeit läßt sich mit $U_{TD} = -0,6U_{DD}$ die Beziehung vereinfachen:

$$t_r \approx \frac{4C_L}{\beta_L\, U_{DD}}.$$

Abfallzeit t_f. Die Entladung der Lastkapazität C_L erfolgt über den Treibertransistor. Der Strom des Lasttransistors kann bei der Berechnung der Abfallzeit wegen der Ratio-Technik vernachlässigt werden. Ähnlich der Aufladung muß hier bei $U_A = U_{DD} - U_{TE}$ (Bild 5.4) eine Fallunterscheidung betrachtet werden, wo für den Treibertransistor ein Übergang vom Sättigungs- in den Triodenbereich erfolgt.

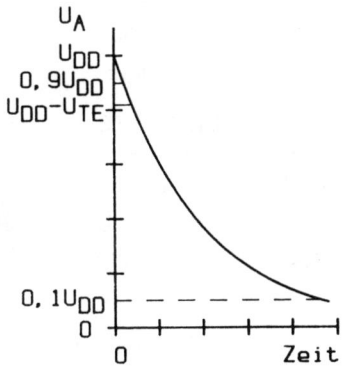

Bild 5.4   Integrationsintervalle zur Bestimmung der Abfallzeit

Die Abfallzeit setzt sich aus den Integrationsintervallen t_{f1} (Sättigungsbereich) und t_{f2} (Triodenbereich) zusammen:

$$t_f = t_{f1} + t_{f2}.$$

t_{f1} (Entladung von $0,9U_{DD}$ bis $U_{DD} - U_{TE}$):

$$\frac{dU_A}{dt}\, C_L = \frac{\beta_T}{2}\, (U_{DD} - U_{TE})^2,$$

$$t_{f1} = \frac{2C_L}{\beta_T(U_{DD}-U_{TE})^2} \int_{U_{DD}-U_{TE}}^{0,9U_{DD}} dU_A,$$

$$t_{f1} = \frac{2C_L}{\beta_T} \frac{-0,1U_{DD}+U_{TE}}{(U_{DD}-U_{TE})^2}.$$

t_{f2} (Entladung von $U_{DD} - U_{TE}$ bis $0,1U_{DD}$):

$$\frac{dU_A}{dt}C_L = \frac{\beta_T}{2}U_A[2(U_{DD}-U_{TE})-U_A],$$

$$t_{f2} = \frac{2C_L}{\beta_T} \int_{0,1U_{DD}}^{U_{DD}-U_{TE}} \frac{dU_A}{U_A[2(U_{DD}-U_{TE})-U_A]};$$

mit dem gleichen Lösungsansatz wie bei der Berechnung der Anstiegszeit gilt:

$$t_{f2} = \frac{C_L}{\beta_T(U_{DD}-U_{TE})} \ln\left(\frac{1,9U_{DD}-2U_{TE}}{0,1U_{DD}}\right).$$

Die gesamte Abfallzeit t_f beträgt also ($t_f = t_{f1} + t_{f2}$):

$$t_f = \frac{C_L}{\beta_T(U_{DD}-U_{TE})} \frac{-0,2U_{DD}+2U_{TE}}{U_{DD}-U_{TE}} + \ln\left(\frac{1,9U_{DD}-2U_{TE}}{0,1U_{DD}}\right).$$

Näherungslösung. Für eine 5V-Technologie kann $U_{TE} = 0,2U_{DD}$ als Näherungswert angenommen werden. Damit vereinfacht sich die Beziehung für die Abfallzeit

$$t_f \approx \frac{5C_L}{\beta_T U_{DD}}.$$

Die Näherungslösungen zeigen, daß sich die Anstiegs- und Abfallzeit umgekehrt proportional zu ihren Steilheitskonstanten β_L bzw. β_T verhalten. Außerdem zeigen die Ergebnisse eine Vergrößerung der Schaltzeiten bei einer Reduzierung der Amplitude der Versorgungsspannung U_{DD}.

Verzögerungszeit t_p. Als Verzögerungszeit t_p kann in vereinfachter Betrachtung die Summe der Anstiegs- und Abfallzeit bis zur 50%- Marke (Bild 5.1) betrachtet werden, da das Schaltverhalten von MOS-Transistoren im wesentlichen durch ihre externe Beschaltung bestimmt wird.

t_{p1} (Aufladung von 0 V bis $0{,}5U_{DD}$ (näherungsweise nur Sättigung)):

$$t_{p1} = \frac{2C_L}{\beta_L U_{TD}^2} \int_0^{0{,}5U_{DD}} dU_A,$$

$$t_{p1} = \frac{C_L}{\beta_L U_{TD}^2} U_{DD}.$$

t_{p2} (Entladung von U_{DD} bis $0{,}5U_{DD}$; näherungsweise nur Sättigung):

$$t_{p2} = \frac{2C_L}{\beta_T (U_{DD} - U_{TE})^2} \int_{0{,}5U_{DD}}^{U_{DD}} dU_A,$$

$$t_{p2} = \frac{C_L}{\beta_T (U_{DD} - U_{TE})^2} U_{DD}.$$

Die gesamte Verzögerungszeit ergibt sich zu

$$t_p = t_{p1} + t_{p2} = C_L U_{DD} \left(\frac{1}{\beta_L U_{TD}^2} + \frac{1}{\beta_T (U_{DD} - U_{TE})^2} \right).$$

Näherungslösung. Mit den bisher getroffenen Annahmen ergibt sich als Näherungslösung

$$t_p \approx \frac{C_L}{U_{DD}} \left(\frac{3}{\beta_L} + \frac{1{,}5}{\beta_T} \right).$$

Zahlenbeispiel. Gegeben: $U_{DD} = 5\text{ V}$; $C_L = 0{,}1\text{ pF}$; $(W/L)_L = 1/3$; $(W/L)_T = 2$; $B_{OE} = B_{OD} = 40\ \mu A/V^2$.

$$t_p = \frac{0{,}1\text{ pF}}{5\text{ V} \cdot 40\ \mu A/V^2} \left(3 \cdot 3 + \frac{1{,}5}{2} \right) = \underline{4{,}9\text{ ns}}.$$

Das Zahlenbeispiel mit der Näherungslösung verdeutlicht den dominierenden Einfluß des Lasttransistors. Für eine Grenzwertbetrachtung sei $\beta_T/\beta_L = 6$ angenommen und die Lastkapazität durch die Gatekapazität eines Inverters repräsentiert:

$$C_L = C_{OX} W_T L_T.$$

Mit diesen Annahmen und den Werten $C_{OX} = 1{,}2\text{ fF}/\mu m^2$ und $L_T = 3\ \mu m$ gilt dann

$$t_p = \frac{C_{OX} W_T L_T}{U_{DD} B_O W_T} (18 + 1{,}5) = \underline{1{,}1\text{ ns}}.$$

Dieser Grenzwert stellt die theoretisch minimale Verzögerungszeit dar, die sich mit den vorgegebenen Prozeßparametern erzielen läßt. Praktisch ist diese minimale Verzögerungszeit kaum realisierbar, da zusätzliche Verdrahtungskapazitäten und auch der Miller-Effekt (siehe z. B. [GlDo85]) berücksichtigt werden müssen.

Störabstand. Die Störabstände für den Depletion-Last-Inverter werden aus seiner Übergangskennlinie bestimmt (Bild 5.5).

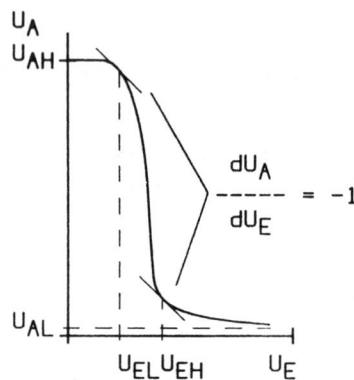

Bild 5.5   Übergangskennlinie eines Depletion-Last-Inverters

Die Ausgangsspannung U_{AL} wird bei $U_E = U_{DD}$ bestimmt. Für den zweiten Grenzwert gilt $U_{AH} = U_{DD}$. Die beiden kritischen Eingangsspannungen U_{EL} und U_{EH} lassen sich aus der Übergangskennlinie an den Stellen $dU_A/dU_E = -1$ berechnen.

Im Arbeitspunkt U_{EL} befindet sich der Lasttransistor im Triodenbereich und der Treibertransistor im Sättigungsbereich. Es gelten somit folgende Stromgleichungen nach Gl.(2.1) und Gl. (2.2)

$$I_D = \beta_L\, U_{DS}\,[\,-U_{TD}-U_{DS}/2],$$

$$I_D = \frac{\beta_T}{2}\,(U_{GS}-U_{TE})^2.$$

Sie werden mit $U_{DS} = U_{DD}-U_A$, $U_{GS} = U_{EL}$ und $U_{DS}/2 << |\,U_{TD}\,|$ gleichgesetzt und nach U_A aufgelöst:

$$\beta_L\,(U_{DD}-U_A)(-U_{TD}) = \beta_T/2\,(U_{EL}-U_{TE})^2,$$

$$U_A = U_{DD} - \frac{\beta_T}{2\beta_L}\,\frac{(U_{EL}-U_{TE})^2}{-U_{TD}}.$$

Aus der Bedingung $dU_A/dU_E = -1$ errechnet sich:

$$\frac{dU_A}{dU_E} = -\frac{\beta_L}{\beta_T}\,(-U_{TD}) + U_{TE} = -1,$$

$$U_{EL} = \frac{\beta_L}{\beta_T} (-U_{TD}) + U_{TE}.$$

In dem zweiten kritischen Arbeitspunkt U_{EH} befindet sich der Lasttransistor in der Sättigung und der Treibertransistor im Triodenbereich:

$$I_D = \beta_L/2 \, (-U_{TD})^2,$$

$$I_D = \beta_T \, U_{DS} \, (U_{GS} - U_{TE} - U_{DS}/2).$$

Mit $U_{DS} = U_A$, $U_{GS} = U_{EH}$ und $U_{DS}/2 << U_{GS} - U_{TE}$ ergibt sich nach dem Gleichsetzen der beiden Stromgleichungen

$$\beta_L/2 \, (-U_{TD})^2 = \beta_T \, U_A (U_{EH} - U_{TE}),$$

$$U_A = \frac{\beta_L}{2\beta_T} \, \frac{(-U_{TD})^2}{U_{EH} - U_{TE}}.$$

Die Bestimmung des kritischen Punktes U_{EH} ergibt sich aus

$$\frac{dU_A}{dU_E} = -\frac{\beta_L}{2\beta_T} \, \frac{(-U_{TD})^2}{(U_{EH} - U_{TE})^2} = -1.$$

$$U_{EH} = \frac{\beta_L}{2\beta_T} \, (-U_{TD}) + U_{TE}.$$

Die Störabstände für einen Depletion-Last-Inverter lassen sich nun berechnen:

$$U_{AH} = U_{DD} \qquad \text{und}$$

$$U_{AL} \approx \frac{\beta_L}{2\beta_T} \, \frac{(-U_{TD})^2}{U_{DD} - U_{TE}}.$$

Zahlenbeispiel. Gegeben: $\beta_T/\beta_L = 6$; $U_{TD} = -3\,V$; $U_{TE} = 0,8\,V$; $U_{DD} = 5\,V$.

Diese Zahlenwerte führen zu folgenden, gerundeten Ergebnissen:

$$U_{EL} = \underline{1,3\,V}, \qquad U_{EH} = \underline{1,7\,V},$$

$$U_{AL} = \underline{0,2\,V}, \qquad U_{AH} = \underline{5\,V}.$$

Für die Störabstände gilt somit

$$S_H = U_{AH} - U_{EH} = \underline{3,3\,V},$$

$$S_L = U_{EL} - U_{AL} = \underline{1,1\,V}.$$

Diese Unsymmetrie der Störabstande ist typisch für Inverter, die mit einem Widerstandsverhältnis arbeiten.

Verlustleistung. Bei einem Depletion-Last-Inverter tritt statische Verlustleistung auf, wenn am Eingang der HIGH-Pegel anliegt und der Treibertransistor durchgeschaltet ist. Es fließt ein Querstrom, der nach Gl. (2.2) durch den Depletion-Transistor bestimmt wird:

$$I_D = \frac{\beta_L}{2} \, U_{TD}^2.$$

Für die Verlustleistung P_{INV} des Inverters gilt dann

$$P_{INV} = \frac{\beta_L}{2} \, U_{TD}^2 \, U_{DD}.$$

Die mittlere Gesamtverlustleistung einer Schaltung wird aus dem Taktverhältnis (z. B. 50 %) und der halben Anzahl der Gatter berechnet.

Zahlenbeispiel. Gegeben: $(W/L)_L = 0{,}2$; $B_{OD} = 40 \, \mu A/V^2$; $U_{TD} = -3 \, V$; $U_{DD} = 5 \, V$.

$$P_{INV} = 0{,}1 \cdot 40 \, \mu A/V^2 \cdot 9 \, V^2 \cdot 5 \, V = \underline{180 \, \mu W}.$$

5.3 CMOS-Inverter

Abfallzeit t_f. Zur Berechnung der Abfallzeit eines CMOS-Inverters kann die gleiche Situation betrachtet werden wie im Falle des Durchschaltens des Treibertransistors beim Depletion-Last-Inverter (vgl. Bild 5.4).

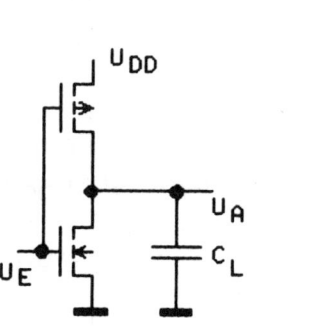 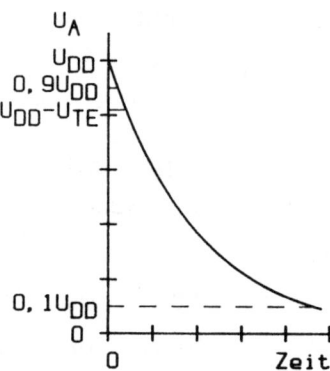

Bild 5.6   Integrationsintervalle zur Bestimmung der Abfallzeit beim CMOS-Inverter

Wegen des Wechsels des Arbeitsbereichs muß wieder die Fallunterscheidung bei $U_{DD} - U_{TN} = U_A$ vorgenommen werden (Bild 5.6).

t_{f1} (Entladung von $0{,}9U_{DD}$ bis $U_{DD} - U_{TN}$):

$$\frac{dU_A}{dt} C_L = -(U_{DD} - U_{TN})^2,$$

$$t_{f1} = \frac{2C_L}{\beta_N(U_{DD} - U_{TN})^2} \int_{U_{DD} - U_{TN}}^{0{,}9U_{DD}} dU_A,$$

$$t_{f1} = \frac{2C_L(U_{TN} - 0{,}1U_{DD})}{\beta_N(U_{DD} - U_{TN})^2}.$$

t_{f2} (Entladung von $U_{DD} - U_{TN}$ bis $0{,}1U_{DD}$):

$$\frac{dU_A}{dt} C_L = \frac{\beta_N}{2} U_A[2(U_{DD} - U_{TN}) - U_A],$$

$$t_{f2} = \frac{2C_L}{\beta_N} \int_{0{,}1U_{DD}}^{U_{DD} - U_{TN}} \frac{dU_A}{U_A[2(U_{DD} - U_{TN}) - U_A]},$$

$$t_{f2} = \frac{C_L}{\beta_N(U_{DD} - U_{TN})} \ln\left(\frac{1{,}9U_{DD} - 2U_{TN}}{0{,}1U_{DD}}\right).$$

Für die gesamte Abfallzeit t_f des CMOS-Inverters gilt ($t_f = t_{f1} + t_{f2}$):

$$t_f = \frac{C_L}{\beta_N(U_{DD} - U_{TN})}\left[\frac{-0{,}2U_{DD} + 2_{TN}}{U_{DD} - U_{TN}} + \ln\left(\frac{1{,}9U_{DD} - 2U_{TN}}{0{,}1U_{DD}}\right)\right].$$

Anstiegszeit t_r. Da beim CMOS-Inverter beide Transistoren vom Enhancement-Typ sind, kann die Anstiegszeit entsprechend der Abfallzeit berechnet werden (Bild 5.7):

$$t_r = \frac{C_L}{\beta_P(U_{DD} - U_{TP})}\left[\frac{0{,}2U_{DD} + 2U_{TP}}{-U_{DD} - U_{TP}} + \ln\left(\frac{-1{,}9U_{DD} - 2U_{TP}}{-0{,}1U_{DD}}\right)\right].$$

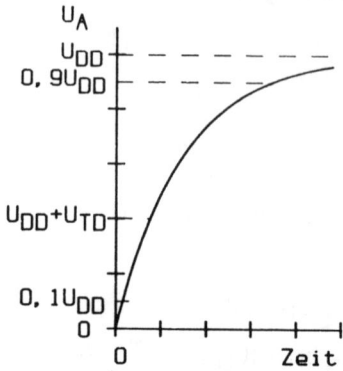

Bild 5.7   Integrationsintervalle zur Berechnung der Anstiegszeit

Die Symmetrie von Abfall- und Anstiegszeit läßt sich über die Geometrie der Transistoren einstellen. In der Regel wird $(W/L)_P = 2(W/L)_N$ gewählt.

Näherungslösungen. Mit den Näherungswerten $U_{TN} = -U_{TP} = 0,2U_{DD}$ lassen sich die Abfall- und Anstiegszeit für einen CMOS-Inverter abschätzen:

$$t_f \approx \frac{4C_L}{\beta_N U_{DD}},$$

$$t_r \approx \frac{4C_L}{\beta_P U_{DD}}.$$

Zahlenbeispiel. Gegeben: $C_L = 0,1\ pF$; $B_{ON} = 40\ \mu A/V^2$; $B_{OP} = 16\ \mu A/V^2$; $U_{DD} = 5\ V$; $(W/L)_N = 1$; $(W/L)_P = 2,5$.

$$t_f = \underline{2\ ns}; \qquad t_r = \underline{2\ ns}.$$

Verzögerungszeit t_p. Die Verzögerungszeit wird aus der Summe der Einschwingzeiten bestimmt, die sich bis zum Erreichen der Ausgangsspannung auf den 50%-Wert ergeben.

t_{p1} (Entladung von U_{DD} bis $0,5U_{DD}$ über n-Kanal-Transistor; näherungsweise nur Sättigung):

$$t_{p1} = \frac{2C_L}{\beta_N(U_{DD}-U_{TN})^2}\int_{0,5U_{DD}}^{U_{DD}} dU_A,$$

$$t_{p1} = \frac{C_L U_{DD}}{\beta_N(U_{DD}-U_{TN})^2}.$$

t$_{p2}$ (Aufladung von 0 bis 0,5U$_{DD}$ über p-Kanal-Transistor; näherungsweise nur Sättigung):

$$t_{p2} = \frac{C_L\, U_{DD}}{\beta_P\,(U_{DD} - |\,U_{TP}\,|)^2}.$$

Aus der Summe ergibt sich die Verzögerungszeit t$_p$:

$$t_p = t_{p1} + t_{p2},$$

$$t_p = C_L\, U_{DD}\left(\frac{1}{\beta_N\,(U_{DD} - U_{TN})^2} + \frac{1}{\beta_P\,(U_{DD} - |\,U_{TP}\,|)^2}\right).$$

Zahlenbeispiel. Auf der Basis der bisher vorgegebenen Zahlenwerte und einer symmetrischen Stromverstärkung $\beta_N = \beta_P$ ergibt sich eine Verzögerungszeit von

$$t_p = \underline{2,3\text{ ns}}.$$

Störabstand. Die Spannungsverstärkung A$_u$ eines CMOS-Inverters wird durch die Parallelschaltung der Steilheiten g$_{mN}$ und g$_{mP}$ sowie der Kanalleitwerte g$_{dsN}$ und g$_{dsP}$ bestimmt:

$$A_u = -\frac{g_{mN} + g_{mP}}{g_{dsN} + g_{dsP}}.$$

Durch die Arbeitspunkte A$_u$ = - 1 werden die Eingangsspannungen U$_{EL}$ und U$_{EH}$ zur Berechnung des Störabstandes definiert (Bild 5.8).

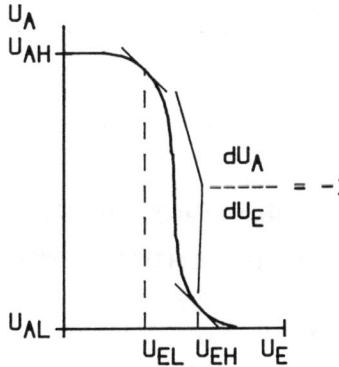

Bild 5.8
Übergangskennlinie eines
CMOS-Inverters zur Bestimmung des Störabstands

Für die Eingangsspannung U$_{EL}$ befindet sich der p-Kanal-Transistor in dem Triodenbereich und der n-Kanal-Transistor in der Sättigung. Es kann somit g$_{dsN}$ gegenüber g$_{dsP}$ vernachlässigt werden.

Mit der Drain-Source-Spannung U$_{DS}$ = - U$_{DD}$ + U$_A$ und der Gate-Source-Spannung U$_{GS}$ = - U$_{DD}$ + U$_E$ am p-Kanal-Transistor sowie U$_{DS}$ = U$_A$ und U$_{GS}$ = U$_E$ am n-Kanal-

Transistor gelten folgende Stromgleichungen:

$$I_{DP} = -\beta_P (-U_{DD} + U_A)(U_E + U_{TP} - U_A/2 - U_{DD}/2),$$

$$I_{DN} = \frac{\beta_N}{2}(U_E + U_{TE})^2.$$

Daraus folgt:

$$g_{mN} = \beta_N (U_E - U_{TE}),$$

$$g_{mP} = -\beta_P (U_A - U_{DD}),$$

$$g_{dsP} = -\beta_P (U_E + U_{TP} - U_A),$$

und es kann für $U_E = U_{EL}$ der Arbeitspunkt bestimmt werden aus der Begingung

$$A_u = \frac{dU_A}{dU_E} = -\frac{\beta_N (U_{EL} - U_{TE}) - \beta_P (-U_{DD} + U_A)}{-\beta_P (U_{EL} + U_{TP} - U_A)} = -1.$$

Die Auflösung ergibt

$$U_{EL} = \frac{\beta_N/\beta_P U_{TE} - U_{DD} + U_{TP} + 2U_A}{1 + \beta_N/\beta_P}.$$

Die Berechnung der Eingangsspannung U_{EL} läßt sich dann am einfachsten mit Schätzwerten für U_A durchführen.

An der Stelle $U_E = U_{EH}$ befindet sich der p-Kanal-Transistor in der Sättigung und der n-Kanal-Transistor im Triodenbereich, so daß die folgenden Stromgleichungen anzusetzen sind:

$$I_{DP} = -\frac{\beta_P}{2}(-U_{DD} + U_E + U_{TP})^2,$$

$$I_{DN} = \beta_N U_A (U_E + U_{TE} - U_A/2).$$

In dem Arbeitspunkt $U_E = U_{EH}$ kann der Kanalleitwert g_{dsP} gegenüber g_{dsN} vernachlässigt werden:

$$g_{mN} = \beta_N U_A,$$

$$g_{mP} = -\beta_P (-U_{DD} + U_E + U_{TP}),$$

$$g_{dsN} = \beta_N (U_E - U_{TE} - U_A),$$

und mit den Kleinsignalwerten läßt sich für $U_E = U_{EH}$ der zweite Arbeitspunkt aus $A_u = -1$ berechnen:

$$A_u = -\frac{\beta_N U_A - \beta_P (-U_{DD} + U_{EH} + U_{TP})}{\beta_N (U_{EH} - U_{TE} - U_A)} = -1.$$

Die Umstellung ergibt

$$U_{EH} = \frac{\beta_N/\beta_P(2U_A + U_{TE}) + U_{DD} + U_{TP}}{1 + \beta_N/\beta_P}.$$

Näherungslösung. Mit den Näherungen $U_A = U_{TE}/2$ bzw. $U_A = U_{DD} + U_{TP}/2$ vereinfachen sich die Gleichungen für die Eingangsspannungen U_{EL} und U_{EH}:

$$U_{EL} \approx \frac{\beta_N/\beta_P U_{TE} + U_{DD} + 2U_{TP}}{1 + \beta_N/\beta_P},$$

$$U_{EH} \approx \frac{2\beta_N/\beta_P U_{TE} + U_{DD} + U_{TP}}{1 + \beta_N/\beta_P}.$$

Zahlenbeispiel. Gegeben: $\beta_N/\beta_P = 1$; $U_{TE} = -U_{TP} = 0,8\,V$; $U_{DD} = 5\,V$.

Die Störabstände ergeben dann mit $U_{AH} = U_{DD}$ und $U_{AL} = 0$:

$$S_H = U_{AH} - U_{EH} = 5\,V - 2,9\,V = \underline{2,1\,V},$$

$$S_L = U_{EL} - U_{AL} = 2,1\,V - 0 = \underline{2,1\,V}.$$

Das Zahlenbeispiel verdeutlicht die symmetrischen Störabstände eines CMOS-Inverters unter den Voraussetzungen $U_{TE} = -U_{TP}$ und $\beta_N = \beta_P$.

Verlustleistung. Abgesehen von Leckströmen tritt bei einem CMOS-Inverter keine statische Verlustleistung auf. Nur während der Übergänge von HIGH nach LOW und umgekehrt, wird Schaltverlustleistung verbraucht, wobei jeweils die Ladungsmenge $C_L U_{DD}$ erforderlich ist. Außerdem fließt kurzzeitig ein Querstrom, da während des Zustandswechsels des Inverters vorübergehend beide Transistoren eingeschaltet sind. Dieser zweite Verlustleistungsanteil fällt jedoch nur bei Treiberstufen ins Gewicht und soll hier nicht weiter betrachtet werden.

Für die Aufladung der Lastkapazität C_L wird die Energie W,

$$W = \frac{1}{2} C_L U_{DD}^2,$$

benötigt. In einem Taktzyklus erfolgen zwei Wechsel, so daß sich mit der Frequenz f folgende Verlustleistung ergibt:

$$P_{INV} = f C_L U_{DD}^2$$

Zahlenbeispiel. Gegeben: $C_L = 0,1\,pF$; $U_{DD} = 5\,V$; $f = 20\,MHz$.

$$P_{INV} = 20 \cdot 10^6\,Hz \cdot 0,1 \cdot 10^{-12}\,As/V \cdot (5\,V)^2 = \underline{50\,\mu W}.$$

Bei der Berechnung der Gesamtverlustleistung eines Systems kann berücksichtigt werden, daß nicht alle Stufen mit der maximalen Frequenz arbeiten.

6 Integrationsgerechte Schaltungsoptimierung

6.1 Einleitung

Der Entwurf integrierter Schaltungen bietet gegenüber der Schaltungsrealisierung mit diskreten Standardschaltungen den Vorteil, daß Logikfunktionen optimiert werden können. Der "Zugriff" zu jedem einzelnen Transistor erlaubt eine hohe Flexibilität bei der Schaltungsentwicklung.

Zusätzlich ermöglicht der Einsatz von Transfer- und Transmission-Gates besondere logische Verknüpfungsstrukturen, die ebenfalls zur Attraktivität der MOS-Technik für die Großintegration beitragen.

Der Einsatz dynamischer Schaltungstechniken ist ein weiteres Kennzeichen hochintegrierter MOS-Schaltungen.

6.2 Kombination von Logikgattern

Die Zusammenfassung von Logikgattern bietet folgende Vorteile:

- Einsparung von Transistoren,
- Reduzierung der Gatterebenen (Laufzeiten),
- Einsparung an Verbindungsleitungen,
- Reduzierung der Verlustleistung.

Mit der Einsparung an Transistoren ist automatisch eine Reduzierung an Verbindungsleitungen verbunden, und man kann auch von einer geringeren Verlustleistung ausgehen, da weniger parasitäre Kapazitäten umgeladen werden müssen.

Als Nachteil ist der höhere Entwurfsaufwand zu sehen, da nicht für alle Gatterkonfigurationen auf eine Zellenbibliothek zurückgegriffen werden kann. Für das Zusammenfassen von Gatterfunktionen gibt es keine prinzipiellen Regeln oder Vorschriften. Hierbei ist im wesentlichen die Kreativität des Entwicklers gefordert.

Im folgenden sollen deshalb die Möglichkeiten anhand einiger Beispiele verdeutlicht werden. Bevorzugte MOS-Gatter-Konfigurationen sind die Zusammenfassung von AND- und NOR-Gattern bzw. von OR- und NAND-Gattern, wie sie in den Bildern 6.1 und 6.2 für die NMOS-Technik dargestellt sind.

117

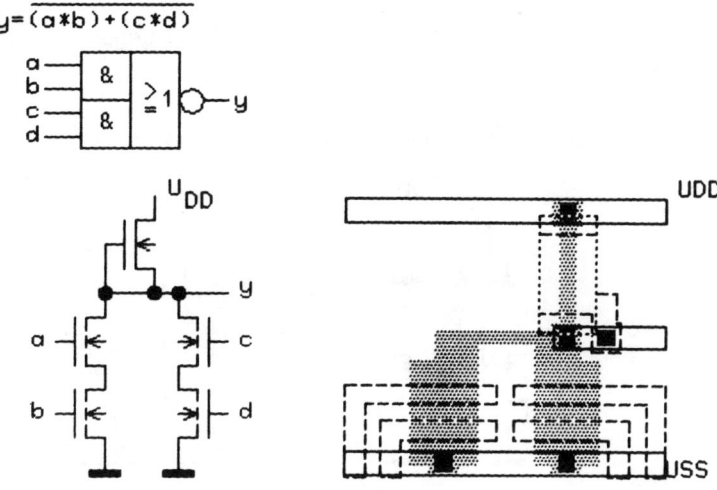

Bild 6.1   AND-NOR-Gatter in NMOS-Technik

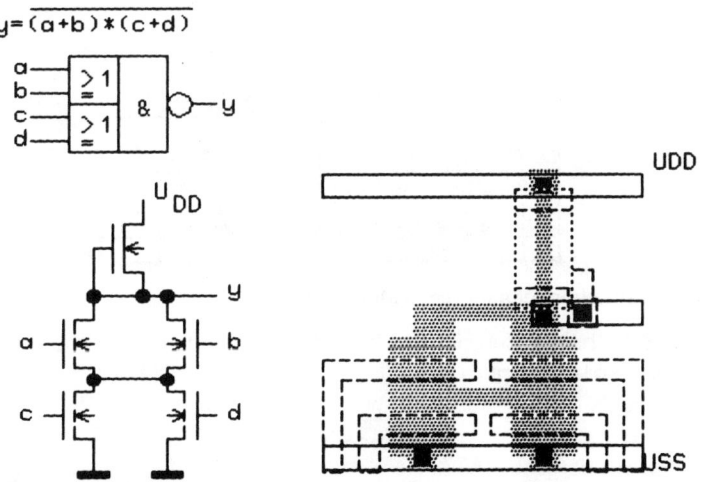

Bild 6.2   OR-NAND-Gatter in NMOS-Technik

Würde man die Umsetzung dieser Funktion in Einkanal-MOS-Technik nur auf der Basis von NAND- und NOR-Gattern vornehmen, dann wären für die beiden aufgezeigten Beispiele jeweils 4 Lastelemente und damit auch gleich viele Querströme erforderlich. Jede der beiden Konfigurationen müßte aus 11 Transistoren bestehen, und es ergäben sich Laufzeiten über 3 Gatterebenen.

In den Schaltungen entsprechend den Bildern 6.1 und 6.2 reduzieren sich die Konfigurationen auf eine Gatterebene mit einem Lasttransistor und 5 Eingangstransistoren. Es werden somit rund 60 % der Transistoren eingespart.

Im Falle der Brückenschaltung Bild 6.3 werden sogar 70 % (6 gegenüber 21) der Transistoren eingespart.

$$y=\overline{(a*b)+(c*d)+z((a*d)+(c*b))}$$

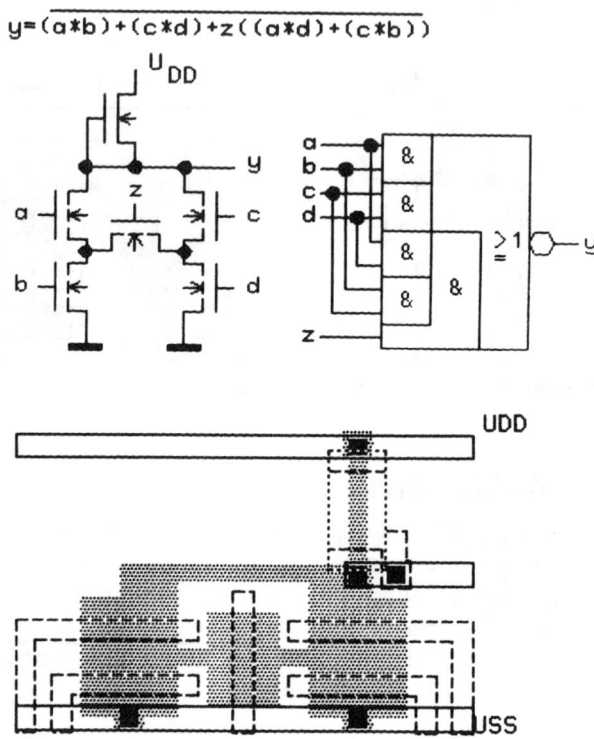

Bild 6.3   Brückenschaltung in NMOS-Technik

In der CMOS-Technik lassen sich ebenfalls derartige Gatterkombinationen realisieren, wie das Beispiel in Bild 6.4 zeigt.

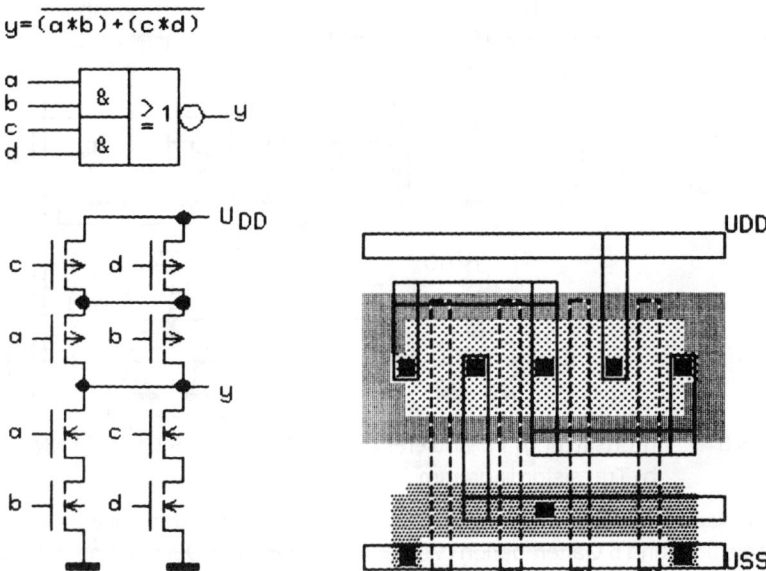

$$y = \overline{(a*b)+(c*d)}$$

Bild 6.4   AND-NOR-Gatter in CMOS-Technik

Beispiel. Am Beispiel einer Volladdierer-Schaltung soll noch einmal die Einsparung von Transistoren aufgrund der Zusammenfassung verschiedener Logikfunktionen verdeutlicht werden. Da diese Schaltung besonders häufig in der Praxis eingesetzt wird (z. B. zur Addition, Subtraktion und zur Multiplikation) erscheint eine Optimierung sinnvoll. Die logischen Beziehungen des Volladdierers für das Summenbit S_n und das Übertragsbit C_{n+1} mit a und b als die zu addierenden Ziffern lauten in einer von zahlreichen Varianten:

$$C_{n+1} = ab + C_n(a + b),$$

$$S_n = C_n\overline{(ab + \overline{a+b})} + \overline{C_n}\overline{(ab + \overline{a} + b)}.$$

Eine Umsetzung dieser Funktionen mit NAND- und NOR-Gatter ist in Bild 6.5 dargestellt.

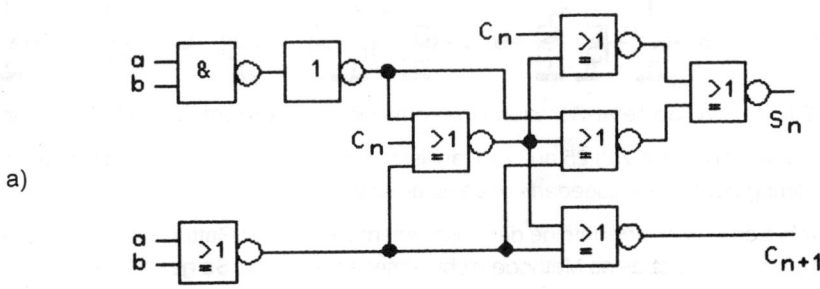

a)

Bild 6.5   Volladdierer mit NAND- und NOR-Gatter in NMOS-Technik:a) Logikdiagramm

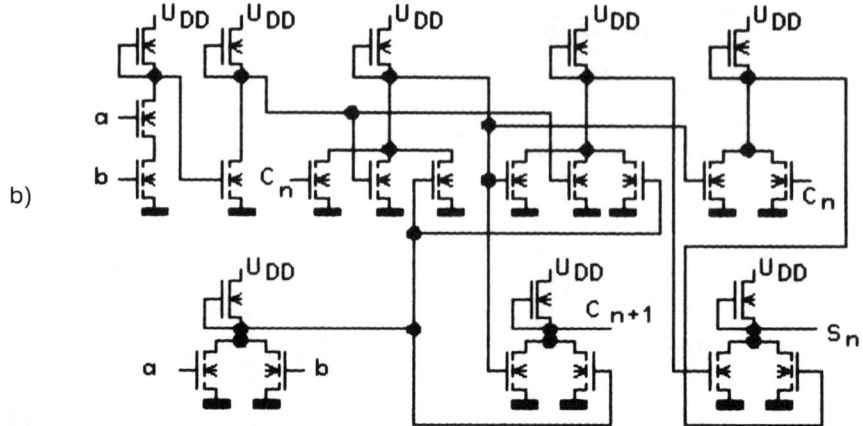

b)

Bild 6.5   (Fortsetzung) Volladdierer mit NAND- und NOR-Gatter in NMOS-Technik:
b) Transistordiagramm

Die Volladdierer-Schaltung erfordert insgesamt 25 Transistoren mit 8 Lastelementen (Verlustleistung) und 5 Gatterebenen (Verzögerungszeit). Zur Optimierung wird die S_n-Funktion umgeschrieben, so daß der Übertrag C_{n+1} mit zur Summenbildung herangezogen wird

$$C_{n+1} = ab + C_n(a + b),$$
$$S_n = \overline{C}_{n+1}(a + b + C_n) + abC_n.$$

Aus diesen Funktionen läßt sich direkt die Schaltung ableiten (Bild 6.6).

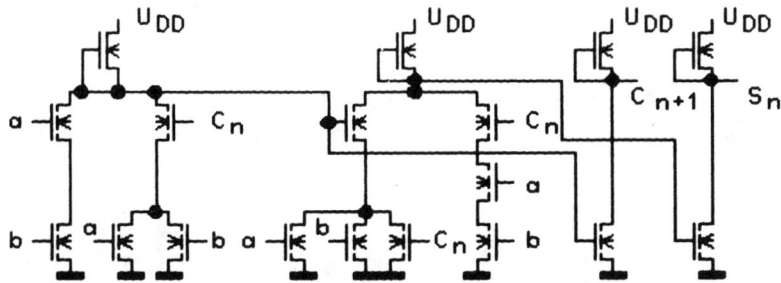

Bild 6.6   Volladdierer-Schaltung mit kombinierten Logikgattern in NMOS-Technik

Der Aufwand hat sich von 25 auf 18 Transistoren reduziert. Wesentlich ist jedoch die Halbierung des Leistungsbedarfs (4 Lastelemente).

Obwohl sich in der Regel infolge der Zusammenfassung von Gatterfunktionen Transistoren einsparen lassen, ist diese Methode nicht immer angebracht. So gestaltet sich bei komplexen Funktionen das individuelle Layout als sehr aufwendig, und die Lesbarkeit der Schaltung geht verloren. Außerdem müssen innerhalb einer Funktion oft Schnittstellen eingehalten werden, so daß dort keine Optimierung erfolgen kann.

6.3 Transfer-(Transmission-)Gate-Logik

Mit Hilfe der Transfer-Gates in NMOS-Technik bzw. Transmission-Gates in CMOS-Technik kann die klassische Schalterlogik aus der Relaistechnik realisiert werden. Ein bekanntes Beispiel dafür ist der für die MOS-Technik typische Multiplexer, wie er in Bild 6.7 dargestellt ist.

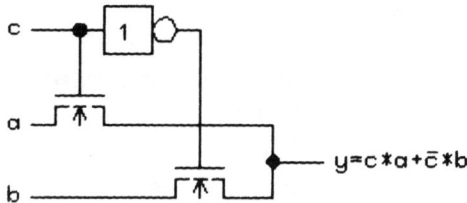

Bild 6.7   2-Bit Multiplexer in NMOS-Technik

Anstelle der Transfer-Gates (n-Kanal-Transistoren) können in der CMOS-Technik Transmission-Gates eingesetzt werden. Dem höheren Aufwand steht eine bessere Dynamik gegenüber.

Der Multiplexer aus Bild 6.7 läßt sich beschreiben durch

$$y = ca + \overline{c}b.$$

Das ist ein Sonderfall des Erweiterungstheorems von Shannon [Mukh86]:

$$f(x_1, x_2, .., x_n) = x_1 f(1, x_2, .., x_n) + \overline{x}_1 f(0, x_2, .., x_n).$$

Die allgemeine Form lautet

$$f(\mathbf{x}) = x_i f(\mathbf{x}) \Big|_{x_i = 1} + \overline{x}_i f(\mathbf{x}) \Big|_{x_i = 0}.$$

Danach lassen sich beliebige boolesche Funktionen mit solchen Multiplexer-Schaltungen aufbauen, z. B. die EXKLUSIV-ODER-Funktion (XOR), wie sie in Addiererschaltungen eingesetzt wird:

$$y = a\overline{b} + \overline{a}b.$$

Die "Umformung" ergibt

$$y = a(\overline{b}) + \overline{a}(b).$$

An der Stelle der negierten Variablen a kann in der CMOS-Technik ein p-Kanal-Transfer-Gate eingesetzt werden, wie Bild 6.8 zeigt.

122

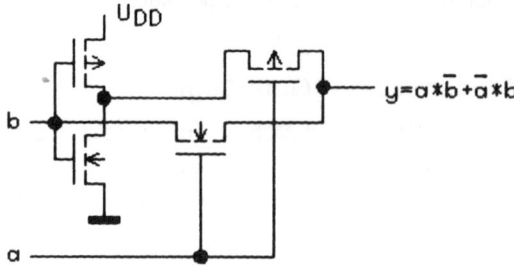

Bild 6.8   XOR-Gatter in CMOS-Technik

Beispiel. Der Volladdierer kann ebenfalls in der Schalterlogik [WeEs85] realisiert werden (Bild 6.9). Die entsprechenden Gleichungen lauten:

$$S_n = C_n(\bar{a}\bar{b} + ba) + \bar{C}_n(a\bar{b} + \bar{a}b),$$
$$C_{n+1} = C_n(\bar{a}b + a\bar{b} + ab) + \bar{C}_n(ab).$$

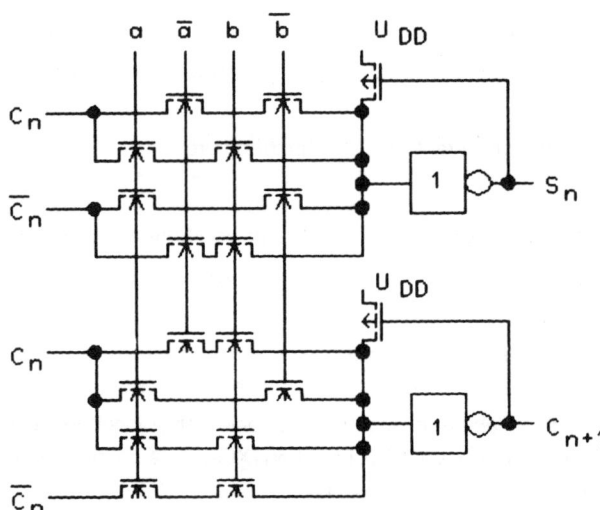

Bild 6.9   Volladdierer in Schalterlogik mit Pullup-Transistor

Der p-Kanal-Pullup-Transistor verbessert den Störabstand am Ausgang des Schalternetzes.

Neben dem systematischen Entwurf von Schalternetzen existieren zahlreiche "Trickschaltungen", die sich nicht direkt formal ableiten lassen. Ein Beispiel dieser Art ist die ÄQUIVALENZ-Schaltung in Bild 6.10 [Muro82].

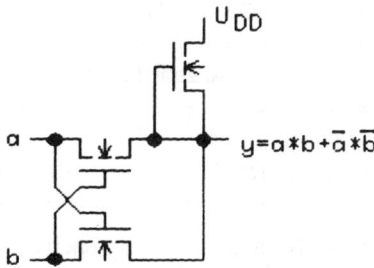

Bild 6.10   ÄQUIVALENZ-Schaltung in NMOS-Technik

Es werden gegenüber einer reinen NOR/NAND-Lösung 6 Transistoren und gegenüber einer zusammengefaßten Lösung immer noch 4 Transistoren eingespart.

Alle Schaltungen in Schalterlogik erfordern erhöhten Entwurfsaufwand hinsichtlich Simulation und Layout, so daß ihre Effizienz im Einzelfall überprüft werden muß.

6.4   Dynamische Logik

6.4.1 Überblick

Wie schon in Kapitel 4.3.3 ausgeführt, bietet der MOS-Transistor den Vorteil eines sehr hochohmigen Sperrzustands, mit dem auch kleinste Ladungsmengen entkoppelt und zwischengespeichert werden können. Diese Eigenschaft wird in der dynamischen Logik [CaMi72] ausgenutzt, um

- Verlustleistung und
- Transistoren

einzusparen. Prinzipiell lassen sich alle Logikfunktionen (Gatter, Flipflops) in dynamischer Logik realisieren. Der Nachteil ist jedoch, daß eine untere Grenzfrequenz berücksichtigt werden muß, da die zwischengespeicherten Ladungen infolge von Leckströmen abfließen.

In der Regel sind dynamische Zellen kleiner, benötigen weniger Verlustleistung und sind schneller als die entsprechenden statischen Zellen.

Die dynamische Logik ist dadurch charakterisiert, daß im Unterschied zu sequentiellen statischen Schaltwerken, wo zur Synchronisation nur logische Eingänge der Gatter mit Taktsignalen beschaltet werden, die Takte an beliebige Knoten innerhalb einer Schaltung (Lastelemente und Transfer-Gates) geführt werden können.

Der dynamischen MOS-Logik steht kein direktes Äquivalent in der Bipolar-Technik gegenüber.

In der Vergangenheit sind zahlreiche Varianten dynamischer Schaltungstechniken entwickelt worden, von denen wir uns aber nur auf die wichtigsten beschränken (Tabelle 6.1).

124

Tabelle 6.1   Varianten dynamischer MOS-Schaltungstechniken

ß-Ratio	Anzahl der Phasen	
$\beta_R > 1$	2-Phasentechnik	
$\beta_R = 1$	2-Phasentechnik	4-Phasentechnik

Die Unterteilung der dynamischen Schaltungen erfolgt nach der Zahl der Taktzustände und nach dem Widerstandsverhältnis β_R zwischen Treiber- und Lasttransistor.

Obwohl auch Gatterfunktionen in dynamischer Technik realisiert werden können, zeigen sich die Vorteile besonders deutlich bei Flipflops und Schieberegistern, so daß oft nur für diese Schaltungsfunktionen eine dynamische Logik angewandt wird. Der restliche Schaltungsteil wird dann meistens in statischer Logik ausgeführt.

6.4.2 Zweiphasentechnik

Das wichtigste Merkmal der dynamischen Einkanal-MOS-Schaltungen ist die Taktung des Lasttransistors, um die statische Verlustleistung ähnlich wie bei der CMOS-Technik zu reduzieren.

Die Schaltung einer dynamischen 2-Phasen-Ratio-Register-Zelle ist in Bild 6.11 dargestellt. Die Treiber- und Lasttransistoren werden wie beim Enhancement-Last-Inverter dimensioniert. Für die Transfer-Gates T_3 und T_6 können Minimaltransistoren gewählt werden.

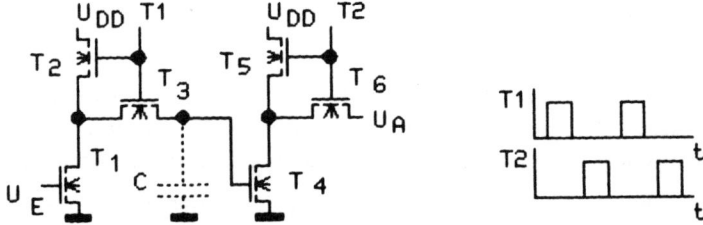

Bild 6.11   Dynamische 2-Phasen-Ratio-Register-Zelle

Während der H-Phase des Takts T1 sind die beiden Transistoren T_2 und T_3 leitend, und es wird die parasitäre Kapazität C auf den Ausgangswert des vorderen Inverters (Transistoren T_1 und T_2) geladen. In der H-Phase des Takts T2 wiederholt sich der Vorgang in entsprechender Weise für die Transistoren T_4, T_5, und T_6.

Mit dieser 2-Phasen-Ratio-Technik wird zwar der Leistungsbedarf im Verhältnis von Taktperiode zur aktiven Taktphase reduziert, die Invertertransistoren müssen jedoch nach dem statischen Widerstandsverhältnis dimensioniert werden. Dieser Nachteil wird mit der 2-Phasen-Ratioless-Technik vermieden (Bild 6.12).

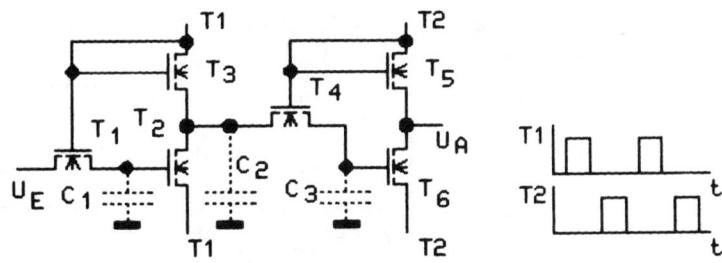

Bild 6.12   Dynamische 2-Phasen-Ratioless-Register-Zelle

Bei dieser Technik wird die Versorgung über die Takte T1 und T2 zugeführt. Der Ausgang des vorderen Inverters (Transistoren T_2 und T_3) mit der Kapazität C_2 wird während der H-Pase des Takts T1 auf H-Potential (vorwiegend über T_3) vorgeladen. Gleichzeitig lädt sich bei leitendem Transistor T_1 die Kapazität C_1 mit der Eingangsspannung U_E auf. In der L-Phase des Takts T1 wird dann entsprechend dem Spannungswert an C_1 die Kapazität C_2 über den Transistor T_2 entladen, oder es bleibt bei gesperrtem Transistor T_2 der H-Zustand erhalten. Mit der H-Phase des Takts T2 wird die Information von C_3 übernommen, und es wiederholt sich der beschriebene Vorgang für den nachfolgenden Inverter.

Mit der 2-Phasen-Ratioless-Technik kann das Schaltverhalten der CMOS-Technik nachgebildet werden, denn zu keiner Zeit besteht eine direkte Verbindung zwischen Masse und U_{DD}. Außerdem können sowohl für die Last- als auch für die Treibertransistoren Minimaltransistoren eingesetzt werden. Nachteilig ist, daß für die Taktsignale eine erhebliche Treiberleistung aufgebracht werden muß, die zu großflächigen Schalttransistoren in den Treiberstufen führt.

6.4.3 Vierphasentechnik

Die 2-Phasen-Ratioless-Technik hat die Nachteile, daß die Spannungsversorgung dynamisch mit dem Takt erfolgt und außerdem beide Inverterstufen durch ein Transfer-Gate entkoppelt werden müssen.

Beide Nachteile können durch die 4-Phasen-Ratioless-Technik vermieden werden (Bild 6.13). Während der H-Phase des Takts T1 wird die Kapazität C_2 auf H-Potential vorgeladen. Danach folgt mit der H-Phase des Takts T2 entsprechend dem Pegel der Eingangsspannung U_E eine Entladung von C_2 oder ein Ladungsausgleich mit C_1. Damit für diesen Fall der H-Pegel erhalten bleibt, muß $C_1 < C_2$ sein. Mit den H-Phasen der Taktsignale T3 und T4 wird die Information vom nachfolgenden Inverter übernommen.

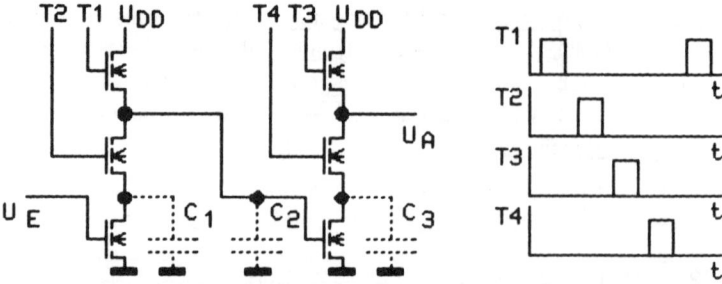

Bild 6.13   4-Phasen-Ratioless-Register-Zelle

Aufgrund des Wegfallens der Transfer-Gates läßt sich mit der 4-Phasen-Technik in Einkanal-MOS-Technik der höchste Systemtakt im Vergleich zu den anderen dynamischen Logi-
ken erzielen. Nachteilig ist jedoch bei der 4-Phasen-Technik die aufwendige Verdrahtung
der vier Taktleitungen, wie aus dem Layout in Bild 6.14 deutlich wird.

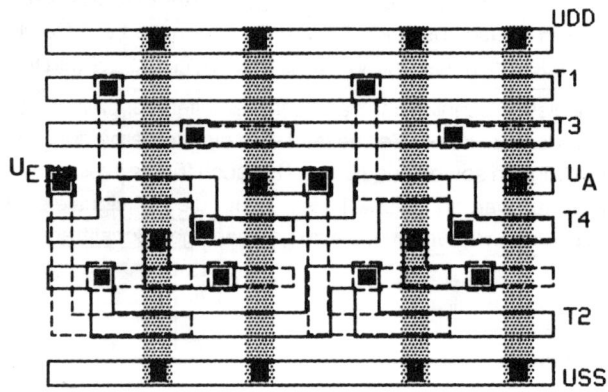

Bild 6.14   Layout von zwei 4-Phasen-Register-Zellen

6.4.4   CMOS-Domino-Logik

Obwohl die CMOS-Technik vom Wesen her bereits den Charakter einer dynamischen Logik zeigt, da fast ausschließlich nur dynamische Verlustleistung verbraucht wird, hat sich
auch eine getaktete CMOS-Technik entwickelt. Mit dieser Schaltungstechnik wird weitgehend der Nachteil der CMOS-Technik vermieden, daß für jeden Treibertransistor ein kom-
plementärer Lasttransistor eingesetzt werden muß.

Durch die sogenannte Domino-Logik [WeEs85] [MaJD83] wird im wesentlichen die Zahl
der Transistoren reduziert, was wiederum zur Erhöhung der maximalen Taktfrequenz führt.

Der Aufbau eines Domino-Gatters nach Bild 6.15 setzt sich aus zwei Teilen zusammen. Der
vordere Teil sieht aus wie ein CMOS-Inverter, bei dem die Realisierung der logischen Ver-

knüpfung mit n-Kanal-Transistoren erfolgt, die zwischen dem p-Kanal- und dem nach Masse geschalteten n-Kanal-Transistor eingefügt sind. Der zweite Teil des Domino-Gatters ist ein statischer CMOS-Inverter, der den dynamischen Knoten entkoppelt und eine statische Treiberleistung bereitstellt. Nur die Ausgänge der statischen Inverter werden mit anderen Gattereingängen verbunden, die Ausgänge der dynamischen Gatter führen somit ausschließlich zu den Eingängen der statischen Inverter.

Während der L-Phase des Takts T (Vorladung) zeigt das dynamische Gatter einen H-Pegel an seinem Ausgang und der Inverterausgang einen L-Pegel. Das bedeutet, daß während des Vorladens alle Knoten, die von Domino-Gatter-Ausgängen auf Domino-Gatter-Eingänge führen, auf L-Potential liegen und daher alle Eingangstransistoren gesperrt sind. Während der Auswertephase (H-Phase des Takts T) können folglich die Inverter nur vom L-Pegel zum H-Pegel schalten. Dieses Verhalten bietet den Vorteil, daß an keiner Stelle innerhalb des Netzwerks Schaltspitzen auftreten können. Alle Knoten vollziehen nur einen einzigen Schaltvorgang und verbleiben in ihrem Zustand bis zur nächsten Vorladephase.

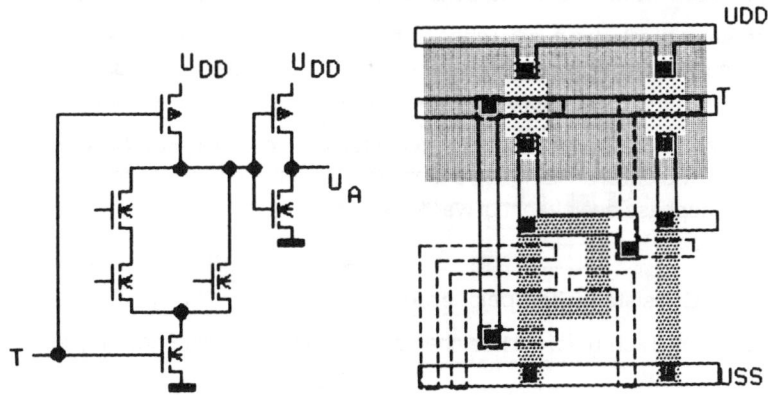

Bild 6.15   Aufbau eines Domino-Gatters

Der Vorteil der CMOS-Domino-Logik liegt in der Reduzierung der Anzahl der p-Kanal-Lasttransistoren, wodurch Chipfläche und damit verbunden die Lastkapazitäten der Ausgangsknoten verringert werden.

Ein Nachteil dieser Schaltungstechnik ist, daß nur nichtinvertierende Gatter realisiert werden können. Es ist z. B. kein XOR-Gatter möglich, ohne daß das Domino-Prinzip verletzt wird.

Der Vorteil der Chipflächeneinsparung wird etwas durch die zusätzlichen statischen Inverter gemindert, deren Existenz jedoch auch zur Erhöhung der Treiberleistung ausgenutzt werden kann.

In einigen Anwendungen kann es erforderlich sein, innerhalb der Domino-Schaltung statische Eigenschaften zu haben, z. B. um bei niedrigen Frequenzen arbeiten zu können, ohne das Risiko schwebender Knoten eingehen zu müssen. Für diese Fälle können die Schaltungen nach Bild 6.16 um einen hochohmigen Lasttransistor erweitert werden, der entweder vom Ausgang angesteuert, oder wie bei der zweiten Schaltungsvariante, direkt mit Massepotential beschaltet wird.

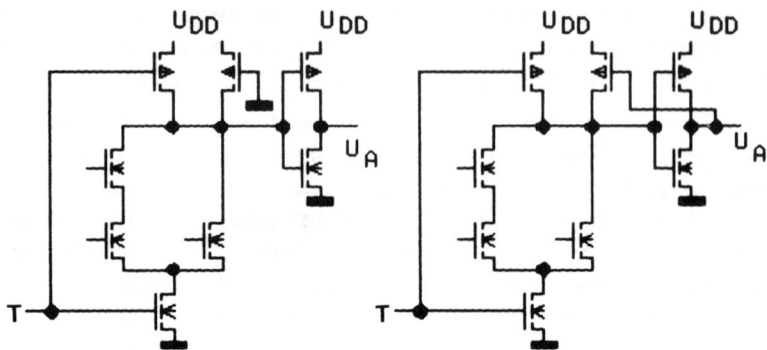

Bild 6.16   CMOS-Domino-Schaltungen mit zusätzlichem Lasttransistor

Der Strom durch den zusätzlichen Lasttransistor muß so niedrig gewählt werden, daß während der Auswertephase der Leistungsbedarf tolerierbar ist und das Widerstandsverhältnis zu den n-Kanal-Transistoren eingehalten wird.

Der Entwurf von Domino-Schaltungen erfordert eine sorgfältige Simulation, da das schwebende H-Potential am Eingang des Inverters durch den Ladungsausgleich während der Auswertephase beeinträchtigt werden kann.

6.4.5 Quasistatische Speicherung

In der MOS-Technik ist die Speicherung von Information auf drei verschiedene Arten möglich:

- statisch,
- quasistatisch,
- dynamisch.

Die statische Speicherung erfolgt auf der Basis kreuzgekoppelter NAND- oder NOR-Gatter, wie das Beispiel des getakteten D-Flipflops in Bild 6.17 zeigt.

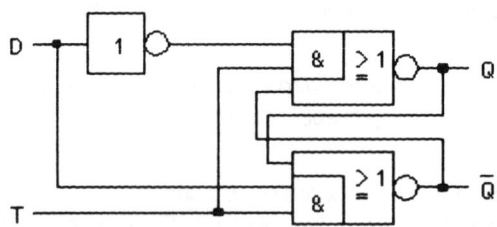

Bild 6.17   Getaktetes statisches D-Flipflop

Die quasistatische Speicherung ermöglicht unter Verwendung von Transfer(Transmission)-Gates eine wesentliche Reduzierung des Schaltungsaufwands, ohne daß der Zeitraum der Speicherung begrenzt wird. In Bild 6.18 ist ein quasistatisches D-Flipflop abgebildet.

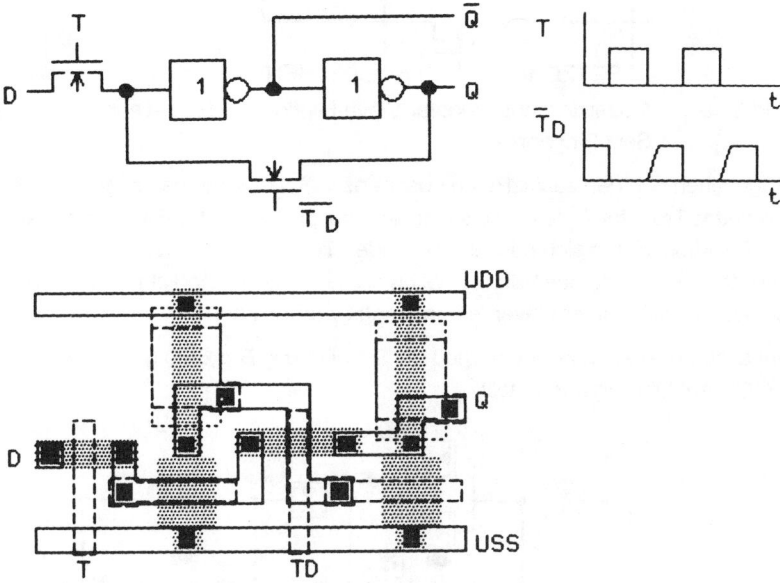

Bild 6.18   Quasistatisches D-Flipflop in NMOS-Technik

Während der H-Phase des Takts T wird die Information vom D-Eingang über das Transfer-Gate und die beiden Inverter an den Ausgang Q durchgeschaltet. In der H-Phase des Takts $\overline{T}_D$ erfolgt über ein zweites Transfer-Gate eine Rückkopplung vom Ausgang zum Eingang des vorderen Inverters, und die übernommene Information kann sich selbst halten. Die Rückkopplung muß verzögert (flache Flanke) durchgeschaltet werden, damit die Übernahme der neuen Information in kritischen Zeitlagen nicht gestört werden kann. Während der Umschaltphasen der Takte sind kurzzeitig beide Transfer-Gates gesperrt, und die Information hält sich lediglich in den parasitären Eingangskapazitäten der Inverter. Dieses Verfahren wird als quasistatische Speicherung bezeichnet.

Im Vergleich zu einem statischen D-Flipflop (Bild 6.17) lassen sich 4 Transistoren einsparen.

Dieses Prinzip der quasistatischen Speicherung läßt sich auch auf alle anderen Flipfloptypen anwenden. Besonders deutlich wird die Transistorersparnis an dem Master-Slave-Flipflop in Bild 6.19.

130

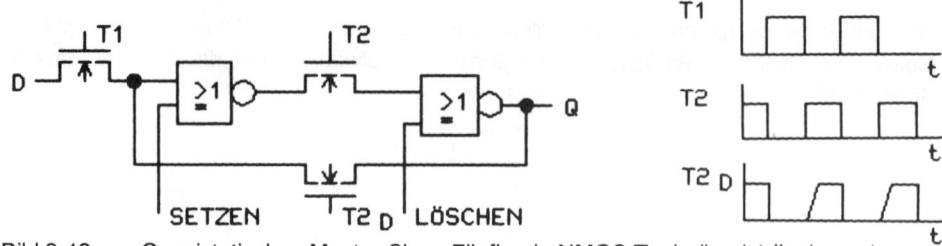

Bild 6.19   Quasistatisches Master-Slave-Flipflop in NMOS-Technik mit Lösch- und
Setz-Eingang

Abgesehen von den zusätzlichen Lösch- bzw. Setz-Eingängen muß die Schaltung nur um
ein drittes Transfer-Gate ergänzt werden, das die beiden NOR-Gatter entkoppelt: Zur sicheren Funktion dürfen sich nämlich die beiden Taktphasen nicht überlappen. Außerdem wir-
ken das Lösch- und das Setz-Signal nur in der verzögerten Taktphase $T2_D$, so daß diese
Schaltung nicht immer universell eingesetzt werden kann.

Für allgemeine Anwendungen muß die Schaltung in Bild 6.20 gewählt werden, hier als
CMOS-Ausführung dargestellt.

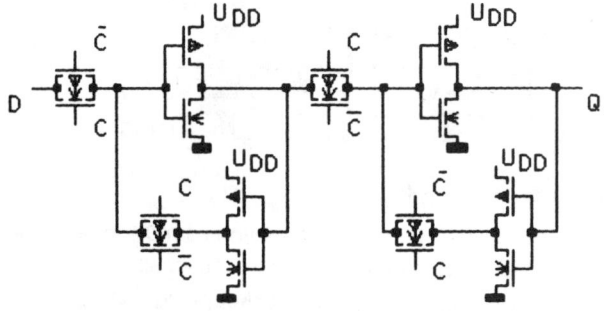

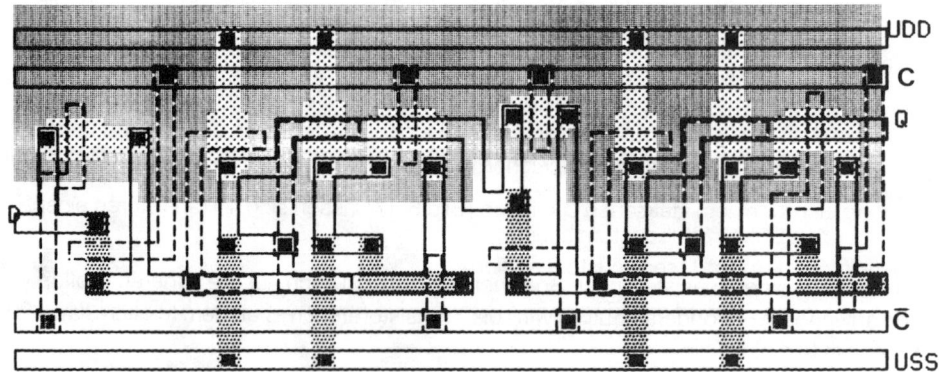

Bild 6.20   Quasistatisches Master-Slave D-Flipflop in CMOS-Technik

In der CMOS-Technik kann meistens wegen der steilen, symmetrischen Schaltflanken das
zweite Taktsignal direkt aus dem negierten Takt abgeleitet werden.

7 VLSI-Entwurfsstile

7.1 Einleitung

In den 70er Jahren, zu Beginn der Entwicklung hochintegrierter Schaltungen, stand die Forderung nach minimalem Chipflächenbedarf im Vordergrund, da die technologische Realisierbarkeit komplexer Logikfunktionen die dominierende Begrenzung im Systementwurf darstellte.

Zur Zeit können mehr als 1 M Transistoren auf einem Chip integriert werden, und damit hat sich das Entwurfsproblem von dem Bauelementeengpaß in Richtung einer kurzen Entwicklungszeit verschoben, denn es wird angestrebt, die Zeiträume der Entwicklungszyklen nicht mit der Anzahl der Transistoren anwachsen zu lassen. Diese Tendenz spiegelt sich ebenfalls in der Strukturwahl für die Logik wider. Wurde in den Anfangsjahren die Minimierung der Transistoranzahl angestrebt, so ist heute oft eine kurze Entwurfszeit wichtiger. Die Optimierung der Schaltung bezüglich des Bauelementeaufwands steht folglich nicht mehr immer im Vordergrund. Der Trend entfernt sich von der chipflächenoptimierten Schaltung hin zu regelmäßigen Strukturen, die schnell durch "Personalisierung" auf das individuelle Schaltungsproblem angepaßt werden können.

Mit dem Einsatz von hochintegrierten, anwendungsspezifischen LSI-Schaltungen entstand eine Kostenschere zwischen den kompakten Bausteinen mit eingeschränkten Applikationsmöglichkeiten und den niedrig integrierten Standardschaltkreisfamilien.

Die Lösung dieses Problems ergab sich mit der Entwicklung der Mikroprozessoren. Hiermit war ein preiswertes, hochintegriertes Standardprodukt geschaffen worden. Die individuelle Hardware wurde weitgehend durch Maschinenprogramme ersetzt, was aber nicht immer zu der kostengünstigsten Lösung führt.

Diesem Nachteil steht die hohe Flexibilität und Änderbarkeit der Programme gegenüber. Der steigende Integrationsgrad und die Entwurfsautomation lassen jedoch erneut eine Lücke bei den komplexen Systemen zwischen den Standardbausteinen und den VLSI-Schaltungen entstehen, so daß sich der Systementwickler zunehmend mit den Techniken von integrierten Kunden- und Semikundenschaltungen beschäftigen muß.

Die integrierten anwendungsspezifischen Schaltungen [Kern86] werden unterteilt in Schaltungen mit:

- Vollkunden-Entwurf (full custom design),
- Semikunden-Entwurf (semi custom design).

Der Vollkunden-Entwurf erfordert nach Maßgabe des Anwenders eine 100%ige Fertigung beim Halbleiterhersteller.

Der Semikunden-Entwurf erlaubt dagegen im Falle von Gate-Arrays eine 80- bis 90%ige Vorfertigung des Chips (Master) und erhält erst mit der "Verdrahtung" oder einer "Programmierung" seinen kundenspezifischen Charakter. Beim Standardzellenentwurf besteht die Vorfertigung aus einer vorentwickelten Zellenbibliothek. Für die eigentliche Chipherstellung wird ein vollständiger Technologiedurchlauf benötigt.

In Tafel 7.1 sind die wichtigsten Entwurfsstile [Hurs85] zum Entwurf integrierter digitaler Systeme gegenübergestellt.

Tafel 7.1   Entwurfsstile für hochintegrierte Schaltungen

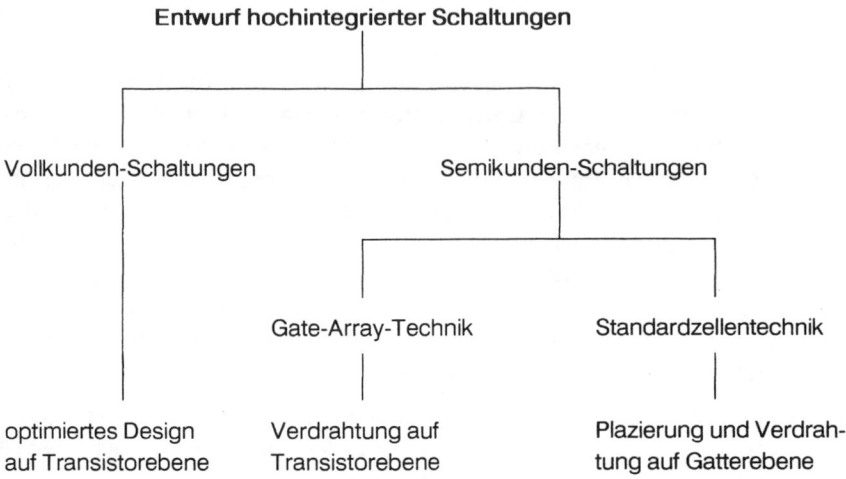

7.2   Vollkunden-Entwurf

Mit Vollkunden-Schaltung (full custom design) wird ein integrierter Schaltungsentwurf bezeichnet, der ganz speziell nach Anwenderwunsch durchgeführt wird. Der Vollkunden-Entwurf erlaubt die Optimierung von

- Packungsdichte,
- Schaltgeschwindigkeit und
- Verlustleistung.

Das Layout muß von erfahrenen Designern auf der Transistor- und Verdrahtungsebene erstellt werden. Die Freiheitsgrade bei Vollkunden-Schaltungen sind:

- Es werden nur diejenigen Schaltungsteile implementiert, die zur Funktion der Schaltung erforderlich sind.
- Eine individuelle Dimensionierung der Transistoren erlaubt eine Anpassung der Gatter an ihre Beschaltung.
- Eine interaktive Plazierung und Verdrahtung ermöglicht minimale Chipfläche und die Berücksichtigung kritischer Pfade.
- Der Einbau von individuellen oder neuartigen Gatterstrukturen ist möglich.
- Analogstufen können mit einbezogen werden.

Aus den aufgezählten Punkten wird deutlich, daß beim Entwurf von Vollkunden-Schaltun-

133

gen eine nahe Beziehung zur Halbleitertechnologie vorhanden sein muß. Die Vollkunden-Schaltungen werden daher vorwiegend bei den Halbleiterfirmen selbst entwickelt, da ihr Entwicklungszyklus der gleiche ist wie für die Standard-Schaltungen.

Das Hauptproblem der Vollkunden-Schaltung sind die langen Entwicklungszeiten und damit auch die hohen Entwicklungskosten. So erforderte z. B. der Layoutentwurf des Mikroprozessors MC68000 einen Entwicklungsaufwand von ca. 50 Mannjahren.

Der Vollkunden-Entwurf wird daher immer geprägt von den Zielkonflikten zwischen hoher Leistungsfähigkeit, niedrigeren Kosten, sowie kurzer Entwicklungszeit.

Die Kosten hängen natürlich stark von der Chipstückzahl ab. Abgesehen von Spezialanwendungen, wie z. B. Raumfahrt (geringes Gewicht), kann man davon ausgehen, daß Vollkunden-Schaltungen erst ab Stückzahlen > 100.000 rentabel sind.

Eine Ausnahme von dieser Kostenüberlegung bezüglich einer minimalen Chipfläche kann durch die Komplexität der Schaltung gegeben sein. Wird mit dem Integrationsgrad der Schaltung (Anzahl der Transistoren) die Grenze des technologisch Machbaren erreicht, so kann dies ebenfalls ein Zwang zur Chipflächenminimierung sein, solange eine Aufteilung in mehrere Chips nicht gewünscht wird.

Geringer Leistungsbedarf und hohe Geschwindigkeit sind ebenfalls anwendungsspezifische Gründe, die zu einer Kundenschaltung führen. Alle Voraussetzungen gelten natürlich nur unter dem Aspekt, daß man sich am Rand der Leistungsfähigkeit einer Technologie bewegt. Da viele Schaltungsteile elektrisch und/oder in ihrem Layout optimiert werden müssen, steigt der Designaufwand und damit auch die Entwicklungsdauer. Gleichzeitig erhöht sich auch die Gefahr von layoutbedingten, elektrischen Fehlern infolge der vielen individuellen Strukturen, so daß hier ein zusätzlicher Kosten- und Zeitfaktor durch Redesigns entstehen kann. Zusammenfassend läßt sich sagen, daß mit einem Vollkunden-Entwurf die höchste Schaltgeschwindigkeit und die kompakteste Schaltung realisiert werden kann.

7.3 Semikunden-Entwurf

7.3.1 Übersicht

Die zwingende Nähe zur Technologie beim Entwurf von Vollkunden-Schaltungen zeigt deutlich, daß der systemspezifische Entwurf kleiner und mittlerer Stückzahlen zu Semikunden-Schaltungen führt.

In Tafel 7.2 ist die Gliederung der Semikunden-Entwurfsstile dargestellt.

Tafel 7.2   Klassifizierung der Semikunden-Entwurfsstile

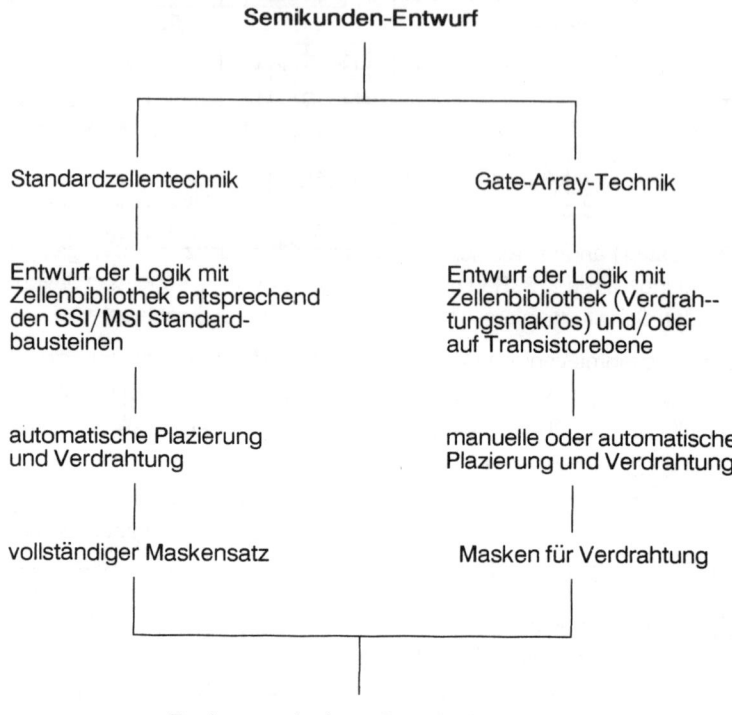

Die Semikunden-Schaltungen gliedern sich in

- Standardzellenschaltungen,
- Gate-Arrays.

Der wesentliche Unterschied beider Entwurfsverfahren liegt im technologischen Aufwand. Bei den Standardzellenschaltungen müssen alle Masken generiert und ein vollständiger Prozeßdurchlauf durchgeführt werden. Die Gate-Arrays können dagegen teilweise vorgefertigt werden und erfordern nur noch die Masken und die Prozeßdurchläufe für die Verdrahtung.

7.3.2 Gate-Array-Technik

Ein Gate-Array ist eine VLSI-Schaltung, in der matrixartig Gatterstrukturen und/oder einzelne Bauelemente, wie Transistoren und Widerstände, ohne Verdrahtung angeordnet sind (Bild 7.1).

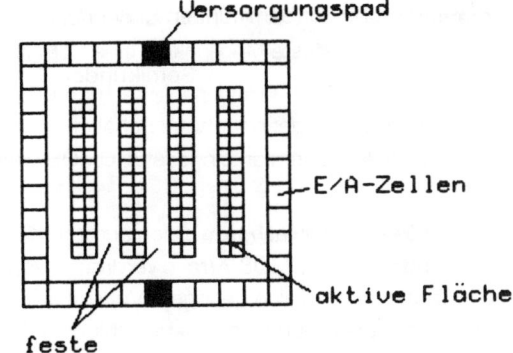

Bild 7.1
Grundstruktur eines
Gate-Arrays mit festen
Verdrahtungskanälen

Bild 7.1 zeigt die typische Grundstruktur eines Gate-Arrays.

Bei den Gatterstrukturen handelt es sich in der Regel nicht um fertige Logikfunktionen sondern um teilweise vorverdrahtete Bauelementeanordnungen, aus denen verschiedene Gattertypen durch Verknüpfung abgeleitet werden können (z. B. Inverter, 3fach-NAND, 3fach-NOR). Mit der Verknüpfung der Gatter lassen sich dann ganze Schaltungen realisieren.

Die Gate-Array-Technik erfordert nur 2 bis 4 spezielle Maskenentwürfe für die kundenspezifische Fertigung, anstelle eines kompletten Neuentwurfs wie bei einer Vollkundenschaltung.

Grundsätzlich wird unterschieden zwischen Gate-Arrays mit:

- Einzelelementen (Transistoren, Widerstände),
- Einzelelementen und zusätzlichen Funktionsblöcken (RAM, ROM),
- teilweise vorverdrahteten Gatterstrukturen.

Die Tafel 7.3 zeigt eine detaillierte Aufteilung der Gate-Array-Varianten.

Tafel 7.3   Gate-Array-Varianten

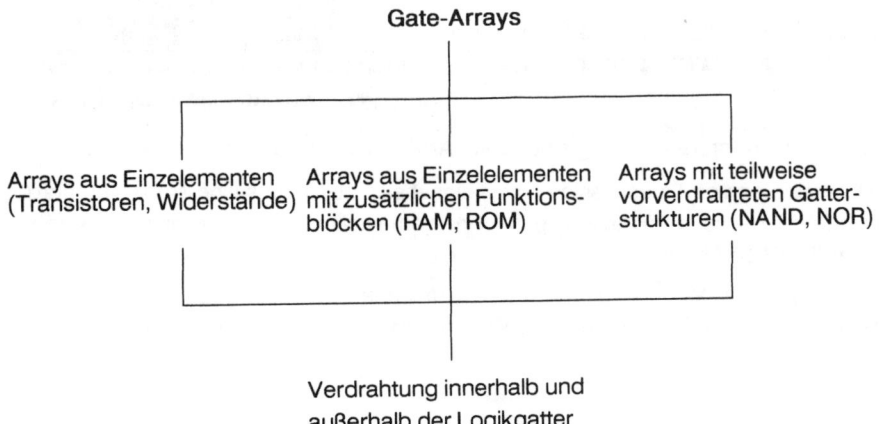

Da nur die Verdrahtung definiert werden muß, ist der Gate-Array-Entwurf die schnellste (4 bis 8 Wochen) und preiswerteste Möglichkeit, eine VLSI-Kundenschaltung zu entwerfen.

Als Technologien werden für Gate-Arrays hauptsächlich ECL und CMOS angewandt. Die ECL-Gate-Arrays werden vorwiegend für hohe Schaltgeschwindigkeiten oder in Verbindung mit Leistungs- oder Analogstufen eingesetzt. CMOS-Gate-Arrays bieten sich für maximale Komplexität an.

In den Anfängen der Gate-Array-Technik wurden auch NMOS-Arrays angeboten, sie sind aber heute weitgehend von den CMOS-Arrays verdrängt worden, da die CMOS-Technik einen besseren Störabstand und eine geringere Verlustleistung aufweist. Mit Ausnahme der Treiberzellen im Padbereich sind die meisten CMOS-Gate-Arrays als Transistor-Arrays konfiguriert. In Abhängigkeit von der Anzahl der Metallisierungsebenen (typisch 2 bis 3) werden Arrays

- mit Verdrahtungskanälen und
- ohne Verdrahtungskanäle ("Sea of Gates", Compacted Arrays, Kompakt-Arrays)

angeboten.

Bei den Gate-Arrays mit Verdrahtungskanälen [Ammo85] werden die p- und n-Kanal-Transistoren in Gruppen von jeweils 4 bis 6 Transistoren angeordnet und in Spalten zusammengefaßt, wie in Bild 7.2 gezeigt. Rechts und links dieser abgebildeten Grundzelle befindet sich jeweils eine Polysiliziumleitung, die als Querverbindung zu dem Nachbarkanal genutzt werden kann.

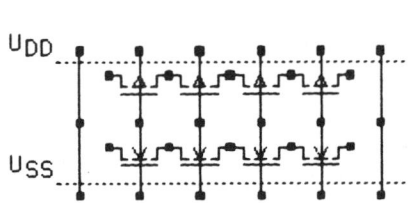 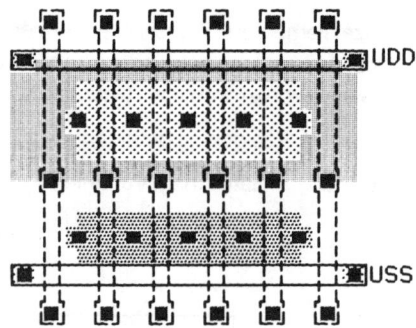

Bild 7.2   Transistoranordnung eines Gate-Arrays mit Verdrahtungskanälen

Für die Realisierung von Transmission-Gates eignet sich besonders eine Transistoranordnung [WeEs85], bei der ein Transistorpaar ohne gemeinsame Gateverbindung zur Verfügung steht (Bild 7.3).

137

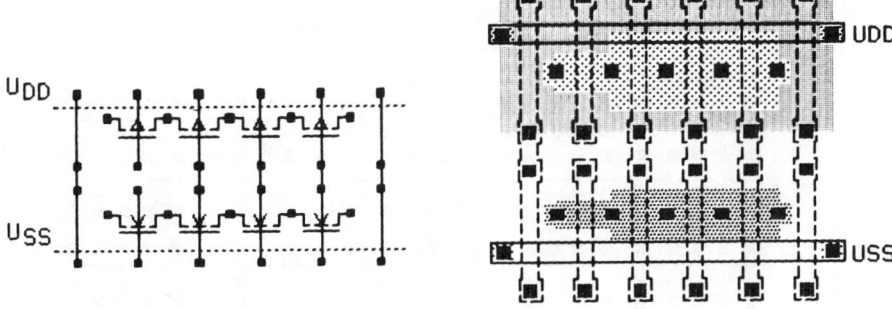

Bild 7.3   Transistoranordnung zur einfachen Realisierung von Transmission-Gates

In den Verdrahtungskanälen können auch Querverbindungen in der n^+-Ebene vorbereitet sein.

Der Nachteil der Gate-Arrays mit festen Verdrahtungskanälen ist, daß neben der begrenzten Anzahl von Transistoren auch eine Beschränkung infolge nicht ausreichender Verdrahtungsspuren eintreten kann.

Eine bessere Ausnutzung der Chipfläche kann mit den Gate-Arrays ohne feste Verdrahtungskanäle (Kompakt-Arrays) erzielt werden (Bild 7.4).

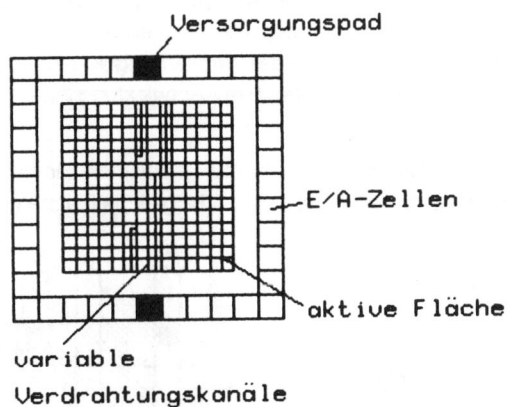

Bild 7.4   Chipstruktur eines Kompakt-Arrays

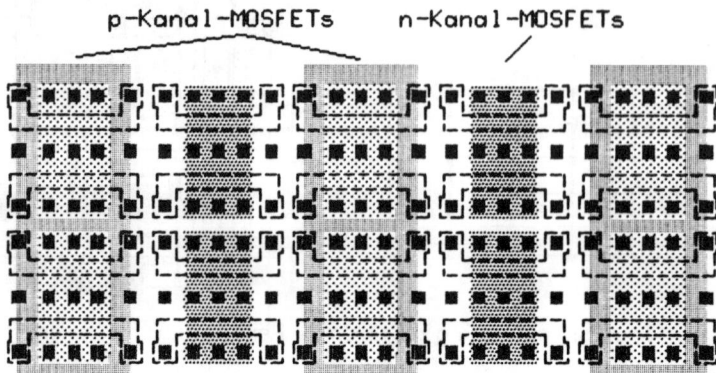

Bild 7.5 Transistoranordnung eines Kompakt-Arrays

Bei Kompakt-Arrays ist mit Ausnahme der Padperipherie, die gesamte Chipfläche mit Einzeltransistoren versehen (Bild 7.5). Die Verdrahtung erfolgt "über" den Transistoren. Voraussetzung für dieses Verfahren ist eine Zwei- oder Mehrlagenmetallisierung. Eine Verdrahtungsebene übernimmt vorrangig die Spannungsversorgung und eine zweite die logische Verknüpfung. Läßt man dann noch innerhalb eines Verdrahtungskanals variable Breiten zu, kann der Ausnutzungsgrad wesentlich gesteigert werden. Dafür werden allerdings leistungsfähige CAD-Werkzeuge benötigt. Die Verdrahtbarkeit der Kompakt-Arrays liegt zwischen 40 % und 70 %, da aufgrund der Verdrahtungskanäle nicht mehr alle Transistoren zugänglich sind. Der Trend der Gate-Array-Entwicklung läuft in Richtung dieser Kompakt-Arrays.

In den Bildern 7.6 und 7.7 sind zwei Verdrahtungsbeispiele für ein CMOS-Kompakt-Array dargestellt. Man sieht, daß beide Schaltungen die gleiche Fläche beanspruchen.

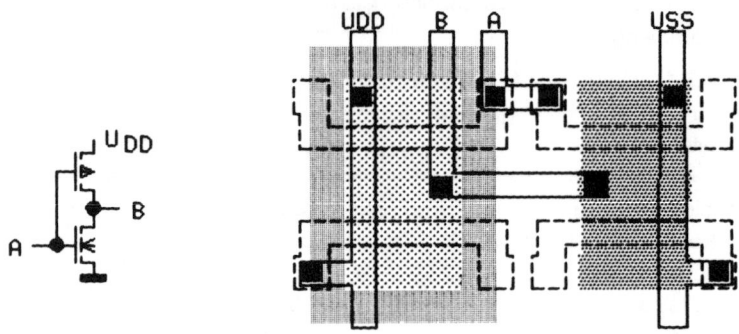

Bild 7.6 Gate-Array-Layout eines Inverters in CMOS-Technik

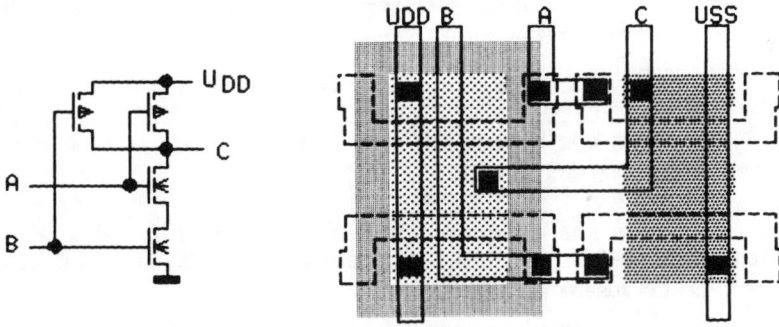

Bild 7.7   Gate-Array-Layout eines 2fach-NAND-Gatters in CMOS-Technik

In komplexen Systemen besteht immer der Bedarf an RAM- und ROM-Strukturen. Die Realisierung derartiger Blöcke mit den Standard-Transistoren führt in den Gate-Arrays zu relativ geringen Packungsdichten und ungünstigen Zugriffzeiten. Als Ausweg werden von verschiedenen Herstellern Gate-Arrays mit festen ROM- oder RAM-Bereichen angeboten (Bild 7.8).

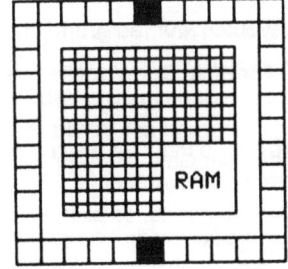

Bild 7.8
Gate-Array mit
RAM-Bereich

Die Daten eines aktuellen Spitzenprodukts [Fuji85] im Gate-Array-Bereich sind in Tabelle 7.1 zusammengefaßt.

Tabelle 7.1   Daten eines 20k-Gatter Gate-Arrays

Parameter	Wert
Technologie	1,5 μm CMOS
Gatterkomplexität (2fach-NAND)	20 k Gatter
Chipfläche	12,1 mm x 12,7 mm
Anschlußpins	220
Gatterverzögerungszeit	1,0 ns/Gatter (typisch)
RAM-Zugriffszeit	15 ns (typisch)
Gehäuse	256 Pin-Grid-Array

Auf dem Markt werden z. Z. Gate-Arrays mit bis zu ca. 130 k Gattern (1,5 μm Technologie) angeboten. Die Anzahl der Transistoren allein sagt jedoch noch nicht direkt etwas über die Leistungsfähigkeit eines Gate-Arrays aus. Entscheidend sind u. a. auch

- Zahl der Anschlußpins,
- Zahl der Verdrahtungsebenen,
- Breite der Verdrahtungskanäle,
- CAD-Unterstützung des Herstellers,

denn diese Aspekte tragen ebenfalls zur Ausnutzung eines Gate-Arrays bei.

Vorteile der Gate-Array-Technik. Die Vorteile der Gate-Array-Technik lassen sich in folgenden Punkten zusammenfassen:

- kurze Entwicklungszeit, da nur die Verdrahtung anwendungsspezifisch entworfen und realisiert werden muß;
- geringe Kosten gegenüber einer Vollkundenschaltung, da der Master bereits bis auf die Verdrahtung anwendungsunabhängig in großen Stückzahlen vorgefertigt werden kann;
- Einsatz von anwendungsspezifischen VLSI-Schaltungen, auch für kleine Stückzahlen, da die Kosten niedrig sind;
- die regelmäßige Anordnung der Strukturen vereinfacht die automatische Plazierung und Verdrahtung;
- geringe Fehlerrate beim Layoutentwurf aufgrund der vorgegebenen Array-Struktur.

Nachteile der Gate-Array-Technik. Den Vorteilen stehen auch einige Nachteile gegenüber:

- große Chipfläche, da ausreichend Platz für die spätere Verdrahtung vorgesehen werden muß bzw. nicht jeder Transistor verdrahtbar ist;
- hohe Anzahl unbenutzter Bauelemente, da sich nicht jedes Schaltungsproblem mit der Kapazität eines Gate-Arrays deckt;
- verminderte Taktfrequenz und erhöhte Verlustleistung wegen der geringen Packungsdichte;
- infolge der Standardtransistoren und unterschiedlicher Belastungen ergeben sich uneinheitliche Gatterlaufzeiten.

Zusammenfassend läßt sich sagen, daß mit Gate-Arrays die Entwurfskosten auf unter 20 % gegenüber einer Vollkunden-Schaltung gesenkt werden können. Auf der anderen Seite steigt die Chipfläche aufgrund der starren Struktur (große W/L-Verhältnisse wegen besserer Verdrahtbarkeit) auf das 4- bis 5-fache im Vergleich zu einem optimierten Design an. Verbunden mit der Transistorstruktur eines Gate-Arrays sind die längeren Gatterlaufzeiten, so daß mit einem Gate-Array nicht der maximale Systemtakt einer Technologie erzielt werden kann. Dieser Nachteil hat sich aber in jüngster Zeit etwas abgeschwächt. Der Gate-Array-Master einer neuen Technologiegeneration kann aufgrund seiner einfachen Struktur schneller am Markt sein als die entsprechende Standardzellenbibliothek, denn ihr Entwurf ist langwierig und verursacht somit einen späteren Technologiewechsel.

7.3.3 Standardzellentechnik

Zur Vermeidung des Nachteils der geringen Integrationsdichte bei Gate-Arrays wurde für den Entwurf von Semikunden-Schaltungen die Standardzellentechnik entwickelt. Bei diesem Entwurfsstil greift der Entwickler auf eine Bibliothek von optimierten Logikzellen zurück, die in ihrer Funktion sehr stark an die der Standardschaltkreisfamilien angepaßt sind (z. B. TTL-7400-Serie). Auf dieser Basis lassen sich dann relativ leicht existierende Platinen-Entwürfe in eine integrierte Schaltung umsetzen.

Die Zellenbibliothek ist im Rechner gespeichert und kann vom System- bzw. Schaltungsentwickler über ein VLSI-CAD-System für den Schaltungsentwurf aufgerufen werden.

Der Entwurfszyklus eines Standardzellendesigns [HöNS86] umfaßt folgende Schritte:

- Partitionierung des Systems in funktionale Blöcke und Zellen,
- Plazierung und Verdrahtung,
- Simulation unter Berücksichtigung der Leitungslaufzeiten und der Fanouts,
- Überprüfung der Systemvorgabe,
- Maskenherstellung und Fertigung.

Der Schaltungsentwurf reduziert sich damit im wesentlichen auf den Entwurf der Logik sowie die Plazierung und Verdrahtung der Zellen, wobei diese beiden letztgenannten Aufgaben schon weitgehend durch Rechnerunterstützung automatisiert sind. Da die Plazierung der Zellen vom Schaltungsproblem abhängt, kann keine Vorfertigung der Siliziumscheiben, wie beim Gate-Array, erfolgen.

Der Gewinn des höheren Integrationsgrads gegenüber den Gate-Arrays (ca. Faktor 2) ist daher mit höheren Herstellungskosten verbunden.

Der Vorteil der höheren Packungsdichte resultiert aus dem optimierten Zellenlayout und der variablen Breite der Verdrahtungskanäle, wie die Grundstruktur eines Standardzellenlayouts [HöNS86] [Ammo85] in Bild 7.9 zeigt.

Infolge der nicht individuell generierten Zellen und deren Anpassung an eine optimale Verdrahtung erhöht sich jedoch die Chipfläche um 30 % bis 50 % im Vergleich zu einer Vollkunden-Schaltung.

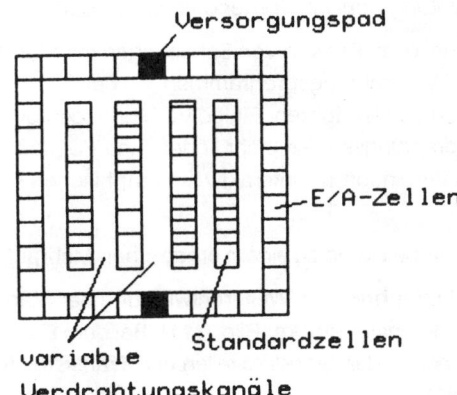

Bild 7.9
Struktur eines
Standardzellenlayouts

Die variablen Verdrahtungskanäle erlauben eine bessere Verdrahtung und Chipflächenausnutzung im Vergleich zum Gate-Array mit festen Verdrahtungskanälen.

Die Standardzellen sind durch eine einheitliche Bauhöhe gekennzeichnet, so daß sie sich in
Spalten aufreihen lassen und zu einem einfachen Verdrahtungsschema führen. Die Breite
der Zellen variiert entsprechend ihrer Komplexität. Diese Zellenstruktur wird gewählt, um
die Verdrahtung der Versorgungsspannungen zu vereinfachen. Die logischen Anschlüsse
der Zellen werden in der Regel über die Polysiliziumebene an einer oder beiden Seiten herausgeführt.

Diese Struktur eignet sich jedoch nur für kleine Zellen, wie Gatter, Register, Zähler u. ä..
Größere Blöcke, wie Speicher oder PLAs, passen nicht in das Strukturschema einer ein-
heitlichen Bauhöhe und können daher nur sehr umständlich realisiert werden.

Der Entwurf der Standardzellenschaltung erfolgt über die Eingabe der Verknüpfungsliste in
Form einer graphischen Beschreibung. Dabei werden die Zellen sowie die Ein- und Ausgänge numeriert, wie der Schaltungsausschnitt in Bild 7.10 zeigt.

Bild 7.10
Ausschnitt eines
Standardzellen-
layouts

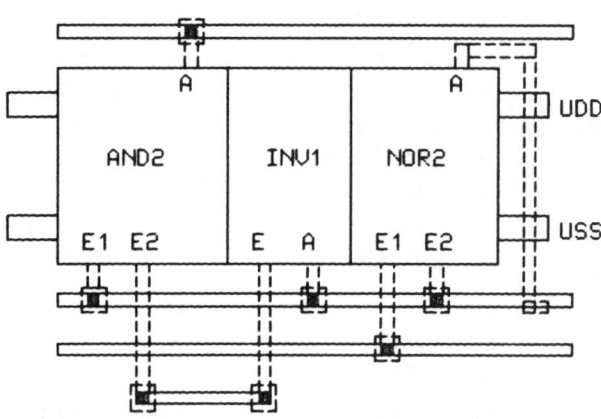

Mit der Verknüpfungsliste kann dann rechnerunterstützt die Anordnung (placement) und
die Verdrahtung (routing) vorgenommen werden.

Das Problem beim Entwurf von Schaltungen mit Standardzellen liegt häufig in den Plazie-
rungs- und Verdrahtungsprogrammen. Es gelingt nicht immer, die Verdrahtung 100%ig
automatisch durchzuführen. Einige Verbindungen bleiben offen, weil das Programm keine
freien Verdrahtungskanäle mehr findet. Eine Vorplazierung hilft ebenfalls selten, so daß die
fehlenden Verbindungen interaktiv am graphischen Arbeitsplatz nachgelegt werden
müssen.

Diese Nacharbeit kann zu einem erheblichen Mehraufwand führen.

Makrozellentechnik. Die Weiterentwicklung der Standardzellentechnik führt zur Einbe-
ziehung funktionaler Blöcke (Bild 7.11). Bei dem Entwurf mit Makrozellen existieren in der
Bibliothek neben den Standardzellen und Transistor-Arrays auch Funktionsblöcke wie z. B.
PLAs und RAMs.

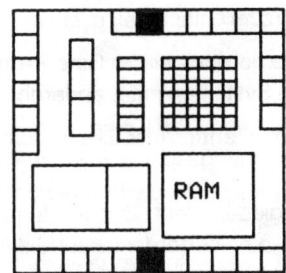

Bild 7.11
Layoutstruktur eines
Entwurfs mit Makrozellen

Mit der Makrozellentechnik läßt sich eine weitere Steigerung der Integrationsdichte erzielen. Bei diesem Entwurfsstil weisen die Bibliothekszellen unterschiedliche Höhe und Breite auf und besitzen in der Regel auch nach allen Seiten Anschlußmöglichkeiten.

Aufgrund dieser Freiheitsgrade können größere Blöcke, wie z. B. PLA, RAM, ROM und Zähler, in ihrem Layout optimiert werden.

Die Plazierung und Verdrahtung kann ebenso wie bei der Standardzellentechnik automatisch erfolgen, sie wird gegenüber den "einfachen" Standardzellen jedoch komplizierter. Der Makrozellenentwurf nähert sich in seinem Ablauf der Vorgehensweise, wie sie in der Regel auch beim Entwurf höchstintegrierter Vollkunden-Schaltungen praktiziert wird.

Der Entwicklungsaufwand steigt erheblich gegenüber dem Standardzellenentwurf, und zwar besonders, wenn noch keine fertigen Blöcke in einer Bibliothek vorhanden sind.

Die Tabelle 7.2 zeigt die Daten einer aktuellen Standardzellenbibliothek [NEC85].

Tabelle 7.2   Leistungsdaten einer Standardzellenbibliothek

Parameter	Wert
Technologie	1,5 μm Si-Gate CMOS
max. Zahl der Gatter	20 k
Zahl der Anschlüsse	256
Verzögerungszeiten	
- Gatter (2fach-NAND)	1,4 ns
- Ausgangstreiber	4 ns (15 pF Last)
- Eingangstreiber	2 ns
Verlustleistung (1 MHz)	
- Gatter (2fach-NAND)	15 μW
- Ausgangstreiber	15 mW
Zahl der Makros	200

Vorteile der Standardzellentechnik. Zusammenfassend ergeben sich folgende Vorteile bei der Wahl der Standardzellentechnik:

- höhere Packungsdichte gegenüber der Gate-Array-Technik (ca. Faktor 2)
- direkte Umsetzung von Systemen mit Standardbausteinen (z. B. TTL-Technik).

Nachteile der Standardzellentechnik. Die wesentlichen Nachteile der Standardzellentechnik sind:

- vollständiger Technologiedurchlauf (Zeit, Kosten),
- Entwurf einer Zellenbibliothek erforderlich, und damit u. U. eine Verzögerung in der technologischen Entwicklung gegenüber den Gate-Arrays.

7.4 Vergleich der VLSI-Entwurfsstile

Zum Vergleich der aufgeführten Entwurfsstile [HöNS86] lassen sich die methodischen den elektrischen Eigenschaften einer integrierten Schaltung gegenüberstellen. In der Tabelle 7.3 sind die Aspekte

- Komplexität (Chipfläche),
- Entwicklungsaufwand und
- Änderbarkeit

der verschiedenen Entwurfsstile aufgeführt.

Tabelle 7.3   Vergleich der VLSI-Entwurfsstile

	Gate-Array-Technik	Standard-zellentechnik	Makrozellen-technik	Hand-Layout
Gatterdichte Gatter/mm^2	100-200	100-200	300-500	500-1000
Entwurfsdauer/Wochen	4-8	6-24	6-26	52-104
Überführung in neue Technologie	direkt	1 Jahr	1-2 Jahre	1-2 Jahre
Vorteile	schneller Entwurf	einfacher, systemorien-tierter Entwurf	gute Flächen-ausnutzung	hohe Ausbeute
Mindeststückzahl	> 500	> 10.000	> 10.000	> 100.000

Als elektrische Aspekte kommen in Betracht:

- Geschwindigkeit,
- Verlustleistung,
- Zuverlässigkeit.

Die optimierte Kundenschaltung bietet die höchste Schaltgeschwindigkeit einer Technologie und kann somit auch auf geringste Verlustleistung hin entwickelt werden. Aufgrund der geringen Chipfläche ergibt sich eine hohe Zuverlässigkeit, da das Schaltungsproblem nicht auf mehrere Chips verteilt werden muß. Als Nachteil der Kundenschaltung ist die geringe Änderbarkeit der Schaltung gegeben, da infolge des flächenoptimierten Layouts keine Chipflächenreserve vorhanden ist. Alle elektrischen Eigenschaften werden in Richtung Gate-Array ungünstiger, so daß elektrisch anspruchsvolle Schaltungen in der Regel ein optimiertes Layout erfordern.

Randprobleme beim Entwurf integrierter Schaltungen. Neben den Wirtschaftlichkeitsaspekten können noch andere Einflüsse für die Wahl eines Entwurfsverfahrens maßgebend sein.

Für den Systementwickler ist es oft wichtig, schnell auf Erfordernisse des Markts reagieren zu können. Ist der Zeitfaktor entscheidend, scheidet z. B. ein Vollkunden-Entwurf aus, und es muß ein Standardzellen- oder Gate-Array-Entwurf gewählt werden. Unabhängig von der Wahl des Entwurfsverfahrens bestimmen noch weitere Einflüsse den Zeitraum bis zum fertigen Produkt:

- Größe und Komplexität des Systems;
- Art der Designinformation des Systems vom Kunden zum IC-Hersteller (z. B. Datenband, Schaltplan, Brettaufbau);
- Art der Betreuung des Kunden beim Halbleiterhersteller;
- Rückkopplung während der Herstellungsphase;
- die Art, in welcher die Prototypen geliefert werden (Wafer, getestet und aufgebaut).

Die Größe und Komplexität eines Systems sind die dominierenden Einflüsse bezüglich des zeitlichen Ablaufs. Die durchschnittliche Fertigungszeit von Gate-Array- und Standardzellen-Schaltungen liegt zwischen 4 bis 24 Wochen. Die einzelnen Entwurfs- und Fertigungsschritte sind in Bild 7.12 dargestellt.

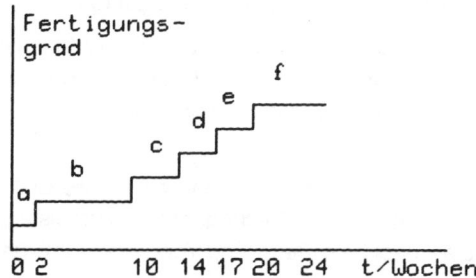

a	Eingabe der Entwurfsdaten auf Gatter-Ebene	d	Waferherstellung
b	Layoutentwurf	e	Wafertest und Aufbau
c	Maskenfertigung	f	Redesign

Bild 7.12   Zeitplan beim Semikunden-Entwurf

Die ersten 10 Wochen können auf etwa 3 bis 4 Wochen verkürzt werden, wenn der Kunde in der Lage ist, bereits ein Datenband für die Maskenfertigung abzuliefern.

Neben diesen Zeitabläufen können für die Wahl des Entwurfsstils auch strategische Entscheidungen eine Rolle spielen, wie z. B. die Möglichkeit, auf einen Zweitlieferanten auszuweichen.

Die Grenzen für die Wahl zum Semikunden-Entwurf werden im wesentlichen durch die elektrischen Eigenschaften des Systems bestimmt:

- maximale Transistorzahl,
- maximale Pinzahl,
- Traktfrequenz,
- Verlustleistung.

Wirtschaftlichkeitsaspekte. Die typischen Schnittpunkte der Gesamtkosten zwischen den verschiedenen VLSI-Entwurfsstilen in Abhängigkeit der gefertigten Stückzahlen sind in Bild 7.13 dargestellt.

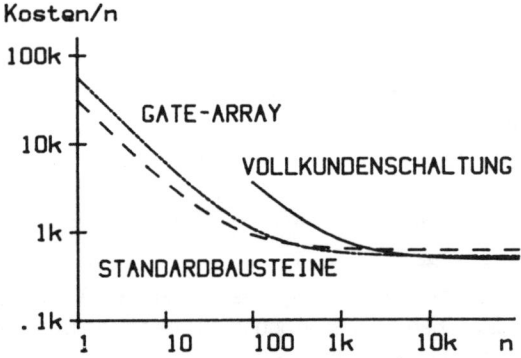

Bild 7.13   Stückzahlkosten unter Berücksichtigung der Entwicklungskosten

Im Bereich von Stückzahlen < 500 bietet sich der Entwurf mit Standardbausteinen an. Ab Stückzahlen von etwa 10.000 kann bereits der Vollkunden-Entwurf wirtschaftlich sein. Dazwischen liegt der Bereich des Semikunden-Entwurfs (Gate-Array-, Standardzellen- und Makrozellen-Technik).

Die Stückzahlgrenzen zwischen den Entwurfsverfahren sind fließend und hängen auch von der Komplexität und den Eigenschaften (Taktfrequenz, Verlustleistung) des Systems ab. Ein entscheidender Kostenfaktor beim Semi- und Vollkunden-Entwurf ist der Maskenpreis. Die Einflußgrößen sind:

- Anzahl der Masken,
- Größe der Chipfläche,
- minimale Strukturgröße.

Bei den Aufbaukosten muß berücksichtigt werden:

- Art des Gehäuses (Plastik, Keramik) und die
- Anzahl der Anschlußpins.

Die endgültigen Fertigungskosten werden dann im wesentlichen bestimmt durch

- Fertigungsstückzahlen und
- Wahl der Technologie.

Da viele Halbleiterhersteller zwischen den Entwicklungskosten und den Fertigungskosten eine Mischkalkulation vornehmen, läßt sich oft erst in Bezug auf eine bestimmte Fertigungsstückzahl der genaue Preis/Chip ermitteln.

Die Kosten teilen sich auf in:

- einmalige Entwicklungskosten (DC, design costs),
- Fertigungskosten/Stück (PC, production costs).

Der Schnittpunkt zwischen verschiedenen Entwurfsstrategien läßt sich bestimmen durch:

$$DC(a) + n\,PC(a) = DC(b) + n\,PC(b).$$

Aufgelöst nach der Stückzahl n ergibt sich

$$n = \frac{DC(a) - DC(b)}{PC(b) - PC(a)},$$

wobei (a) und (b) die zu vergleichenden Entwurfsstrategien sind.

Unabhängig von diesen Wirtschaftlichkeitsaspekten können für die Wahl zum Semi- oder Vollkunden-Entwurf folgende Kriterien entscheidend sein:

- Bauvolumen,
- Verlustleistung,
- Schutz vor Kopierbarkeit.

8 CAD für den VLSI-Entwurf

8.1 Überblick

8.1.1 Einleitung

Die Komplexität hochintegrierter Systeme wirft bezüglich des Schaltungsentwurfs zwei vorrangige Problemstellungen auf:

- lange Entwicklungszeit, da der Anstieg des Entwurfaufwands etwa proportional mit der Anzahl der Transistoren verläuft;
- hoher Testaufwand aufgrund eines überproportionalen Anstiegs der Testzeit mit der Anzahl der Gatter.

Daraus folgte für den integrierten Systementwurf, Strategien und Techniken zu entwickeln, die den Entwicklungszeitraum in praktikablen Grenzen halten. Ein Hilfsmittel ist der massive Rechnereinsatz für Entwurf und Überprüfung.

Bei der Realisierung von VLSI-Schaltungen sind drei Disziplinen beteiligt:

- Entwurf,
- Fertigung,
- Test.

Auf jede dieser drei Disziplinen entfallen bestimmte Aufgaben, die verschiedene Rechnerprogramme zu ihrer Unterstützung benötigen.

Traditionell wurden rechnergestützter Entwurf (CAD: computer aided design), rechnergestützte Fertigung (CAM: computer aided manufacturing) und rechnergestützter Test (CAT: computer aided test) als unabhängige Disziplinen betrachtet, so daß auch die entsprechenden Entwurfsprogramme keinen Bezug zueinander aufwiesen und nicht interaktiv waren.

Zur Verbesserung der Produkte und zur Verkürzung der Entwicklungszeiten ist es aus heutiger Sicht erforderlich, die verschiedenen Programmpakete zu einem integrierten System zusammenzufassen, wie es in Bild 8.1 dargestellt ist.

Ein ideales integriertes System verbindet nahtlos die oben genannten drei Bereiche Entwurf, Fertigung und Test.

Zur Zeit werden erhebliche Anstrengungen unternommen, um ein geschlossenes System zu entwickeln, wozu auch der Einsatz moderner KI-Techniken gehört.

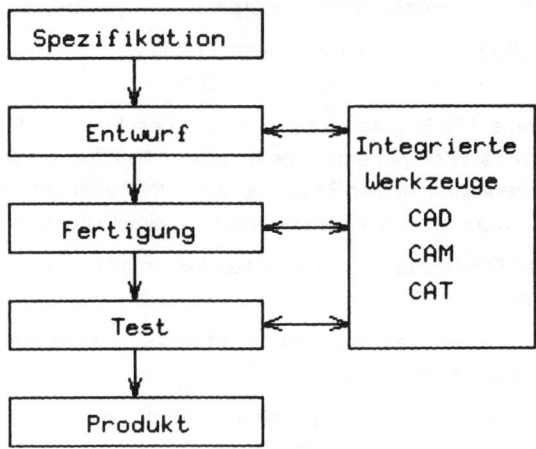

Bild 8.1   Entwurfsablauf einer VLSI-Schaltung

Die derzeit wichtigste Aufgabe ist es, Werkzeuge für die Schnittstellen zu entwickeln, so daß die Programme miteinander kommunizieren können. Die Tabelle 8.1 zeigt den Zusammenhang zwischen den Entwurfsebenen und den Programmaktivitäten, die sie unterstützen, wobei die Interessensgebiete für den digitalen VLSI-Systementwurf besonders hervorgehoben sind.

Tabelle 8.1   Interessensgebiete für den digitalen VLSI-Systementwurf

Ebene	Synthese	Optimierung	Simulation	Test	Fertigung
Task	+		+		
Architektur	+ +	+	+ +		
Verhalten	+ +	+ +	+ + +		
Funktion	+ + +	+ + +	+ + +	+	
Logik	+ + +	+ + +	+ + +	+ +	
Transistor	+ +		+ +	+	
Maske	+				
Prozeß					

Die wichtigsten Entwurfsebenen sind im folgenden aufgeführt, wobei zwischen funktioneller und struktureller Beschreibung klassifiziert werden kann.

Task-Ebene. Auf der Task-Ebene wird das System vorwiegend funktionell bezüglich seiner Aufgaben und seiner Einsatzgebiete beschrieben.

Architektur-Ebene. Die Architektur-Ebene beschreibt das System strukturell mit komplexen Funktionsblöcken, wie Prozessoren, Steuereinheiten und Bussystemen.

Verhaltens-Ebene (Behavioral-Ebene). Auf dieser Ebene wird das System unabhängig von seiner Implementierung in seiner Funktionalität dargestellt.

Register-Transfer-Ebene. Die Register-Transfer-Ebene beschreibt das System in Form von Datenpfaden, abstrakten Komponenten wie Registern, Multiplexern sowie ALUs und Steuersequenzen. Die Register-Transfer-Beschreibung enthält abstrakte Strukturkomponenten und hat daher sowohl einen funktionellen als auch einen strukturellen Charakter.

Logik-Ebene. Die Logik-Ebene stellt die Struktur des Systems durch detaillierte Verknüpfung von Logikgattern dar.

Transistor-Ebene. Diese Ebene beschreibt die Struktur des Systems durch elektronische Bauelemente und ihre Verknüpfung.

Masken-Ebene. Auf dieser Ebene wird das System in Form von geometrischen Strukturen für die Fertigung als integrierte Schaltung beschrieben.

Prozeß-Ebene. Der Prozeß stellt die Entwurfsebene dar, in der das System gefertigt wird.

Ein bestehendes System wird in den einzelnen Hierarchieebenen durch unterschiedliche Beschreibungssprachen dargestellt. Es existieren Bemühungen, die verschiedenen Beschreibungsformate und -strukturen zusammenzufassen und einzelne Entwurfsebenen durch Beschreibungsattribute zu berücksichtigen. Eine dieser Beschreibungssprachen ist EDIF (Electronic Design Interchange Format, [Rubi87]).

8.1.2 Rechnergestützer Entwurf (CAD)

Aufgabengebiete. Das Ziel der CAD-Forschung ist die Entwicklung eines automatischen Entwurfssystems (Silicon Compiler), das den Entwurf einer Schaltung auf der Basis der Verhaltens-Beschreibung bis hin zur Maskenerstellung erlaubt, wobei Fertigungstechnologie und verschiedene Randbedingungen (z. B. Verlustleistung) berücksichtigt werden können. Der automatisierte Entwurf sollte

- testbar sein,
- zu vergleichbaren Kosten entstehen und in
- Geschwindigkeit und
- Zuverlässigkeit

einem Handentwurf nicht nachstehen.

Ein derartiges Entwurfssystem würde die Entwurfszeiten drastisch verkürzen und außerdem eine hohe Entwurfssicherheit gewährleisten.

Dieses idealisierte, automatische Entwurfssystem wird es in naher Zukunft wegen seiner Komplexität und unzureichender Rechnerkapazität noch nicht geben. Denkbar ist jedoch in absehbarer Zeit ein interaktives, automatisches Entwurfssystem, bei dem der Entwickler noch die aktive Rolle zwischen den einzelnen Entwurfsebenen behält.

Die wichtigsten Entwurfswerkzeuge im Bereich des rechnergestützten Entwurfs lassen sich gemäß der folgenden, in Tabelle 8.2 wiedergegebenen Aufstellung gliedern.

Tabelle 8.2   Entwurfswerkzeuge im Bereich des CAD

Systementwurf:	Verhaltens-Simulation
	Register-Transfer-Simulation
Schaltungsentwurf:	Logik-Synthese
	Datenpfad-Synthese
	Logik-Simulation
	Transistor-Simulation
	Laufzeitabschätzungen
Physikalischer Entwurf:	Prozeß-Simulation
	Bauelemente-Simulation
	Gatterzellen-Simulation
	Layout-Entwurf
	Plazierung und Verdrahtung
	Parameterextraktion
	Design-Rule-Check
Testen:	Testfreundlicher Entwurf

Synthese. Ein Synthesewerkzeug generiert aus der Beschreibung eines Systems in einer Ebene die Beschreibung in der nächst niedrigeren Ebene.

Die höchste Ebene, das ist die Ebene für den Einstieg einer VLSI-orientierten Synthese, stellt nach dem heutigen Stand der Technik die Verhaltensbeschreibung eines Systems dar, aus der dann eine Register-Transfer-Beschreibung generiert wird. Bisherige Arbeiten auf diesem Gebiet führten zu einem "Entwurfs-Assistenten", einem wissensbasierten Expertensystem, das die Synthese durchführt. Ein derartiges Synthesesystem ist in der Lage, auf der Basis von rund 250 Regeln Prozessoren zu entwerfen.

Parallel zur Anwendung wissensbasierter Systeme bestehen auch algorithmische Ansätze zur Lösung des Syntheseproblems.

Nach dem heutigen Stand der Technik ist keiner der beiden Ansätze eindeutig überlegen, da das VLSI-Entwurfsproblem, aufgrund seiner Komplexität, nicht nur eine minimale Gatterzahl als Optimierungsziel anstrebt. Es wird erwartet, daß zukünftige Synthesewerkzeuge eine Mischung aus algorithmischen und wissensbasierten Ansätzen sein werden und deren jeweilige Vorteile vereinigen.

Physikalischer Entwurf. Die Forschung im physikalischen Entwurf umfaßt sowohl

- interaktive als auch
- automatische

Entwurfswerkzeuge für Layoutsynthese und -analyse. Interaktive Werkzeuge erlauben dem Entwickler, schnell gute Entwurfsalternativen zu finden. Automatische Layoutgeneratoren können durch Synthese verschiedener Varianten den Entwickler unterstützen oder sind direkt in einem übergeordneten automatischen Entwurfssystem eingebunden.

Aktuelle Entwicklungsschwerpunkte von CAD-Werkzeugen im Bereich des physikalischen Entwurfs sind:

- Flächenplanung (floor planning),
- Datenpfad-Synthese,
- wissensbasierte Zellenlayout-Generierung.

Bei der Flächenplanung wird die Topologie eines Chipentwurfs festgelegt, wobei im wesentlichen die Anordnung der Moduln und der Datenpfade erfolgt. Traditionell werden separate Funktionsblöcke entwickelt, die dann verknüpft werden. Angestrebt wird eine Lösung, die es erlaubt, die Moduln aufzuspalten und neue Partitionierungsvorschläge zu liefern, so daß die Topologie der Moduln veränderbar ist und sich der Umgebung anpassen kann.

Die Synthese von der Register-Transfer-Beschreibung in die Logik-Ebene erfordert als nächsten Schritt die Generierung eines Layouts. Neben der eigentlichen Funktions-Zellengenerierung ist dazu eine Datenpfadorganisation erforderlich. Die Datenpfadlayout-Synthese läßt sich in drei Schritte unterteilen:

- Clustern von zusammengehörigen Operationen in separate Datenpfade,
- Anordnung der Funktionsblöcke an die Datenpfade,
- Layoutgenerierung der Datenpfadzellen.

Gegenüber einer fest vorgegebenen, starren Datenpfadstruktur läßt sich mit einer Synthese mehr Flexibilität erzielen.

Es sind bisher regelbasierende Programme entwickelt worden, die Layoutzellen in der Größenordnung von 100 Transistoren generieren können. Die Eingabe erfolgt in Form einer Knotenliste der Transistoren oder Gatter. Weitere Vorgaben können sein:

- Signalanschlüsse,
- Zellengröße und Zellenform.

Simulation. Simulationsprogramme sind im Vergleich zu anderen Entwurfswerkzeugen auf allen Abstraktionsebenen relativ hoch entwickelt, müssen jedoch in ihrer Leistungsfähigkeit gesteigert werden, um der wachsenden Komplexität der Systeme folgen zu können.

Ein Trend ist die Berücksichtigung der natürlichen Hierarchie der Systeme innerhalb der Simulatoren. Es können bei der Simulation zwei oder mehr Entwurfsebenen gemischt werden. Es müssen nur noch kritische Pfade auf der niedrigsten Ebene simuliert werden, was zur Leistungssteigerung von mehr als zwei Größenordnungen führt.

Ein weiterer Trend ist die Einführung statistischer Simulationstechniken. Es können auf Transistorebene Variationen von Prozeßparameter berücksichtigt werden oder auf der Verhaltensebene die statistische Verteilung von Funktionen.

8.1.3 Rechnergestützte Fertigung (CAM)

Die rechnergestützte Fertigung von VLSI-Chips übernimmt Aufgaben wie:

- Optimierung eines Halbleiterprozesses,
- Überwachung der Fertigung zur Ausbeute- und Kostenminimierung.

Die Gliederung der CAM-Aufgaben ist in Tabelle 8.3 aufgeführt.

Tabelle 8.3   Entwurfswerkzeuge im Bereich CAM

Schaltungsentwurf:	Schaltungs-Simulation
	Laufzeitabschätzungen
Physikalischer Entwurf:	Prozeß-Simulation
	Bauelemente-Simulation
	Parameterextraktion
	Design-Rule-Check
	Teststrukturentwurf
Fertigung:	Prozeßkontrolle
	Qualitätskontrolle
	Prozeßscheduling
	Prozeßdiagnose
Testen:	Testoptimierung
Wirtschaftlichkeit:	Fehlerextraktion und Analyse
	Ausbeuteabschätzung
	Gewinnoptimierung

Ein Teil dieser Aufgabengebiete stellt eine wesentliche Erweiterung gegenüber den bisher eingesetzten CAM-Systemen dar und ist Gegenstand aktueller Forschung.

8.1.4 Rechnergestützter Test (CAT)

Die Testphilosophie und die meisten Testwerkzeuge sind älter als eine Dekade und im wesentlichen noch durch das Testen von gedruckten Platinen mit TTL-Bausteinen geprägt.

Der traditionelle Testvorgang wird nicht begonnen, bevor der Entwicklungsprozeß abgeschlossen ist. Eine Interaktion zwischen Entwicklern und Testingenieuren fand bisher nur in sehr loser Form statt. Das Testobjekt (DUT, device under test) wurde als Black Box betrachtet, wobei deren Funktion weitgehend unberücksichtigt blieb. Ein modernes integriertes Testsystem umfaßt die in Tabelle 8.4 aufgeführten Aufgabengebiete :

Tabelle 8.4   Entwurfswerkzeuge im Bereich CAT

Schaltungsentwurf: Logik-Synthese
Logik-Simulation
Transistor-Simulation
Laufzeitabschätzung

Testen: Testfreundlicher Entwurf
Fehlersimulation
Testpatterngenerierung

Wirtschaftlichkeit: Testoptimierung
Fehlerextraktion und -analyse

Physikalischer Entwurf: Prozeß-Simulation
Teststruktur-Entwurf
Gatterzellen-Synthese
Layout-Entwurf
Plazierung und Verdrahtung
Parameterextraktion
Design-Rule Check

Für die Zusammenfassung der Teilaktivitäten sind folgende Schwerpunkte zu beachten. Das Testen muß frühzeitig in die Entwurfsphase einbezogen und neben den Kosten und den Leistungsmerkmalen als Entwurfskriterium dienen. Der Einbau von Testhilfen mit Selbsttesteigenschaften läßt die traditionellen Grenzen zwischen Testobjekt und Tester verschmelzen. Es erscheint daher zur Reduktion der hohen Testerkosten naheliegend, einige seiner Funktionen auf den Chip zu verlagern und dort einzubauen.

8.1.5   Integrierte Entwurfsumgebung

Für ein vollständiges, interaktives, automatisches Entwurfssystem, das sich aus einer Vielzahl grundverschiedener Werkzeuge zusammensetzt, muß eine rechnergestützte Umgebung entwickelt werden. Die wichtigsten Aufgaben zu diesem Ziel sind die Vereinheitlichung und Anpassung der Kommunikationssprachen zwischen den verschiedenen Programmen und die Möglichkeit zur Interpretation verschiedener Hardware-Beschreibungssprachen und der Anpassung von Inkompatibilitäten. Außerdem ist der Datenfluß zwischen verschiedenen Programmen zu organisieren, um eine bestimmte Entwurfsaufgabe durchführen zu können und dem Entwickler zu erlauben, interaktiv Entwurfsschritte zu unterbrechen und neu zu starten.

8.2   Simulation

8.2.1   Simulationsebenen

Die Simulation dient zur Verifikation des Verhaltens von Schaltungen und Systemen im Zeit-
und/oder im Frequenzbereich. Eine derartige Simulation basiert auf einer Struktur- oder
Verhaltensbeschreibung in verschiedenen Abstraktionsebenen und benutzt mathematische Modelle der Signalverarbeitung.

Die Komplexität der VLSI-Systeme erlaubt es nicht, den Entwurf mit einem CAD-Werkzeug
einer einzigen Abstraktionsebene ökonomisch durchzuführen. Aus diesem Grund ist ein
hierarchisches Vorgehen notwendig. Bild 8.2 deutet die Simulationsebenen im Bereich des
VLSI-Entwurfs an.

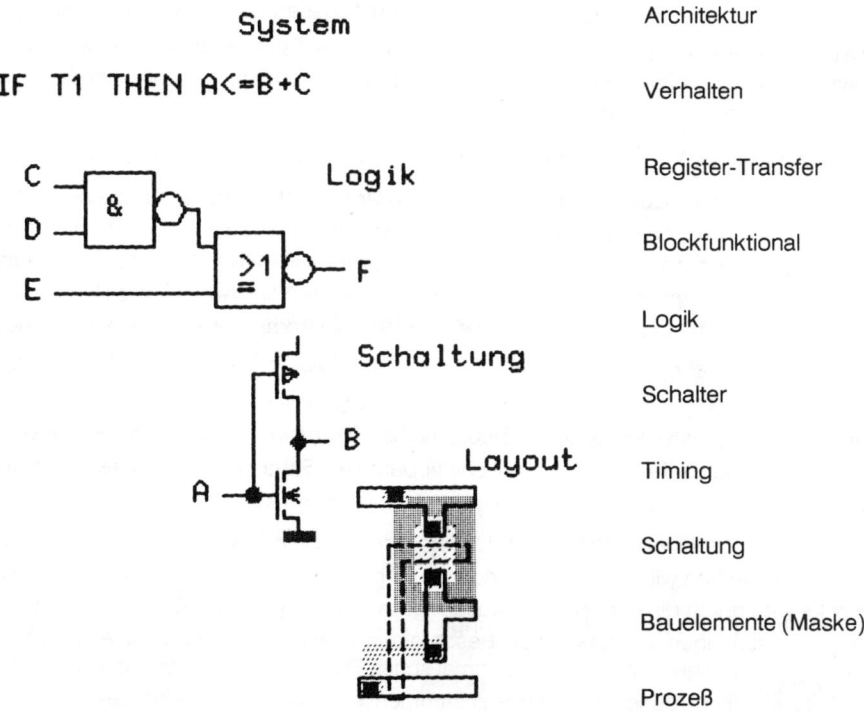

System	Architektur
IF T1 THEN A<=B+C	Verhalten
Logik	Register-Transfer
	Blockfunktional
	Logik
Schaltung	Schalter
Layout	Timing
	Schaltung
	Bauelemente (Maske)
	Prozeß

Bild 8.2   Hierarchiestufen der Simulation im VLSI-Entwurf

Jede Ebene ist durch einen Satz von Komponenten und Verknüpfungsregeln charakterisiert. Das Verhalten eines Systems ist bestimmt durch das Verhalten seiner Komponenten
und der Art ihrer Verknüpfung.

Die Abstraktionsebenen lassen sich bei den Simulatoren nicht immer eindeutig trennen, die
Grenzen sind fließend und es werden oft benachbarte Teilbereiche einbezogen. Die häufig

definierten Hierarchieebenen werden im folgenden kommentiert.

Architektur-Ebene (System-Ebene). In der Architektur-Ebene wird ein digitales System durch Prozessoren, Speicher, Steuereinheiten, usw. beschrieben; ihre Verknüpfung erfolgt durch Busse, Multiplexer, Verbindungsnetze usw.. Die Attribute der Komponenten sind z. B. bei einem Speicher Kapazität, Wortlänge und Zugriffszeit.

Die Simulation auf der Architektur-Ebene dient zur Analyse von:

- Systemleistung,
- Effizienz einzelner Komponenten,
- Engpässen von Datenflüssen,
- Fehlertoleranz und Betriebssicherheit.

Verhaltens-Ebene (Behavioral-Ebene, Programm-Ebene). Die Verhaltens-Ebene erlaubt die Simulation der Funktionalität eines Systems unabhängig von seiner Implementation. Die Beschreibung erfolgt durch Prozessorbefehle, Speicherzellen, Betriebssystem usw.. Mit der Verhaltens-Simulation können z. B. Daten mittels der definierten Befehle im System transportiert und manipuliert werden.

Das Hauptziel der Verhaltenssimulation ist die Analyse der Effektivität eines Befehlssatzes.

Register-Transfer-Ebene. Die Komponenten der Register-Transfer-Ebene sind Register, Speicher und funktionale Datentransfers zwischen diesen Einheiten. Das Verhalten des Systems wird durch die Zeitmarken der Registerinhalte beschrieben. Die Werte von Registern lassen sich verknüpfen und das Ergebnis in ein anderes transferieren. Die Regeln zur Verknüpfung können einfache logische Operationen oder komplexe Arithmetikfunktionen sein. Die Steuerung der Register-Transfer-Operationen erfolgt in Abhängigkeit von Bedingungen.

Die Register-Transfer-Simulation erlaubt eine hardwarenahe Überprüfung der Algorithmen und Funktionsabläufe, wie sie einmal später durch ein Schaltungssystem realisiert werden sollen.

Blockfunktions-Ebene. Die Blockfunktions-Ebene ist in der Regel auf die Beschreibung von Steuerwerken wie Mealy- und Moore-Automaten ausgerichtet. Das Verhalten der Blöcke wird durch die Funktion der Ausgänge in Abhängigkeit der Eingänge und der Zustände beschrieben. Die funktionale Beschreibung der Blöcke kann erfolgen durch:

- Algorithmen,
- Tabellen,
- Graphen.

Der interne Hardwareaufbau der Blöcke bleibt unberücksichtigt. Bei einigen Simulatoren können jedoch die Blöcke mit Laufzeiten beaufschlagt werden.

Logik-Ebene. Die Logik-Ebene beschreibt eine Schaltung durch Gatter und ihre Verknüpfungen. Neben den Grundelementen wie NOT, NOR, NAND, usw. stehen auch meistens komplexere Funktionen, wie z. B. Addierer und Zähler, als Beschreibungselemente zur Verfügung. Die Nachbildung des Hardwareverhaltens kann durch eine Laufzeitangabe der Gatter berücksichtigt werden.

Die Logiksimulation dient zur Logikprüfung im Zusammenhang mit der Laufzeitanalyse des Systems. Gleichzeitig bildet die Logik-Ebene die Ausgangsbasis zur technologischen Realisierung.

Schalter-Ebene (switch level). Die Schalter-Ebene ist keine direkte Entwurfsebene, sondern sie dient ihr als Zwischenebene bei der Logiksimulation. Im Bereich der MOS-Schaltungen weicht die Transmission-Gate-Logik von der Gatter-Logik ab und stellt damit besondere Anforderungen an die Logiksimulation.

Timing-Ebene. Die Timing-Analyse stellt die niedrigste Ebene in der Logiksimulation dar. Die Beschreibung der Schaltung erfolgt auf der Ebene der Bauelemente. Die Signale können kontinuierliche Werte annehmen. Zur Verkürzung der Rechenzeit werden allerdings vereinfachte Bauelementemodelle und verkürzte Iterationsverfahren angewandt, so daß aufgrund der reduzierten Genauigkeit Analogschaltungen nicht analysiert werden können.

Die Timing-Simulation dient zur Analyse größerer, zeitkritischer Blöcke und Pfade.

Schaltkreis-Ebene. Die Schaltkreis-Ebene ist die Basis des elektrischen Schaltungsentwurfs. Die Schaltung wird durch elementare Bauelemente, wie Transistoren, Widerstände und Kapazitäten beschrieben. Das Verhalten des Systems wird durch Differentialgleichungen definiert.

Die Schaltungssimulation erlaubt die Optimierung von digitalen Zellen und Analogschaltungen.

Bauelemente-Ebene. In der Bauelemente-Ebene wird die physikalische Implementierung einer Schaltung dargestellt. Die Beschreibung des Systems erfolgt in Layoutgeometrien, Halbleiterprofilen, Dotierung und anderen technologischen Parametern. Die elektronischen Bauelemente werden somit durch elementare Halbleiterstrukturen in Verbindung mit physikalischen Modellen beschrieben.

Die Bauelemente-Simulation dient zur Optimierung der Bauelementeeigenschaften in Abhängigkeit von den Prozeßparametern und den Layoutgeometrien.

Prozeß-Ebene. Die Prozeß-Ebene schließt nach unten hin die Hierarchie des Entwurfsvorganges ab. In dieser Ebene werden Halbleiterprofile, wie z. B. Eindringtiefen, Dotierungsgrade, in Abhängigkeit von Materialeigenschaften und Fertigungsschritten beschrieben.

Die Prozeß-Simulation erlaubt eine Optimierung der Halbleiterprozesse.

8.2.2 Schaltungssimulation

Einleitung. Allgemeine Schaltungssimulations- bzw. Netzwerkanalyseprogramme wurden entwickelt, um jede Art von elektrischen Netzwerken simulieren zu können [Mell81] [SpBu86] [HoNi85] [Spir85]. Sie sind in der Lage, das elektrische Verhalten eines Netzwerks genau zu modellieren, insbesondere wenn analoge Spannungspegel kritisch auf die Leistungsfähigkeit der Schaltung einwirken oder wenn Rückkopplungsschleifen existieren.

Im Bereich der Schaltungssimulation wird zwischen folgenden Analysearten unterschieden:

- Gleichstromanalyse,
- Transient-Analyse (dynamische Analyse),
- Frequenzanalyse (Kleinsignal-Analyse),
- Empfindlichkeitsanalyse (Parameterstreuungen),
- Rauschanalyse,
- Klirrfaktoranalyse,
- Fourieranalyse.

Die meisten Schaltungssimulations-Programmpakete beinhalten in der Regel fast alle Analysearten. Für die Simulation digitaler Schaltungen sind jedoch die Gleichspannungsanalyse (statische Kennlinien) und die dynamische Analyse (Zeitverhalten) von besonderem Interesse.

Modelle. Die Modellierung einer Schaltung für die Netzwerkanalyse besteht in der Beschreibung der Schaltung durch Verknüpfungen der Primitiven, die der Simulator bereitstellt.

Die Genauigkeit der Simulation ist abhängig von den Simulatorprimitiven, den Schaltkreismodellen und den Simulationsverfahren. Bei der Netzwerkanalyse sind folgende Schaltungselemente verwendbar:

- passive Elemente (R, L, C , G),
- lineare gesteuerte Quellen,
- nichtlineare gesteuerte Quellen (Polynome),
- unabhängige Quellen,
- Halbleiterbauelemente.

Besondere Sorgfalt muß bei der Netzwerkanalyse der Modellierung der Halbleiterbauelemente gewidmet werden, da sie aufgrund ihrer Modellkomplexität entscheidend Rechenzeit und Genauigkeit beeinflussen.

Die Anforderungen an die Modelle sind im einzelnen:

- hohe Modellgenauigkeit,
- geringer Rechenaufwand (nicht mehrdimensional, keine iterativen Verfahren),
- keine Unstetigkeiten (Übergänge der Transistorbereiche).

Für die einzelnen Analysearten werden oft spezialisierte Transistormodelle eingesetzt, um Rechenzeit zu sparen, wie z. B. Klein- und Großsignal-Modelle.

Zur dynamischen Simulation digitaler Schaltungen genügt die Kenntnis der Großsignal-Modelle von:

- Diode,
- NPN-/PNP-Transistor,
- NMOS-/PMOS-Feldeffekttransistor,

wie es z. B. für einen n-Kanal-MOSFET in Bild 8.3 dargestellt ist.

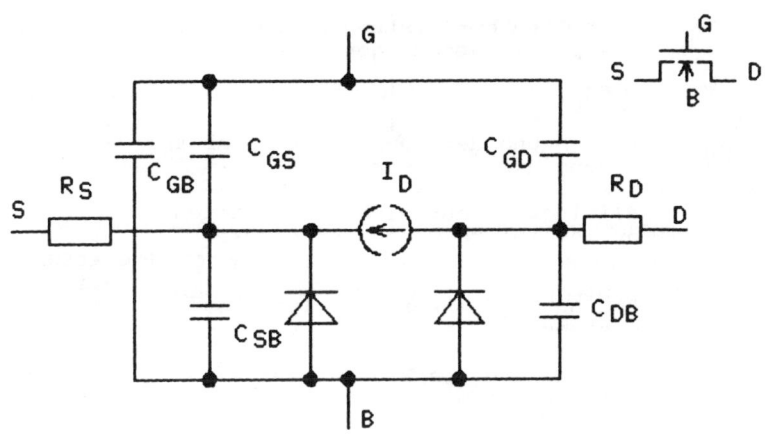

Bild 8.3   Modell des n-Kanal-MOSFET

Verfahren der Netzwerkanalyse. Zur Simulation des Zeitverhaltens einer elektronischen Schaltung muß ein System von Differentialgleichungen gelöst werden. Die nichtlinearen Bauelemente, wie z. B. Dioden und Transistoren, liefern ein nichtlineares Differentialgleichungssystem.

Die Lösung eines nichtlinearen Differentialgleichungssystems erfolgt schrittweise. Zunächst werden für einen bestimmten Zeitpunkt die Nichtlinearitäten und die zugehörigen Spannungen und Ströme vernachlässigt. Diesem linearisierten Netzwerk entspricht jetzt ein lineares Differentialgleichungssystem. Die Lösung dieses Systems ergibt Ströme und Spannungen, die einen Zeitschritt später liegen als der Ausgangszeitpunkt.

Um den Fehler aufgrund der vernachlässigten Nichtlinearitäten möglichst klein zu halten, darf die Schrittweite nicht zu groß gewählt werden. Andererseits hilft eine große Schrittweite, Rechenzeit zu sparen. Als Kompromiß enthalten die meisten Simulationsprogramme Algorithmen, die aus einer Fehlerabschätzung eine optimale Schrittweite ermitteln. Die Nichtlinearitäten werden iterativ behandelt.

Der Gesamtablauf einer Netzwerkanalyse ist in Tafel 8.1 dargestellt.

Tafel 8.1   Gesamtablauf einer Netzwerkanalyse

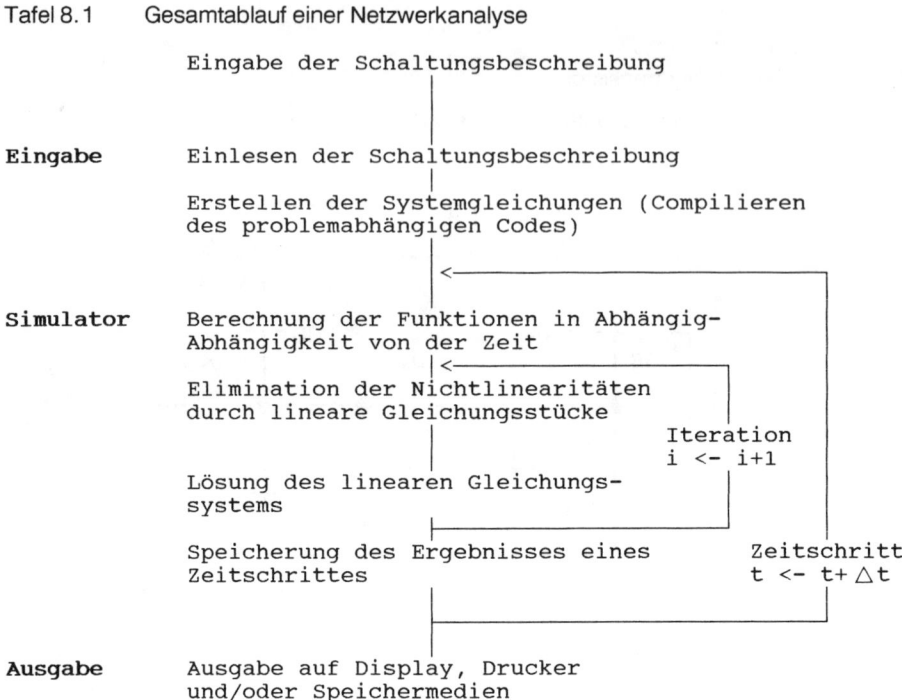

Für die Lösung und die Linearisierung des Differentialgleichungssystems gibt es verschiedene Verfahren.

Knotenanalyse. Die einfache Knotenanalyse geht von einem Netzwerk aus, das nur aus ohmschen Widerständen (Leitwerten) und Stromquellen besteht. Ist diese Voraussetzung gegeben, erhält man in Matrixschreibweise folgendes Gleichungssystem:

$$\mathbf{G} * \mathbf{U} = \mathbf{I},$$

G   Leitwertmatrix,
U   Spannungsvektor,
I   Stromvektor.

Eventuell auftretende Spannungsquellen müssen in Stromquellen umgeformt werden.

Mit der Knotenanalyse können nur Netzwerke aus Widerständen (Leitwerten), Strom- und Spannungsquellen berechnet werden. Es gibt jedoch Verfahren Induktivitäten und Kapazitäten, mit Hilfe von Ersatzschaltbildern aus zeitabhängigen Widerständen und Quellen, zu ersetzen.

Modifizierte Knotenanalyse (MNA, modified node analysis). Die modifizierte Knotenanalyse umgeht das Problem der Umwandlung der Spannungsquellen und wird deshalb in den meisten Simulationsprogrammen angewendet (z. B. in SPICE3).

Außer den Knotengleichungen werden bei der MNA auch noch die Ströme durch die Spannungsquellen im Gleichungssystem berücksichtigt. Das Gleichungssystem ist umfangreicher, enthält dafür aber mehr Nullstellen.

Tableau-Verfahren. Bei dem Tableau-Verfahren wird die Schaltung als Graph abgebildet. Jedes Schaltelement stellt dabei die Kante eines Graphen dar (Bild 8.4).

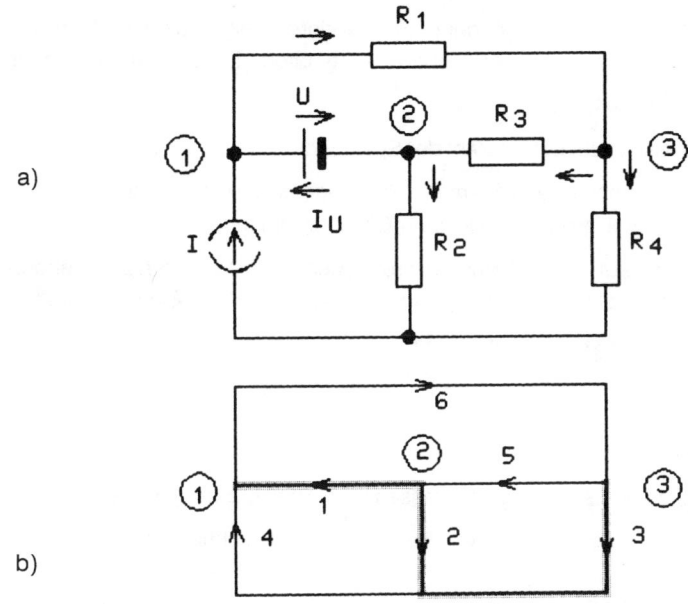

Bild 8.4   Schaltungsbeispiel: a) Schaltbild, b) Graph mit vollständigem Baum

Der Graph läßt sich formal in einer sogenannten "Ereignismatrix" darstellen, wobei die Stromrichtung von und zu einem Knoten durch 1 bzw. -1 gekennzeichnet wird.

Fügt man nun die "Ereignismatrix" mit den Gleichungen der Zweigelemente zu einem Gesamtsystem zusammen, so erhält man die vollständige Tableau-Beschreibung.

Die Konvergenz ist beim Tableau-Verfahren teilweise besser als bei der Knotenanalyse, der Rechenaufwand steigt jedoch.

Neuere Entwicklungen greifen aus Gründen der Rechenzeit und des Speicherplatzbedarfs auf die einfache Knotenanalyse zurück.

Lösungsverfahren des Gleichungssystems. Zur Lösung des linearen Gleichungssystems,

$$A \cdot x = b,$$

mit dem Vektor **x** der Unbekannten werden in den Simulationsprogrammen hauptsächlich zwei Verfahren angewandt:

- Gaußscher Algorithmus,
- Verketteter Gaußscher Algorithmus (LU-Faktorisierung).

Beim Gaußschen Algorithmus werden sukzessive die Elemente der A-Matrix, links unterhalb der Diagonalen, eliminiert und von rückwärts die Unbekannten gelöst.

Die LU-Faktorisierung erfolgt ähnlich, nur in einer anderen Reihenfolge der Operationen, es wird die A-Matrix in eine obere (upper) U- und in eine untere (lower) L-Matrix zerlegt:

$$\mathbf{A} \cdot \mathbf{x} = \mathbf{L} \cdot \mathbf{U} \cdot \mathbf{x}.$$

Diese Vorgehensweise reduziert die Zahl der Speicherzugriffe.

Behandlung der Nichtlinearitäten. Die Nichtlinearitäten einer zu simulierenden Schaltung werden iterativ durch ein System linearer Gleichungen modelliert.

Nichtlinearitäten treten auf, wenn Elemente direkt oder indirekt von den zu lösenden unbekannten Größen der Schaltung abhängig sind. Beispiele derartiger Elemente sind:

- strom/spannungsgesteuerte Stromquellen,
- strom/spannungsgesteuerte Spannungsquellen,
- spannungsabhängige Kapazitäten,

wie sie in den Transistormodellen vorkommen.

Der prinzipielle Ablauf eines Iterationsprozesses ist in Tafel 8.2 dargestellt.

Tafel 8.2   Flußdiagramm zur iterativen Berechnung der Nichtlinearitäten

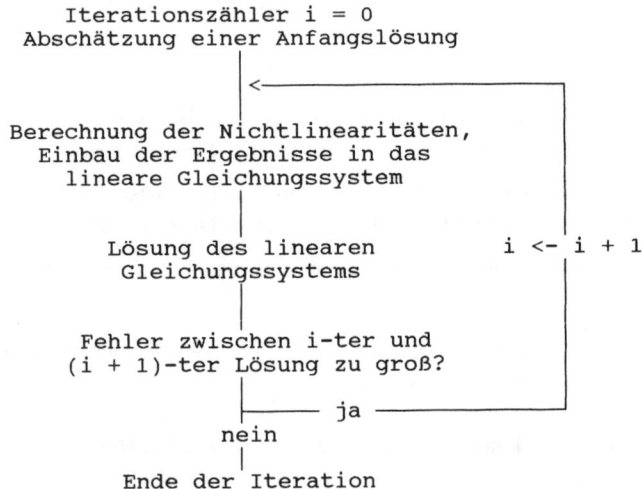

Der Start einer Iteration erfolgt mit der Abschätzung einer Anfangslösung. Danach werden

die Nichtlinearitäten berechnet und zur Lösung des linearen Gleichungssystems verwendet. Der Iterationsprozeß wird abgeschlossen, wenn die Ergebnisdifferenz aus zwei aufeinanderfolgenden Iterationen eine vorgegebene Fehlerschwelle unterschreitet.

Integration der Differentialgleichungen. Die Lösung der Differentialgleichungen, mit denen Kapazitäten und Induktivitäten modelliert werden, erfolgt schrittweise numerisch. Aus Gründen der Rechenzeit wird die Schrittweite $\triangle t$ meist variabel in Abhängigkeit der Funktionssteigung gesteuert.

Gleichstromanalyse. Die Gleichstromanalyse ist eine eigenständige Analyseart und hat folgende Aufgaben:

- Berechnung der Anfangslösung für die Transient-Analyse (eingeschwungener Zustand),
- Berechnung statischer Transfer-Kennlinien,
- Arbeitspunktberechnung für Wechselstromanalyse und ähnliche Analysearten.

Im stationären Zustand einer Schaltung sind Induktivitäten und Kapazitäten wirkungslos und können daher bei der Gleichstromanalyse weggelassen werden. Die verbleibende Schaltung, bestehend aus R, G, Strom- und Spannungsquellen, kann jedoch immer noch ein nichtlineares System mit gesteuerten Quellen darstellen.

Beispiel eines Schaltungssimulators (SPICE2). Das bekannteste Schaltungssimulations-Programm ist SPICE [Nage75], das an der Universität Berkeley entwickelt wurde. Im folgende sind einige Beispiele für SPICE-Eingaben aufgeführt:

Signale:	**VCC 1 2 DC 5**; 5 V Gleichspannung zwischen Knoten 1 und 2
	VIN 1 2 PULSE(0 5 2NS 2NS 50NS 100NS)
	5 V Pulse mit 2 ns Flanken und 100 ns Periode
passive Elemente:	**R1 1 2 10K**; 10 kΩ Widerstand zwischen Knoten 1 und 2
	C1 1 2 5P; 5 pF Kondensator zwischen Knoten 1 und 2
MOS-Transistor:	**M1 1 2 3 4 MOD1 L = 5U W = 10U**;
	Transistor mit Drain (1), Gate (2), Source (3),
	Substrat (4), W/L = $10\mu m/5\mu m$ und dem Parametersatz MOD1
Modell:	**.MODEL MOD1 NMOS (VT0 1 KP 4E-5 ...)**
	Modellkarte mit Schwellspannung $U_T = 1$ V und
	Leitfähigkeitskonstante B = 40 $\mu A/V^2$

Außerdem können z. B. auch Makros (Subcircuits) zur Vereinfachung der Eingabe definiert werden. Dieser Vorzug läßt sich jedoch nur bedingt nutzen, da hinsichtlich einer praktikablen Rechenzeit die Größe der Schaltung bei der Transient-Analyse auf 50 bis 100 Transistoren begrenzt ist. Mit dieser Art der Schaltungs-Simulation lassen sich daher nur kleinere Funktionsblöcke, wie z. B. Flipflops, Zähler und Register, optimieren.

Bei der Transient-Analyse können als Ausgabegrößen gewählt werden:

- Knotenspannungen u(t),
- Zweigströme i(t),
- Verlustleistung p(t) in den Zweigen.

Dazu kann noch die Temperatur gesetzt werden, so daß Worst-Case-Simulationen von Schaltungen durchgeführt werden können.

Die Ausgabe kann als Wertetabellen oder als Printer-Plot gewählt werden.

Die Rechenzeit wächst überproportional (Faktor 1,3 bis 2) mit der Anzahl der Schaltungs- knoten und es ist meistens sinnvoll, eine Aufteilung der Schaltung in mehrere Simulations- läufe vorzunehmen.

Beispiel einer SPICE-Simulation. Depletion-Last-Inverter (Bild 8.5).

Bild 8.5
Depletion-Last-Inverter
mit Knotennumerierung

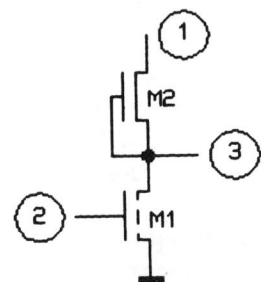

Transient-Analyse.

```
Inverter DEP-Last - Transient-Analyse -
.MODEL NENH NMOS LEVEL 3 VTO 1 KP 3E-5 GAMMA 0.5 PHI 0.61 PB 0.83
+CGSO 1.7E-10 CGDO 1.7E-10 CGBO 1.2E-9 RSH 30 CJ 4.6E-5 MJ 0.5
+XJ 9E-7 CJSW 4E-11
+MJSW 0.44 JS 1E-9 TOX 4E-8 NSUB 1.9E16 NSS 4E10 NFS 1E9 TPG 1
+LD 1.2E-6 UO 650 VMAX 8E4 FC 0.5 THETA 0.045 KAPPA 1.2
.MODEL NDEP NMOS LEVEL 3 VTO -3 KP 2.8E-5 GAMMA .6 PHI .25 PB 0.83
+CGSO 1.7E-10 CGDO 1.7E-10 CGBO 1.2E-9 RSH 30 CJ 4.6E-5 MJ 0.5
+CFSW 4E-11 XJ 9E-7
+MJSW 0.44 JS 1E-9 TOX 4E-8 NSUB 1.8E14 NSS 4E16 NFS 1E9 TPG 1
+LD 1.2E-6 UO 650 VMAX 8E4 FC 0.5 THETA 0.045 KAPPA 1.2
M1 3 2 0 0 NENH W=10U L=5U
M2 1 3 3 0 NDEP W=5U L=20U
VDD 1 0 5
VIN 2 0 PULSE(0 5 10NS 2NS 2NS 20NS 40NS)
.TRAN 1NS 40NS
.PRINT TRAN V(2) V(3)
.END
```

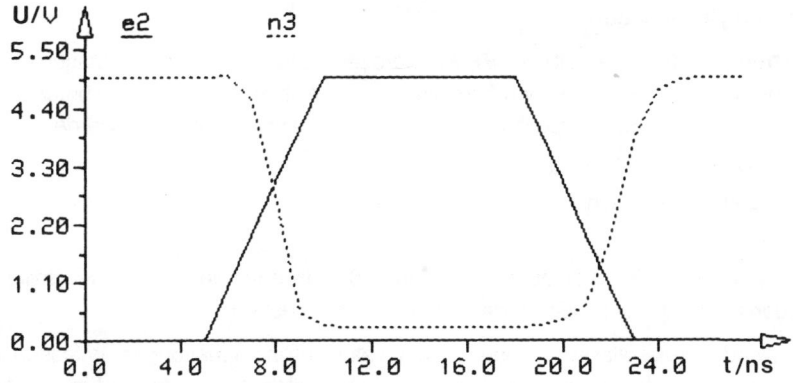

Bild 8.6   Ergebnisplot der Transient-Analyse

Gleichstromanalyse.

```
Inverter DEP-Last - Gleichstromanalyse -
.MODEL NENH NMOS LEVEL 3 VTO 1 KP 3E-5 GAMMA 0.5 PHI 0.61 PB 0.83
+CGSO 1.7E-10 CGDO 1.7E-10 CGBO 1.2E-9 RSH 30 CJ 4.6E-5 MJ 0.5
+XJ 9E-7 CJSW 4E-11
+MJSW 0.44 JS 1E-9 TOX 4E-8 NSUB 1.9E16 NSS 4E10 NFS 1E9 TPG 1
+LD 1.2E-6 UO 650 VMAX 8E4 FC 0.5 THETA 0.045 KAPPA 1.2
.MODEL NDEP NMOS LEVEL 3 VTO -3 KP 2.8E-5 GAMMA .6 PHI .25 PB 0.83
+CGSO 1.7E-10 CGDO 1.7E-10 CGBO 1.2E-9 RSH 30 CJ 4.6E-5 MJ 0.5
+CFSW 4E-11 XJ 9E-7
+MJSW 0.44 JS 1E-9 TOX 4E-8 NSUB 1.8E14 NSS 4E16 NFS 1E9 TPG 1
+LD 1.2E-6 UO 650 VMAX 8E4 FC 0.5 THETA 0.045 KAPPA 1.2
M1 3 2 0 0 NENH W=10U L=5U
M4 1 3 3 0 NDEP W=5U L=20U
VDD 1 0 5
VIN 2 0 DC 5
.DC VIN 0 5 0.025
.PRINT DC V(2) V(3)
.END
```

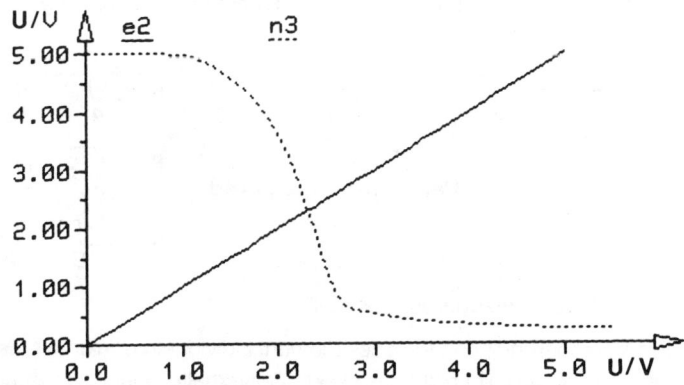

Bild 8.7   Ergebnisplot der Gleichstromanalyse

8.2.3 Logiksimulation

Aufgabengebiete. Innerhalb des Entwurfsprozesses spielt die Logiksimulation eine wesentliche Rolle, den Systementwurf auf einer hohen Abstraktionsebene zu unterstützen [Micz86]. Die Leistungsfähigkeit eines Logiksimulators kann gemessen werden an seiner

- Genauigkeit,
- Anwendbarkeit und seinem
- Benutzerinterface.

Die Genauigkeit bezieht sich auf die simulierten Signalwerte über der Zeit. Sie sollten möglichst den realen Verhältnissen in der Schaltung entsprechen.

Die Anwendbarkeit sollte synchrone und auch asynchrone Schaltungen umfassen. Außerdem muß ein umfangreicher Satz von logischen Modellelementen zur Verfügung stehen. Der Simulator muß in der Lage sein, Laufzeitprobleme und Hazards zu erkennen.

Die Aufgaben der Logiksimulation lassen sich zusammenfassen in:

- Aufdeckung logischer Entwurfsfehler,
- Aufdeckung kritischer Laufzeiten,
- Fehlersimulation (Prüfung von Testpattern).

Zeitverzögerungs-Modelle. Neben der Vielfalt der logischen Modellelemente unterscheiden sich die Logiksimulatoren in der Wahl ihrer Zeitverzögerungsmodelle, die einzeln oder kombiniert in den Programmen eingesetzt werden.

Transport-Verzögerung. Das Transport-Verzögerungs-Modell für ein Logikelement wird durch einen Zusatz am Ausgang des Gatters beschrieben. Die Verzögerungszeit kann beliebige positive Werte annehmen.

Wird für alle Elemente dieselbe Verzögerungszeit angenommen und zu Eins gesetzt, dann spricht man von einem Simulator mit Einheitsverzögerung. Im Falle einer Nullverzögerung wird ohne Laufzeiten simuliert. Bild 8.8 zeigt das Transport-Verzögerungsmodell mit der Verzögerung 1.

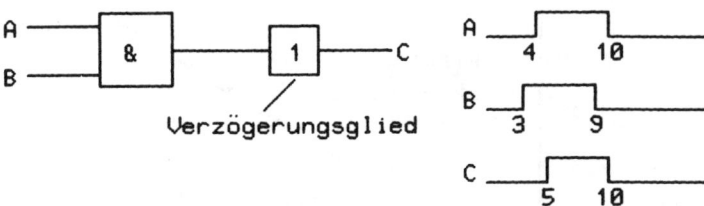

Bild 8.8   Transport-Verzögerungs-Modell

Die Transport-Verzögerung kann für jedes Element individuell definiert werden. Das Transport-Verzögerungs-Modell gibt nicht das exakte Zeitverhalten einer Schaltung wieder, da an den Schaltflanken die unbestimmten Zustände unberücksichtigt bleiben und auch die

Anstiegs- und Abfallzeiten unterschiedlich lang sein können.

Anstiegs-/Abfall-Verzögerung. Das Anstiegs-/Abfall-Verzögerungsmodell erlaubt die Spezifikation von unterschiedlichen Anstiegs- und Abfallzeiten. Diese Art der Modellierung der Verzögerungszeiten ermöglicht eine wesentlich genauere Laufzeitbeschreibung einer Schaltung.

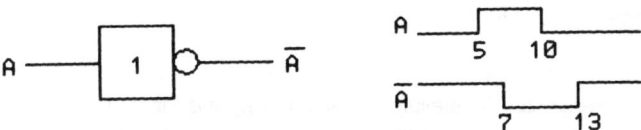

Bild 8.9   Anstiegs-/Abfall-Verzögerungs-Modell

Mit der Beschreibung unterschiedlicher Anstiegs- und Abfallzeiten lassen sich Pulsweiten durch ein Element variieren, wie dies am Beispiel des Invertersignals A in Bild 8.9 gegenüber dem Transport-Verzögerungs-Modell deutlich wird.

Minimum-/Maximum-Verzögerung. Das Minimum-/Maximum-Verzögerungs-Modell (Bild 8.10) berücksichtigt die beiden Extremwerte für die Anstiegs- und Abfallzeit. Es arbeitet daher mit einem Zeitbereich anstelle eines Zeitwerts. Dieser Zeitbereich wird als Unsicherheitsbereich bezeichnet und spezifiziert die Grenzen, innerhalb der sich ein Signal ändert. Je nachdem, wie die Verzögerung durch eine Schaltung ausfällt, kann sich der Unsicherheitsbereich überdecken oder verlängern.

Dieses Verzögerungsmodell ist für die Worst-Case-Analyse einer Schaltung geeignet und führt in der Regel zu einem pessimistischen Simulationsergebnis.

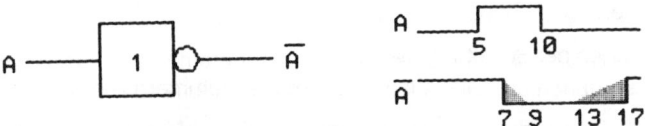

Bild 8.10   Minimum-/Maximum-Verzögerungs-Modell

Trägheits-Modell. Soll ein Zustand geschaltet werden, erfordern die Logikgatter, daß der Eingangsimpuls eine bestimmte Schwelle übersteigt, und eine Zeitspanne unverändert stabil anliegt. Ist der Impuls zu kurz, ändert das Gatter seinen Zustand nicht. Diese minimale Impulsweite für einen Eingangsimpuls, um ein Gatter zu schalten, wird als Trägheitsverzögerung bezeichnet.

Gegenüber den bisherigen Verzögerungs-Modellen wird die Trägheitsverzögerung gewöhnlich auf den Eingang bezogen. Ist die Impulslänge gleich oder größer als die angegebene Trägheitsdauer, erscheint der Impuls mit der spezifizierten Verzögerung am Ausgang.

Signalzustände. Die Genauigkeit eines Modells kann durch eine Erhöhung der Anzahl der Signalzustände verbessert werden.

Das Anstiegs-/Abfall-Verzögerungs-Modell erfordert drei Werte zur Definition eines Signals:

- 0, 1 und X (unbekannt).

Das Trägheitsmodell benutzt fünf Werte:

- 0, 1, U, D und E.

Die Werte U und D dienen zur Darstellung der Minimum- und Maximumbereiche während der Anstiegszeit (U) und der Abfallzeit (D). Der Zustand E repräsentiert Fehlerbereiche, wenn sich Minimum-/Maximum-Bereiche in der Verzögerung durch ein Gatter überlagern.

Die Simulation mit drei Signalzuständen reicht in der Regel aus, um Logikgatter-Schaltungen technologieunabhängig modellieren zu können.

Simulationsverfahren. In der Logiksimulation wird zwischen zwei Verfahren unterschieden:

- compilierende Verfahren und
- ereignisgesteuerte Verfahren.

Die ereignisgesteuerten Verfahren sind gegenüber den compilierenden Verfahren moderner.

Compilierende Simulation. Bei einem compilierenden Simulationsverfahren wird die Schaltkreisbeschreibung in den Maschinencode eines Rechners übersetzt. Vor der Codegenerierung werden

- alle Rückkopplungen der Schaltung markiert,
- die Schaltung strukturiert und allen Elementen Ebenennummern zugewiesen.

Die Ausgangssignale erhalten dieselben Ebenennummer wie die zugehörigen Elemente.

Der erste Schritt in der Strukturierung ist die Zuweisung der Ebene 0 zu allen primären Eingängen. Danach wird, ausgehend von den Eingängen, hin zu den Ausgängen, jedem Element eine Ebene zugewiesen, bis schließlich jedes Element mit seinem Ausgang eine um eins höhere Ebenennummer erhält als die höchste Ebenennummer seiner Eingänge.

Diese Ebenenstrukturierung wird durch Bild 8.11 verdeutlicht.

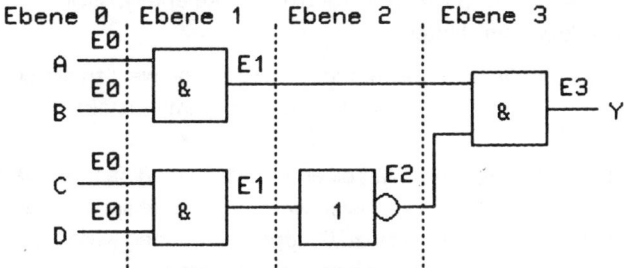

Bild 8.11   Ebenenstrukturierung einer Schaltung

Sobald die Ebenen zugewiesen sind und bevor der Code generiert wird, erfolgt ein Sortie-
ren der Elemente nach aufsteigenden Ebenennummern.

Die Codegenerierung führt zu einem Code, der die Funktion der Primitiva der Schaltung
ausführt, wie z. B. ANDs, ORs und Flipflops.

Anschließend kann die Simulation ausgeführt werden. Die Ebenenzuweisung und das Sor-
tieren der Elemente stellen sicher, daß zu jedem zu berechnenden Element die Eingangswerte bereits berechnet zur Verfügung stehen.

Ereignisorientierte Simulation. In digitalen Schaltungen ist in jedem Zeitschritt nur ein
geringer Schaltungsteil aktiv; der Anteil liegt zwischen 10 % und 15 %. Aus dieser Sicht erscheint es uneffizient, alle Elemente für jeden Zeitschritt zu berechnen.

Diese Überlegungen haben zum Konzept der ereignisorientierten Simulation geführt.

Ein Ereignis, das den Zustandswechsel eines Signals darstellt, ist das Basiselement in einem zeitschrittorientierten Simulator, um den Signalfluß über der Zeit durch eine Schaltung
zu beschreiben. Der Zeitablauf und die Ereignislisten sind die Infrastruktur für die Tabel-
lierung der Ereignisse.

Wird ein Element zur Zeit t0 berechnet und wechselt sein Ausgang aufgrund der Berechnung seinen Wert, dann muß zur Zeit t0 + dt der neue Wert zur Verfügung stehen, wobei
dt die Elementlaufzeit darstellt. Zum Abschluß dieses Vorgangs wird ein Ereignis zum Zeitpunkt t0 + dt in das Ereignisverzeichnis aufgenommen. Dieses Ereignisverzeichnis wird
von einem Zeitablaufmechanismus gesteuert.

Eingabestimuli werden als Ereignisse in der Zeitschlange gehalten. Während der Simulation treten diese Signaländerungen zu den vorbestimmten Zeiten auf.

Netzwerkbeschreibung. In einem tabellengesteuerten Simulator wird die Schaltung
durch verschiedene Tabellen dargestellt, die die Elementebeschreibung und ihre Verknüpfung enthalten. Besteht die Schaltung aus Elementen mit einem einzigen Ausgang,
kann eine einfache Datenstruktur gewählt werden. Elemente mit mehreren Ausgängen
werden in Elemente mit einem Ausgang aufgespalten.

Werden Schaltungen mit Elementen beschrieben, die mehrere Ausgänge haben, läßt sich diese Tabellengrundstruktur modifizieren. Für diesen Elementetyp ist jedoch eine Elementebeschreibungsstruktur vorteilhafter.

Bei der Datenstruktur für Elemente mit mehreren Ausgängen werden alle Daten, die ein Element betreffen, in einer Struktur für das Element zusammengefaßt.

Simulations-Algorithmus. Vor dem Start einer Simulation muß das Netzwerk bezüglich gewisser topologischer Eigenheiten analysiert werden. Zum Beispiel müssen in MOS-Schaltungen alle bidirektionalen Schalter zu Gruppen verbunden werden, denn bidirektionale Gruppen müssen in sich geschlossen analysiert werden.

Nachfolgend ist ein stark abstrahierter Simulationsalgorithmus aufgezeigt:

```
DO until (maxtime)
    DO for all events at this time step
        Fetch event
        Update state
        Push fanouts into appropriate stacks
    END event loop
    Process evaluation stacks
    Increment time
END maxtime loop.
```

Dieser Algorithmus gilt für ein Simulationsverfahren mit Zeitschlange und Ereignisliste zu jedem Zeitschritt.

Die Variable maxtime kontrolliert die maximale Zeit der Simulation.

In der Ereignisschleife wird, nachdem die erforderlichen Daten aus der Ereignisliste geholt wurden, der Ausgangswert desjenigen Elements erneuert, das durch das Ereignis angesteuert wurde. Nachdem dies ausgeführt ist, wird der neue Werte an alle Fanouts weitergegeben, die mit dem Ausgang verbunden sind, und die Fanouts werden in die entsprechenden Evaluation-Speicher geladen. Vor dem Laden des Elements wird der Speicher auf dessen Anwesenheit untersucht. Ist dies der Fall, wird nur der neue Eingangswert geladen. Diese Maßnahme verhindert eine mehrfache Ausführung eines Elements in demselben Zeitschritt.

Nachdem alle Ereignisse für einen bestimmten Zeitschritt bearbeitet und alle Stacks ausgewertet sind, wird die Simulationszeit auf den nächsten Index in der Zeitschlange inkrementiert.

Verfahren zur Elementeauswertung. Es gibt verschiedene Verfahren, um die elementaren Simulatorprimitiva auszuwerten. Die Verfahren lassen sich in zwei Kategorien einteilen:

- algorithmische Verfahren und
- Verfahren mit Wahrheitstabellen.

Bei dem algorithmischen Verfahren wird für jeden Elementetyp eine eigene Subroutine geschrieben. Als Eingabeparameter zu einer Subroutine dienen die Eingangswerte für ein Element und die Subroutine liefert als Ergebnis den Ausgangswert des Elements.

Das Verfahren mit Wahrheitstabellen verwendet den Eingangsvektor des Elements als Adresse für die Tabelle und antwortet mit dem Ausgangswert des Elements.

Beispiel eines Logiksimulators (DISIM). Bei dem Logiksimulator DISIM (TEG Heilbronn) [TELE86] erfolgt die Aufteilung eines logischen Gatters in ein abstraktes Verknüpfungsglied und ein Verzögerungsglied (Bild 8.12).

Bild 8.12
Aufteilung eines
realen Gatters

Das Verzögerungsglied kann dann mit den in Bild 8.13 dargestellten Laufzeiten beschrieben werden.

Bild 8.13
Definition der
DISIM-Laufzeiten

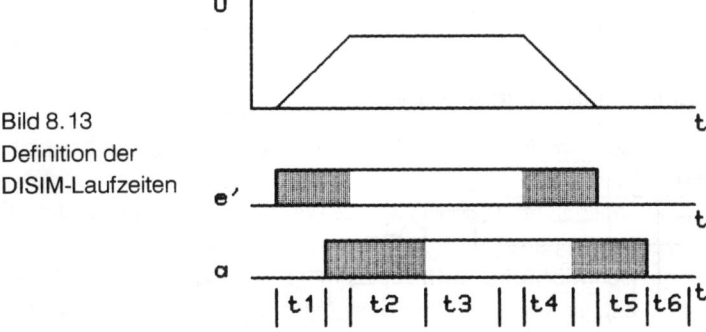

t_1, t_4 - minimale Laufzeit: frühestens nach Ablauf dieser Zeit kann ein nachgeschaltetes Element eine Änderung bemerken.

t_2, t_5 - maximale Laufzeit: spätestens nach Ablauf dieser Zeit, gemessen von der spätestmöglichen Eingangsänderung, liegt der neue Wert am Ausgang.

t_3, t_6 - Beruhigungszeit: ändert sich die Eingangsgröße vor Ablauf dieser Zeit, so wird die minimale Laufzeit nicht berücksichtigt, d. h., der Ausgang reagiert sofort auf die Eingangsänderung.

Die Beschreibung einer Schaltung im DISIM-Eingabeformat wird an folgenden Einga-
bebeispielen deutlich:

Signale:	E1 = EIN(/32(N,E)))
	E2 = EIN(/(16(2N,2E)))
Logik:	G1 = Z1*E1; UND
	G2 = Z1+E2; ODER
Verzögerungsglied:	Z2 = DYNG(E2/0,P1),
	Ausgang = DYNG (Eingang/Anfangswert, Verzögerung)
Verzögerungsparameter:	P1 = 2,2,0,2,2,0

Darüber hinaus lassen sich noch Funktionsblöcke, wie z. B. Zähler, Schieberegister, ROMs
und RAMs, direkt als Eingabesprachelemente definieren.

Zur weiteren Vereinfachung der Eingabe können bei der Beschreibung komplexer Schaltungen Makros gebildet werden, die sich dann wie Unterprogramme aufrufen lassen.

Die Ausgabe einer Logik-Simulation erfolgt gewöhnlich in Form einer Wertetabelle mit den
Zuständen und Übergängen. Über Plotter oder Graphikbildschirme ist auch eine Darstellung der Signalverläufe möglich.

Beispiel einer DISIM-Simulation. Im folgenden soll mit DISIM ein XOR-Gatter simuliert werden (Bild 8.14). Die Funktion lautet:

$$y = \bar{a}b + a\bar{b} = \overline{\overline{ab}\, \overline{a\bar{b}}},$$

in DISIM-Schreibweise

$$AUS = -(-(-EIN1 * EIN2) * -(EIN1 * -EIN2)).$$

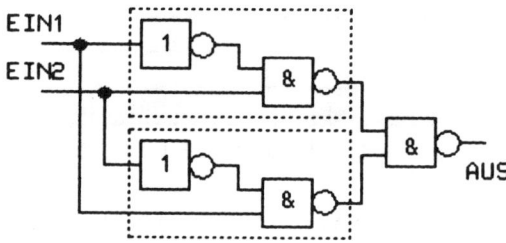

Bild 8.14   Schaltung des XOR-Gatters

Die Simulation erfolgt über einen Zeitraum von 40 Takten. Zur Veranschaulichung der Ma-
krofähigkeit von DISIM wird die Inverter-NAND-Kombination als Makro eingegeben. Damit
ergibt sich folgendes Eingabefile:

```
MACRO Q1 = AUSMAC(I1,I2/0,P1)
       Q1 = DYNG(-(NA1*NA2)/01,P1)
       NA1 = DYNG(-I1/0,P1)
       NA2 = I2
ENDMAC
STRUCTURE
  AUS = DYNG(-(ER1*ER2)/0,P1)
  ER1 = AUSMAC(EIN1,EIN2/0,P1)
  ER2 = AUSMAC(EIN2,EIN1/0,P1)
  EIN1= EIN(/(4N,2R,8E,2F, 14N))
  EIN2= EIN(/(8N,2R,10E,2F, 16N))
 PARAMETER DYN
  P1 = 6,6,0,4,4,0
  ENDPAR
 ENDSTR
 TITLE EXORGATTER
 TIME 0,10,60
 PLOT EIN1,EIN2,AUS
END
```

Das Ergebnis kann dann in Form eines Diagramms graphisch ausgegeben werden (Bild 8.15).

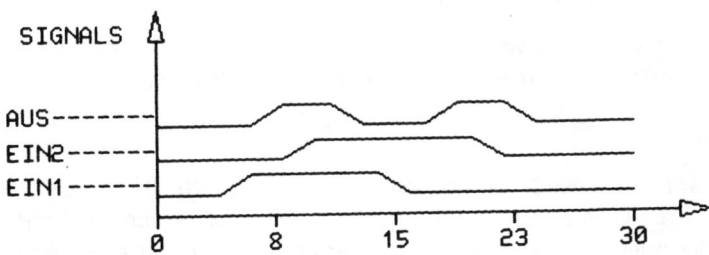

Bild 8.15   Ergebnisplot der DISIM-Simulation

8.2.4   Schalter-Simulation

Die Schalter-Simulation (switch-level-simulation) [FiMo87] schließt die Lücke zwischen Logik- und Schaltungs-Simulation, indem die Schaltungselemente (Transistoren) und ihre Verknüpfungsstrukturen (RC-Leitungen) in die Simulation einbezogen werden. Die im Vergleich zu der Schaltungs-Simulation relativ hohe Simulationsgeschwindigkeit wird durch Anwendung eines Schalter-Modells für Transistoren erreicht.

Die kapazitiven Eigenschaften der MOS-Schaltungen verbunden mit dem bidirektionalen Signalfluß stellen besondere Anforderungen an das Simulationsmodell. MOS-Simulationsmodelle benötigen zur genauen Modellierung

- Bidirektionalität,
- verdrahtete Logik (wired logic) und
- Ladungsverteilung.

Diese Erfordernisse führen zu einem Konzept mit "Logikstärken" (logic strength). Logik-stärken geben an, welcher Netzwerktyp sich zwischen der Quelle des Logikwertes und dem betrachteten Knoten befindet. Außerdem ist eine genauere Modellierung der Verzöge-rungszeiten erforderlich.

Simulations-Modell. Die meisten Switch-Level-Simulatoren verwenden die drei Schal-tungselemente Switch (der Transistor als Schalter), Connector (eine leitende Verbindung, mit der auch zwei Ausgänge verbunden werden können) und Attentuator (Abschwächer, Widerstand).

Transistor als Schalter. Das logische Verhalten des MOS-Transistors mit den drei Anschlüssen G (Gate), S (Source) und D (Drain) ist in der Wahrheitstabelle Bild 8.16 dar-gestellt.

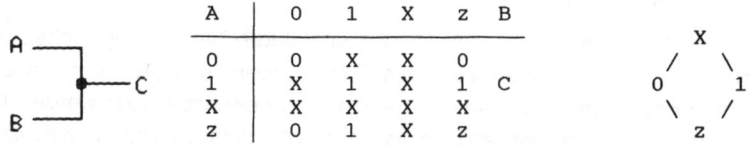

	0	1	X	S
0	z	z	z	
G 1	0	1	X	D
X	X	X	X	

Bild 8.16   Wahrheitstabelle eines n-Kanal-MOSFET

Für die Logik-Zustände werden die von der Logik-Simulation bekannten Werte 0, 1 und X (undefiniert) benutzt. Bei einem 0-Zustand am G-Anschluß ist der Transistor gesperrt. Der Zustand des D-Anschlusses ist unbestimmt (hochohmig), was durch den Zustand z dar-gestellt wird.

Connector. In einer Schaltung sind z. B. Transistoren durch Leitungen verbunden. Die Funktion des Connectors beschreibt das Zusammenführen von zwei Logik-Zuständen über eine leitende Verbindung. In der realen Schaltung besteht eine solche Verbindung permanent.

Die Connector-Funktion ist nur ein Modell, das getrennte Berechnung und spätere Zu-sammenführung von Logik-Zuständen erlaubt.

A	0	1	X	z	B
0	0	X	X	0	
1	X	1	X	1	C
X	X	X	X	X	
z	0	1	X	z	

```
            X
          /   \
        0       1
          \   /
            z
```

Bild 8.17   Wahrheitstabelle und Hasse-Diagramm des Connectors

Die Funktion des Connectors läßt sich durch eine Wahrheitstabelle oder als Hasse-Dia-gramm darstellen (Bild 8.17). Die relative Stärke eines Logik-Wertes erkennt man an seiner Stellung im Hasse-Diagramm. X ist der stärkste Wert und steht oben. 0 und 1 sind gleich-stark. Der schwächste Wert z steht unten. Für die Vereinigung zweier Logik-Zustände ist die kleinste obere Grenze definiert.

Die zu vereinigenden Zustände werden entlang der im Hasse-Diagramm vorgegebenen

Wege über einen möglichst kurzen Pfad verbunden. Bei gleichlangen Alternativ-Pfaden ist der obere Pfad zu wählen. Der höchste Punkt eines Verbindungs-Pfads bestimmt den Logik-Zustand der Verbindung.

Attentuator. Der Attentuator (Abschwächer, Widerstand oder Lasttransistor) wird als Element mit einem Eingang (IN) und einem Ausgang (OUT) eingeführt. Infolge der Abschwächung entstehen aus den "starken" Zuständen 0, 1 und X die "schwachen" Zustände l, h und x. Die schwachen Zustände am Eingang werden nicht weiter abgeschwächt (Bild 8.18).

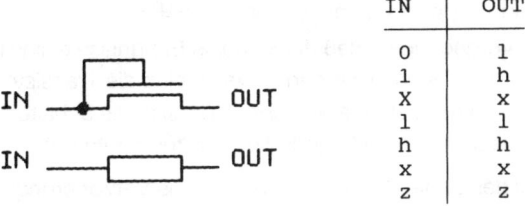

IN	OUT
0	l
1	h
X	x
l	l
h	h
x	x
z	z

Bild 8.18   Wahrheitstabelle eines Attentuators

Die neu eingeführten Zustände l, h und x erfordern die Erweiterung der Connector-Definition. Diese kann als Wahrheitstabelle oder als Hasse Diagramm beschrieben werden (Bild 8.19).

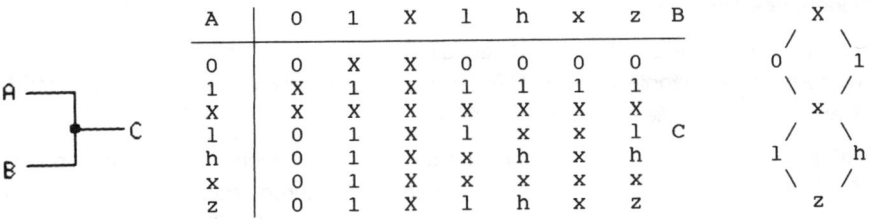

A	0	1	X	l	h	x	z	B
0	0	X	X	0	0	0	0	
1	X	1	X	1	1	1	1	
X	X	X	X	X	X	X	X	
l	0	1	X	l	x	x	l	C
h	0	1	X	x	h	x	h	
x	0	1	X	x	x	x	x	
z	0	1	X	l	h	x	z	

Bild 8.19   Erweiterte Wahrheitstabelle und Hasse-Diagramm für den Connector

Simulations-Algorithmen. Das einfache Schaltermodell für den MOS-Transistor nimmt keine Rückwirkung am Gate-Eingang an. Deshalb lassen sich Schaltungen durch Auftrennen an den Gate-Anschlüssen in Teilschaltungen zerlegen. Man unterscheidet zwischen lokalem Algorithmus (für die Evaluation einer Teilschaltung) und globalem Algorithmus (für die Simulation der Gesamtschaltung). Der globale Algorithmus behandelt jede Teilschaltung wie ein Logik-Gatter; es werden die bekannten Verfahren von Logik-Simulatoren angewendet (z. B. Ereignis-Steuerung).

Für die Evaluation der Teilschaltungen gibt es verschiedene Verfahren, von denen im folgenden der Dominant-Path-Algorithmus dargestellt wird.

Dominant-Path-Algorithmus. Für die Transistoren werden relative Stärken (strength) eingeführt. Im allgemeinen reichen zwei dieser Stärken aus (z. B. S_{min} für Last-Transitoren,

S_{max} für Schalt-Transistoren), es können jedoch bei Bedarf weitere Stärken eingeführt werden. Zur Simulation wird die Schaltung als Graph betrachtet: die Transistoren sind die Zweige und die Verbindungen sind die Knoten. Für die Knoten werden entsprechend der Kapazitäten relative Größen eingeführt. Die sogenannten Eingangs-Knoten (Spannungs-Versorgung, Daten-Eingänge) bekommen die relative Größe omega (unendlich große Kapazität). Um dynamische Schaltungen zu simulieren genügen im allgemeinen zwei weitere Größen (K_{min}, K_{max}). Zusätzlich wird noch die unendlich kleine Logikstärke lambda definiert. Alle Logikstärken bilden eine geordnete Menge:

$$lambda, K_{min}, ..., K_{max}, S_{min}, ..., S_{max}, omega.$$

Bei der Simulation wird so vorgegangen, daß die Stimulus-Ereignisse einige Knoten in einen neuen Zustand versetzen. Danach werden abwechselnd die Transistor-Zustände aktualisiert und die neuen Knoten-Zustände berechnet, bis sich die Schaltung beruhigt. Die Berechnung der Knoten-Zustände erfolgt für jede Teilschaltung getrennt.

Verzögerungszeiten. Bei den Logik-Simulatoren werden die Verzögerungszeiten für die einzelnen Elemente vorab ermittelt (z. B. durch Simulation mit dem Schaltungs-Simulator SPICE) und dann als belastungsunabhängig betrachtet. Bei der Schalter-Simulation ist diese Vorgabe von Verzögerungen auch möglich, die feinere Modellierung der Schaltung erlaubt jedoch eine genauere Berechnung.

Zur Berechnung der Verzögerungszeiten im lokalen Algorithmus sind verschiedene Zeitmodelle bekannt, wie z. B.

- **RC-Modell.** Für eine Kette von Knoten, die über leitende Transistoren verbunden sind, wird eine Zeitkonstante $T = (\Sigma R)*(\Sigma C)$ berechnet, wobei R der effektive Widerstand eines Transistors und C die Knoten-Kapazität ist.

- **RC-Ketten.** Die Verzögerung von RC-Ketten läßt sich einfach, aber ungenau, durch $T = (\Sigma R)*(\Sigma C)$ oder $T = \Sigma(R*C)$ beschreiben. Bei längeren Ketten oder anderen Strukturen können erhebliche Abweichungen von den tatsächlichen Werten auftreten.

Im Gegensatz zum einfachen RC-Modell wird die Verteilung der Transistoren über das Netzwerk berücksichtigt. Die Berechnung beruht aber auf der Annahme, daß die Kondensatoren vor dem "Eingangs-Sprung" keine Ladung haben.

Mit der Schalter-Simulation kann gegenüber der Schaltungs-Simulation in etwa eine 100fache Beschleunigung erzielt werden. Ein typisches, kritisches Schaltungsbeispiel für einen Schalter-Simulator ist die Brückenschaltung in Bild 8.20.

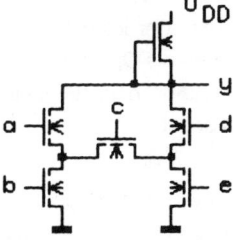

Bild 8.20   Brückenschaltung

Zur korrekten Simulation muß der Simulator die Bidirektionalität des querliegenden Transistors nachbilden.

8.2.5 Register-Transfer-Simulation

Zum Entwurf wird die Register-Transfer-Simulation eingesetzt. Die Register-Transfer-Sprachen (RT-Sprachen) sind ähnlich den der höheren Computersprachen, wie z. B. PASCAL oder C. Anstelle des Maschinencodes werden jedoch bei der Register-Transfer-Sprache boolesche Ausdrücke für synchrone Steuerwerke erzeugt. Die Register-Transfer-Sprache beschreibt den Daten-Transfer und die Daten-Transformation zwischen Registern, die von Mehrphasentakten gesteuert werden.

Die Register-Transfer-Simulation dient zur Entwurfsunterstützung in den Bereichen

- Organisationsentwurf,
- Befehlssatzentwurf,
- Mikroprogrammentwurf,
- Registernetzentwurf.

Ausgangsgedanke aller RT-Sprachen ist, daß digitale Rechenanlagen n-Bit-Worte Zeichen verarbeiten, indem sie diese in Registern speichern, transformieren und hiermit andere Registerinhalte ändern. Die Änderung von Registerinhalten findet synchron nur zu diskreten Zeitpunkten statt und läßt sich mit Hilfe der booleschen Algebra durch Transfergleichungen beschreiben. Wesentlich ist die Tatsache, daß ein neuer Registerinhalt zum Zeitpunkt t nur von Registerinhalten zum Zeitpunkt (t-1) abhängig ist (Bild 8.21).

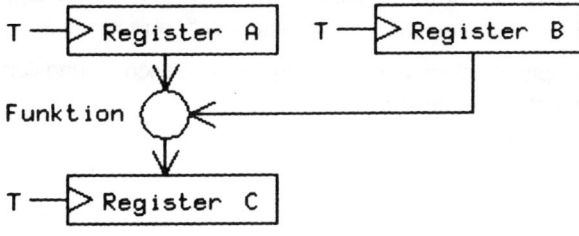

Bild 8.21   Registertransfer

Ein Schaltwerk wird dargestellt als Netzwerk von Registern und Funktionseinheiten, wobei der innere Aufbau aus Gattern unberücksichtigt bleibt. Durch Erweiterung der booleschen Algebra auf boolesche Vektoren als Operanden ergeben sich kompakte Darstellungen für Informationsverknüpfungen und -transporte. Das Verhalten von Schaltwerken wird als Sequenz von Registertransfers beschrieben.

In allen RT-Sprachen wird zur Beschreibung des logischen Verhaltens von Verknüpfungsnetzen eine auf Operanden anwendbare boolesche Algebra benutzt. Das logisch-zeitliche Verhalten eines sequentiellen Steuerwerks läßt sich durch das mathematische Modell eines Automaten darstellen.

Mit dem Modell eines Mealy-Automaten, bei dem neben dem Eingangs- und Ausgangsalphabet die Menge der Zustände sowie eine Zustandsübergangs- und eine Ergebnisfunktion angegeben werden, muß lediglich bei den Zustandsübergängen eine einfache Vorher-Nachher-Relation beachtet werden. Ansonsten sind aber keine Bezüge zu Variablenwerten zu unterschiedlichen Zeiten der Vergangenheit notwendig.

Eine wesentliche Unterstützung zur Beschreibung komplexer Übergangs- und Ergebnisfunktionen liefert das Konzept der bedingten Transfers und der bedingten Durchschaltungen. Hiermit ist es möglich, umfangreiche Funktionen in disjunkte Teile zu zerlegen und getrennt zu beschreiben.

Mit der Register-Transfer-Sprache können mehrdimensionale Vernetzungen und Speicher beschrieben werden. Folgende Eingabebeispiele sind z. B. möglich:

Signale :   C(0:15), A = 16 bit Bus, **TERMINAL H**, Hilfsvariable
Register: **REGISTER R1 (1:20)**
             ROM (1:256, 1:8); 8 bit Adresse, 8 bit Wort
Takt :   **T1**
Logik :   **S(1:4) = STACK (0:3)+IN(5:8)**
Transfer: **IF T1*S(1) THEN R1 < = S1 ELSE R2 < = S2**, < = Transfer zum Takt T1

Die Register-Transfer-Sprache erlaubt nur die Darstellung der beiden booleschen Variablen 0, 1, und es ist nur das Verhalten eines synchronen Systems beschreibbar. Die Sprache hat keinen direkten Bezug zur Hardware-Realisierung der Schaltung. Es kann daher auch kein zeitliches (physikalisches) Verhalten der Register nachgebildet werden.

Die Register-Transfer-Sprache dient somit vorwiegend zur Beschreibung von Algorithmen. Bekannte Register-Transfer-Programme sind

- RTS1A [Knob78] und
- CASSANDRA.

8.3 Layoutentwurf

8.3.1 Einleitung

Der Layoutentwurf ist die kritischste Phase im Entwurfsablauf einer integrierten Schaltung, weil teure Werkzeuge und hochqualifizierte Ingenieure eingesetzt werden müssen. Außerdem ergeben sich aus der Güte des Layouts Konsequenzen für die Produktionskosten. Der Entwickler muß daher einen Kompromiß zwischen Entwicklungs- und Produktionskosten finden.

Eine integrierte Schaltung mit einem kompakten Layout erfordert eine lange Entwurfsphase. Die daraus resultierende kleinere Chipfläche ergibt jedoch eine bessere Fertigungsausbeute und erlaubt es, mehr Chips auf einem Wafer unterzubringen. Folglich sind die Höhe des Produktionsvolumens und die Entwicklungsdauer Kriterien für die Wahl der Layoutmethode. Da die Kosten und die Entwicklungszeiten überproportional mit der Komplexität der Schaltungen wachsen, muß das Layout vor der Maskengenerierung mit Prüfprogrammen analysiert werden; sonst ist eine Kostenexplosion unvermeidbar. Diese Prüfprogramme [Nebe85] [Rubi87] beziehen sich auf den

- Design Rule Check (DRC),
- Electrical Rule Check (ERC) und die
- Schaltungsrückgewinnung mit dem Vergleich einer Referenzverdrahtungsliste.

8.3.2 Handlayout

Obwohl die Komplexität der VLSI-Schaltungen ein vollständiges Handlayout fast ausschließt, wird diese Methode noch intensiv eingesetzt und deren Flexibilität sogar noch durch den Einsatz moderner Grafiksysteme unterstützt. Trotz der vielfachen Verwendung regelmäßiger Strukturen, wie RAM, ROM und PLA, bleibt das Handlayout aufgrund seiner hohen Packungsdichte attraktiv.

Digitalisieren. Das Digitalisieren ist das älteste und heute kaum noch eingesetzte Verfahren zur Erstellung eines Handlayouts. Die Arbeit gliedert sich in zwei Phasen. Zuerst wird in einem großen Maßstab (z. B. 1:1000) das Layout mit allen Maskenebenen auf Transparentpapier gezeichnet. Diese Tätigkeit erfordert gute Kenntnisse der Layoutregeln, so daß der Schaltungsentwickler wesentlichen Anteil an dieser Arbeit hat. In der zweiten Phase wird das Layout mit einem großen (> 1 m x 1 m) und genauen (0,1 mm) Digitizer in den Rechner übertragen. Parallel dazu ist an dem Rechner ein Grafikterminal angeschlossen, an dessen Bildschirm die Eingabeoperationen zur Kontrolle angezeigt werden. Dieses Verfahren ist preiswert in der Belastung des Rechners, da die Eingabe nur etwa 5 % der Gesamtzeit der Layouterstellung erfordert.

Die Manipulation der Layoutdaten war wegen der geringen Rechnerleistung und der begrenzten Fähigkeiten der Grafikterminals nur umständlich möglich. Ein weiterer Nachteil dieses Verfahrens war das langwierige und aufwendige Vorzeichnen der Layouts. Außerdem mußte aufgrund der beschränkten Manipulationsmöglichkeiten die Digitalisierung sehr sorgfältig erfolgen.

Interaktive Eingabe am Grafikterminal. Die Verbilligung der grafischen Arbeitsplätze und der Rechenanlagen hat zu interaktiven Methoden geführt. Das Layout wird direkt an einem Bildschirm unter Einsatz eines Grafikeditors konstruiert, wobei oft nur eine Handskizze als Layoutvorlage erforderlich ist.

In dem Grafikeditor können zusätzliche Prüfroutinen integriert sein (wie z. B. Design-Rule-Check), wodurch eine Verbesserung der Entwurfssicherheit erzielt wird. Die Investitionskosten für die Rechnerkapazität sind bei diesem Verfahren höher als beim Digitalisieren, aber die Realisierungsdauer ist kürzer, und das aufwendige Vorzeichnen entfällt.

Eingabe-Sprache. Anstelle der grafischen Eingabe erfolgt hier die Definition der geometrischen Pattern mittels einer Eingabe-Sprache. Diese Methode ist nicht sehr weit verbreitet und wird hauptsächlich in Verbindung mit der Gate-Array- und Standardzellen-Technik angewandt, wobei allerdings nur die Verdrahtung berücksichtigt wird. Der Nachteil dieses Verfahrens ist, daß bei der Eingabe der direkte Bezug zum Layout fehlt. Dieser kann erst über eine Plotterausgabe erfolgen.

Der Vorteil dieses Verfahrens liegt in den Möglichkeiten einer prozeduralen Eingabesprache, die z. B. Schleifen und Verzweigungen erlaubt. Außerdem kann die Eingabe weitgehend prozeßunabhängig erfolgen, so daß sich ein Layout leicht in eine nächste Prozeßgeneration überführen läßt.

8.3.3 Symbolisches Layout

Bei einem symbolischen Layout [Ohts86] wird die Darstellung der Maskengeometrien durch Symbole vorgenommen, die nach Erstellung mit einem Rechnerprogramm auf das reale Layout expandiert und ggf. kompaktiert werden. Der Vorteil des symbolischen Layouts mit Kompaktierung liegt in der relativ hohen Packungsdichte bei einer wesentlich kürzeren Entwicklungszeit und einer höheren Entwurfssicherheit gegenüber einem Handlayout. Mit dem symbolischen Layout wird die Komplexität des Entwurfsprozesses einer integrierten Schaltung reduziert, so daß dem Systementwickler die Möglichkeit gegeben wird, große Schaltungsblöcke selbst zu entwerfen.

Symbolische Layoutmethoden versuchen, die detaillierten Geometriedarstellungen der Maskenebenen zu abstrahieren, um den Eingabevorgang einfacher und übersichtlicher zu gestalten. Dies wird in der Regel durch Vereinfachung der Design-Regeln für einen bestimmten Prozeß erreicht. Die Regeln vereinbaren die minimalen Abstände und die minimalen Strukturbreiten der verschiedenen Maskenebenen. Außerdem werden elektrische Regeln für die Verbindungsebenen und die Struktur der Transistoren festgelegt. Diese vereinfachten Regeln führen zu einer kürzeren Entwurfszeit und reduzieren die Zahl der möglichen Fehlerquellen gegenüber einem Handlayout. Bei den meisten Programmen zur Verarbeitung symbolischer Layouts erfolgt die Schaltungseingabe durch relativ zueinander plazierte Symbole.

In einer zweiten Phase wird die symbolische Beschreibung mittels Programm [KePo87] und Rechner in Maskengeometrien umgewandelt. Anschließend wird unter Berücksichtigung der Designregeln mit Kompaktierungsalgorithmen das Layout verdichtet.

Strukturen für symbolisches Layout. Die symbolische Layouteingabe reduziert den Zeitaufwand für die Layoutkonstruktion auf rund 25 % und ermöglicht auch für Anfänger einen relativ schnellen Einstieg in den Vollkunden-Entwurf. Ein weiterer Vorteil ist die Unabhängigkeit von Layoutregeln, die über ein separates Technologiefile dem Fortschritt entsprechend angepaßt werden können. Als Nachteil ergibt sich gegenüber einem vollständigen Handentwurf ein Chipflächenmehrbedarf von ca. 20 %.

In Bild 8.22 sind zwei Schaltungen im symbolischen und realen Layout gegenübergestellt.

a)   b)

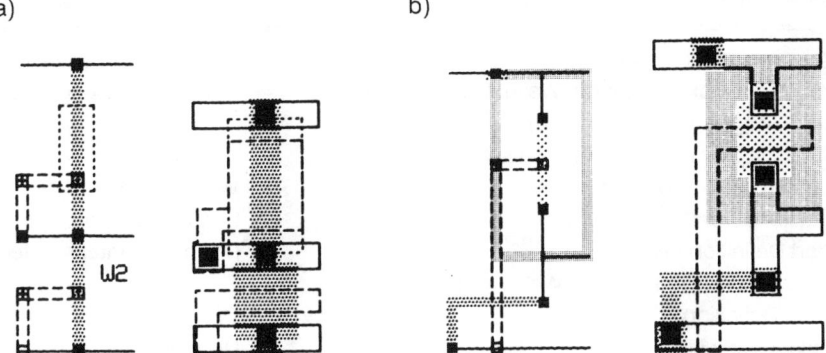

Bild 8.22   Beispiele für symbolisches Layout: a) Depletion-Inverter, b) CMOS-Inverter

8.3.4   Das Caltech Intermediate Format zur Layoutbeschreibung

Die teilweise Dezentralisierung des Layoutentwurfs von den Halbleiterherstellern zu den Anwendern integrierter Schaltungen erfordert ein maschinenunabhängiges Datenformat zur Layoutbeschreibung.

Bisher konnten sich vorwiegend nur Halbleiterhersteller teure spezielle Entwurfsanlagen leisten, wobei jeweils ein eigenes, auf die jeweilige Hardware zugeschnittenes maschinenorientiertes Format verwendet wird.

Die sinkenden Hardwarekosten und damit der Zugang zu preiswerter und leistungsfähiger Rechnerkapazität erlauben es jedoch, daß die Entwurfssysteme auf Standard-Rechnern implementiert werden können. Neben der Software ist dann für den Layoutentwurf lediglich ein grafischer Arbeitsplatz (Workstation) erforderlich, so daß die Einstiegskosten für das grafische Entwurfssystem relativ niedrig sind.

Das Caltech Intermediate Format (CIF) in der Version 2.0 [MeCo80] dient zur Beschreibung grafischer Strukturen, wie sie zum Entwurf integrierter Schaltungen benötigt werden. CIF ist ein maschinenunabhängiges Textformat, von dem dann für spezielle Ein- und Ausgabegeräte die entsprechenden Formate abgeleitet werden können. Maschinenunabhängige Formate bieten den Vorzug, daß von verschiedenen Entwicklern auf unterschiedlichen Rechnern entworfene Files ohne Schwierigkeiten zu einem Gesamtfile zusammengefaßt werden können, wie es z. B. bei größeren Schaltungen und bei Multi-Chip-Entwürfen üblich ist.

CIF-Syntax. Die CIF-Syntax besteht aus relativ wenigen Befehlen, um die Lesbarkeit zu erleichtern und die Eindeutigkeit zu gewährleisten. In Tabelle 8.5 sind die wichtigsten CIF-Befehle mit ihren Formaten aufgeführt.

Tabelle 8.5   CIF-Befehle

Befehl	Format
Polygon, geschlossen	P Koordinatenpunkte
Rechteck (Box) mit Länge, Weite, Mittelpunkt und Winkel (Default-Wert (1,0))	B Integer Integer x,y x,y
Kreis mit Durchmesser und Mittelpunkt	R Integer x,y
Leitung (Wire) mit Weite und Weg	W Integer Koordinatenpunkte
Maskenbezeichnung	L Kurzbezeichnung
Start Definition mit Index, Maßstab und Grid (Default-Werte (1,1))	DS Integer Integer Integer
Ende Definition	DF
Lösche Definition	DD Integer
Aufruf Definition mit X-Spiegelung, Y-Spiegelung, Rotation (Winkel), Transformation (Punkt)	C Integer MX MY R x,y T x,y
Benutzer Erweiterung	Ziffer Benutzertext
Kommentar mit beliebigem Text	(Kommentar)
Endmarkierung	E

Die Befehle werden durch ein Semikolon voneinander getrennt.

Zur Reduzierung der Datenmenge in den grafischen Files wurden zusätzlich zu den Strukturtypen, wie Polygon, Box und Wire, Symbol-Aufrufe eingeführt.

Koordinatensystem. Im Caltech Intermediate Format wird ein Kartesisches Koordinatensystem verwendet mit der positiven x-Richtung nach rechts und der positiven y-Richtung nach oben. Die Maßeinheit für die Geometriemaße beträgt 0,01 μm. Die Winkel bei der Rotation werden nicht in Grad angegeben, sondern durch Richtungsvektoren für die x- und y-Richtung. So bedeuten z. B.:

x	y	Winkel
1	0	0°
1	1	45°
0	1	90°
-1	0	180°

Geometrische Strukturen. Im folgenden sollen nun die Befehle zur Darstellung der geometrischen Strukturen erläutert werden. Die Beschreibung der Strukturen kann in einer Normalform oder in einer Kurzform erfolgen.

Box

> Box Length 50 Width 50 Center 60,30 Direction 1,0;
> B 50 30 60 30 1 0;

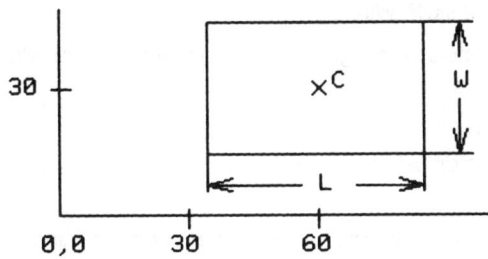

Bild 8.23   Darstellung einer CIF-Box

Als Länge wird die Dimension parallel zur Richtung und als Weite die Dimension senkrecht zur Richtung spezifiziert.

Polygon

> Polygon A 0,0 B 30,0 C 30,30 D 0,30;
> P 0 0 30 0 30 30 0 30;

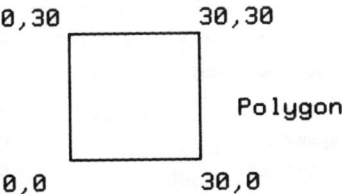

Bild 8.24   Darstellung eines CIF-Polygons

Die letzte Kante, die den Polygonzug schließt, muß nicht mehr beschrieben werden.

Flash

> Round Flash Diam 40 Center 30, 30;
> R 40 30 30;

Kreise sind im Bereich von VLSI-Schaltungen nicht üblich und werden schwerpunktmäßig nur in Layouts für analoge Strukturen in der Bipolartechnik angewandt. Kreise erfordern einen besonderen Aufwand beim Design-Rule-Check und sind deshalb in den meisten Layoutregeln nicht vorgesehen. In den meisten Grafikeditoren werden Kreise in regelmäßige Vielecke umgesetzt.

Wire

> Wire Width 20 A 0,0 B 30,0 C 30,10 D 50,10;
> W 20 0 0 30 0 30 10 50 10;

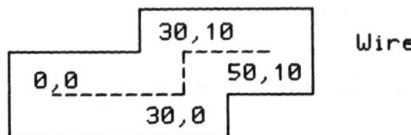

Bild 8.25   Darstellung eines CIF-Wire

Die Strukturbeschreibung mittels Wire eignet sich besonders für Verbindungsleitungen, die eine einheitliche Weite aufweisen.

Definition der Maskenebene

> Layer ND nmos diffusion
> L ND

Jede elementare Layoutstruktur muß durch eine Maskenebene definiert werden. Die Definition der Maskenebene gilt solange für alle darauffolgenden Strukturen, bis eine andere Ebene definiert wird. Die "Einschaltung" einer Maskenebene bleibt auch nach einem Symbolaufruf erhalten.

Bei der Bezeichnung der Maskenebene gibt der erste Buchstabe den Hinweis auf die Technologie und der zweite bezeichnet die Maskenebene. In Tabelle 8.6 sind die bisher definierten Maskenbezeichnungen und die zugehörigen Plotfarben aufgeführt.

Tabelle 8.6   Liste der Maskenbezeichnungen

Bezeichnung	Technologie		Plotfarbe
ND	NMOS	Diffusion	grün
NP	NMOS	Polysilizium	rot
NC	NMOS	Kontaktloch	schwarz
NM	NMOS	Metall	blau
NI	NMOS	Depletion-Implantation	gelb
NB	NMOS	Buried Kontakt	lila
NG	NMOS	Schutzoxid	schwarz
CW	CMOS	CMOS-Wanne	braun
PD	CMOS	PMOS-Diffusion	orange

Die Liste der Maskenbezeichnungen kann erweitert werden, wobei jedoch beim Zusammenfügen mehrerer Files die Einheitlichkeit gewährleistet werden muß.

Symbolvereinbarung und -aufruf. Zur Reduzierung der Datenmenge grafischer Files ist es sinnvoll, häufig verwendete Zellen (z. B. Grundgatter, Flipflops usw.) einmal als Symbol zu definieren und dann im Layout durch entsprechende Aufrufe zu plazieren.

Symbol Definition

> Definition Start #12 A/B = 100/1; ..; Definition Finish;
> DS 12 100 1; .....; DF;

Der Name des Symbols wird durch eine Zahl (12) angegeben. A/B bedeutet Maßstab/Grid. Symbole können andere Symbolaufrufe enthalten. Es muß jedoch beachtet werden, daß in einem CIF-File die Symboldefinitionen vor den Aufrufen plaziert werden müssen.

Symbol Aufruf

> Call Symbol #12 Mirrored in X Rotated to -1,1 then
> Translated to 10,30;
> C 12 MX R -1 1 T 10 30;

Mit dem Symbolaufruf können gleichzeitig Spiegelung, Rotation und Translation durchgeführt werden. Die Reihenfolge der Operationen läuft von links nach rechts, d. h. eine Vertauschung führt zu unterschiedlichen Ergebnissen.

Im einzelnen sind folgende Transformationen vorgesehen:

MX	Spiegelung an der x-Achse
MY	Spiegelung an der y-Achse
R x,y	Rotation um x,y
T x,y	Verschiebung nach x,y

Symbol Löschen

> Delete Definitions greater than or equal to 50;
> DD 50;

Mit diesem Befehl lassen sich verschiedene Projektfiles zusammenfassen, die jeweils auf gemeinsame Grundzellen zugreifen. Die projekteigenen Definitionen erhalten dann z. B. Indizes ab der laufenden Nummer 50.

Kommentare

> (TESTSCHALTUNG);

Kommentare können zwischen die Geometriebefehle zur besseren Lesbarkeit eingefügt werden. Die Kommentare werden durch runde Klammern abgeschlossen.

Abschluß

> End of File
> E

Ein CIF-File wird mit einem E abgeschlossen.

Beispiel eines CIF-Files. Im Bild 8.26 ist das Layout eines Inverters in CMOS-Technik dargestellt. Der Ursprung (0,0) befindet sich in der linken unteren Ecke.

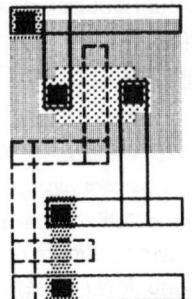

Bild 8.26
Layout des CIF-Beispiels

Das zugehörige CIF-File (Tabelle 8.7) ist in der Kurzschreibweise dargestellt. Aus Gründen einer besseren Lesbarkeit wurden die Bezeichnungen der Definitionen mit Kommentaren ergänzt.

Tabelle 8.7   CIF-File

```
(CIF file of symbol hierarchy rooted at invcmoci.e.k);
DS 2 1 1;
9 ndiffcon.e.k;
L ND;
B 1400 1400 700 700;
L NC;
B 800 800 700 700
DF;
DS 1 1 1;
9 invcmoci.e.k;
C 2 T 0 12100;
C 2 T 1500 0;
C 2 T 1500 3400;
L CW;
P 0 6800 7600 6800 7600 12800 0 12800;
L PD;
B 1400 1400 2100 9400;
B 3400 2400 3800 9400;
B 1400 1400 5500 9400;
B 4800 800 3800 9400;
L ND;
B 800 4800 2200 2400;
L NP;
B 1000 7300 500 3700;
B 3600 1000 1800 2500;
B 4300 1000 2150 6900;
B 1000 5300 3800 8950;
L NC;
B 800 800 2100 9400;
B 800 800 5500 9400;
L NM;
B 7600 1200 3800 700;           B 1200 6500 5500 6750;
B 7600 1200 3800 12800;         DF;
B 1200 4600 2100 11100;         C1;
B 6000 1200 4600 4100;          E
```

8.3.5 Layout-Verifikation

Nach der Layouterstellung muß seine Richtigkeit überprüft werden, wobei Fehler in mehreren Ebenen auftreten können:

- geometrische Layoutfehler (Layoutregeln),
- logische Layoutfehler (Verdrahtung),
- elektrische Layoutfehler (lange Leitungen, kapazitive Knoten).

In der Regel steht ein Prüfprogramm zur Verfügung, das neben der Prüfung der Designregeln aus dem Layout eine Extraktion der Schaltung bzw. Logik ermöglicht, die dann zur Verifikation direkt als Eingabe in einen Schaltungs- oder Logiksimulator gegeben werden kann.

Bei komplexen Schaltungen werden aufgrund der Rechenintensität der Programme oft nur Teilaspekte berücksichtigt.

Design-Rule-Check. Mit dem Design-Rule-Check (DRC) [Mukh86] wird die Einhaltung der Layoutregeln überprüft. Der DRC ist die elementarste und wichtigste Prüfung des Layouts und daher vor jeder Maskenfertigung unumgänglich. Die wichtigsten Prüfmöglichkeiten mit einem DRC sind in Bild 8.27 dargestellt.

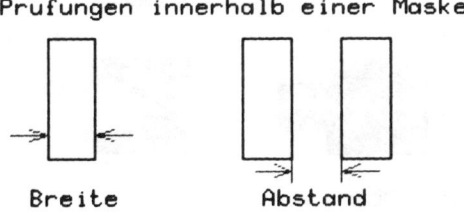

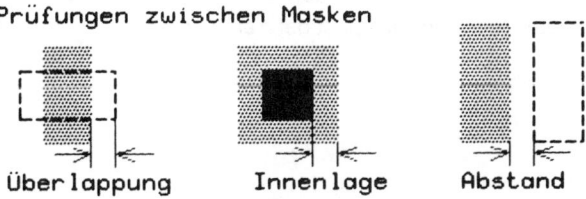

Bild 8.27   Prüfmöglichkeiten mit einem DRC

Wird lediglich auf der Basis der elementaren Geometriestrukturen geprüft, können Scheinfehler auftreten oder Fehler unerkannt bleiben, da die Zusammengehörigkeit von Strukturen nicht beachtet wird (Abstands- oder Breitenverletzungen, Bild 8.28).

Scheinfehler

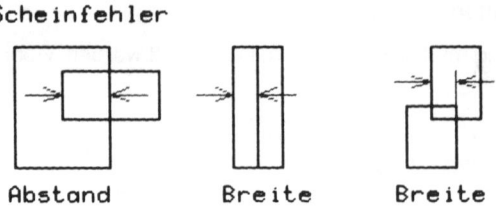

Abstand   Breite   Breite

Bild 8.28   Probleme bei der Fehlererkennung

Abhilfe bringt die Möglichkeit boolescher Maskenoperationen (Bild 8.29) zur

- Konturverschmelzung und zur
- Isolation zu prüfender Strukturen.

Außerdem lassen sich bei den meisten DRC-Programmen die Strukturen blähen und schrumpfen, was ebenfalls zur Aufdeckung von Layoutfehlern genutzt werden kann.

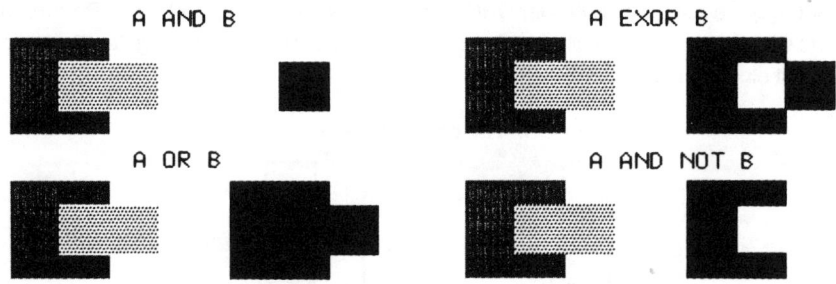

Bild 8.29   Boolesche Masken-Operationen

Die Eingabedatei (Runset) (Tabelle 8.8) für einen DRC-Lauf wird in Absprache mit den Technologen aufgestellt. Spezielle Abfragen (z. B. schaltungsspezifische Überprüfungen) müssen vom Schaltungsentwickler selbst definiert werden.

Tabelle 8.8   Ausschnitt eines Eingabefiles für einen Design-Rule-Check

```
*GEOOR
*GEOAND
4 10 104        p-Kanal-Transistorgebiet
6 10 116        Kontaktloch zu p-Diffusion
2 4 124         n-Kanal-Transistorgebiet
2 6 126         Kontaktloch zu n-Diffusion
4 6 146         Kontaktloch zu Poly
124 1 214       n-Kanal-Depletiongebiet
*REFORM
2               n-Diffusion
4               Poly
6               Kontaktloch Alu
7               Alu
9               n-Wanne
10              p-Diffusion
*OVRSIZ
1 222 100
*OVRLAP
*INCLUS
6 7 250         Kontaktloch Alu innerhalb Alu
126 2 250       Kontaktloch n+ innerhalb n-Diffusion
146 4 250       Kontaktloch Poly innerhalb Poly
116 10 250      Kontaktloch p+ innerhalb p-Diffusion
*BREITE
2   300         Diff-Weite
4   250         Poly-Weite
6   300         Kontaktloch-Weite
7   350         Alu-Leiterbahn
10 300          Diff-Weite
*SPACE
2   1      150  Abstand n-Diffusion Poly
4 10       150  Abstand p-Diffusion Poly
2   2      150  Abstand Diffusion Diffusion
4   4      250  Abstand Poly Poly
6   6      300  Abstand Kontaktloch Kontaktloch
7   7      350  Abstand Alu Alu
9   9      450  Abstand n-Wanne n-Wanne
10 10      450  Abstand p-Diffusion p-Diffusion
2 146      250  Abstand Polykontaktloch zu n-Diffusion
10 146     250  Abstand Polykontaktloch zu p-Diffusion
*TOUCH
*OWNGAP
2   450         n-Diffusion
4   250         Poly
7   350         Alu
10 450          p-Diffusion
*OUTLAY
2   4   250     Überstand Poly über n-Diffusion
    2   250     Überstand n-Diffusion über Poly
10 4    250     Überstand Poly über p-Diffusion
4 10    250     Überstand p-Diffusion über Poly
```

Die Regelverletzungen werden in einem Fehlerplot (Bild 8.30) durch gefüllte Polygone markiert.

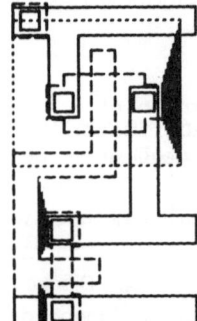

Bild 8.30
Darstellung eines
Fehlerplots

Elektrische Prüfung. Mit dem DRC können keine layoutbedingten elektrischen Eigenschaften des Layouts überprüft werden. Zu diesem Zweck sind spezielle Programme geschrieben worden, die sich in zwei Sorten unterteilen lassen:

- Electrical Rules Check (ERC),
- Electrical Parameter Check (EPC).

Mit dem ERC wird die Einhaltung elektrischer Regeln überprüft. Es werden z. B. folgende Prüfungen durchgeführt:

- Versorgungsspannung-Masse Kurzschlüsse,
- Transistor mit Gate an Masse oder Versorgungsspannung (CMOS),
- Transistor mit Source/Drain an Masse oder Versorgungsspannung,
- Transistor mit Gate an Source oder Drain (CMOS),
- Unterbrechung von Knoten,
- Kurzschluß zwischen Knoten,
- nicht nach Versorgungsspannung aufladbare Knoten,
- nicht nach Masse entladbare Knoten.

Der EPC prüft geometriebedingte elektrische Eigenschaften des Layouts, wie z. B.:

- Weite und Länge der Transistoren innerhalb vorgegebener Grenzen,
- Knoten mit zu großen Koppelkapazitäten,
- Knoten mit zu großen Gesamtkapazitäten,
- zu hochohmige Leitungen.

Beide Programme kommen nicht ohne zusätzliche Angaben bei der Layoutgenerierung aus. So müssen z. B. die Leitungen für die Versorgungsspannungen und die Masse definiert werden.

Schaltungsrückgewinnung. Logische Fehler und Verdrahtungsfehler können mit den bisher aufgezählten Tests nicht ermittelt werden. Zu diesem Zweck sind Programme zur Schaltungsrückgewinnung sowohl auf Transistorebene als auch auf Logikebene entwickelt worden. Diese Programme sind komplex und sehr rechenintensiv, so daß sie nicht allgemein eingesetzt werden. Außerdem erübrigt sich bei einem weitgehend automatisch erzeugten Layout die Schaltungsrückgewinnung.

9 VLSI-Systementwurf

9.1 Hierarchischer Entwurf

Ein typischer VLSI-Systementwurf gliedert sich in eine Folge hierarchisch angeordneter Stufen. Der Systementwurf beginnt nach einer Definition der Aufgaben mit einer schematischen Darstellung von Subsystemen (z. B. ALU, Speicher, Ein/Ausgabe usw.) und ihren Verknüpfungen (Blockdiagramm). Diese Systemdefinition wird dann in funktionale Blöcke aufgelöst, die durch logische Gleichungen, Zustandsdiagramme oder verbale Spezifikationen beschrieben werden. Anschließend werden die Blöcke hierarchisch in Hinblick auf Taktschema, Verdrahtung, Regularität und Chipflächenbedarf in Logikgatter umgesetzt. An diesem Punkt beginnt der Entwickler unter Berücksichtigung der globalen Plazierung Zellenlayouts, Verdrahtung, Spannungsversorgung und Teststrategien zu entwerfen. Nach diesem Schema werden alle Subsysteme entwickelt, die dann in Verbindung mit den Chip-Anschlüssen, der Spannungsversorgung, den Kontrolleitungen und dem zentralen Takt zu einem Gesamtsystem verknüpft werden.

Der Entwurfsablauf ist somit ein mehrstufiger Vorgang, wie er in Bild 9.1 schematisch dargestellt ist.

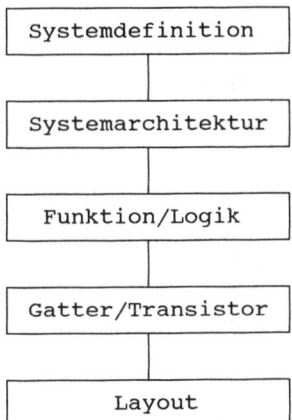

Bild 9.1   Mehrstufiger Entwurfsablauf

In jeder Ebene müssen bestimmte Regeln berücksichtigt werden, so sind z. B. bei der Umsetzung von der Gatter- in die Layoutebene die sog. Design-Regeln zu beachten.

Der Top-down-Entwurf ist z. Z. noch ein idealisierter Entwurfsstil. Der Erfolg eines komplexen Systementwurfs hängt weitgehend von leistungsfähigen CAD-Entwurfshilfen ab. In den meisten praktischen Entwürfen wird eine kombinierte Top-down/Bottom-up-Strategie (Yo-Yo-Entwurf) angewandt.

Auf jeder Entwurfsebene stehen verschiedene Prüfwerkzeuge, wie z. B. der Design Rule Check oder Simulationsprogramme, zur Verfügung. Die Dokumentation erfolgt ebenfalls in einer hierarchischen Darstellungsweise.

9.2 Strukturen für Steuerwerke

9.2.1 Überblick

Das Kernstück der meisten digitalen Systeme ist ein Schaltwerk, das ein Steuerprogramm enthält (Steuerwerk). Die Prinzipschaltung eines Steuerwerks ist in Bild 9.2 dargestellt.

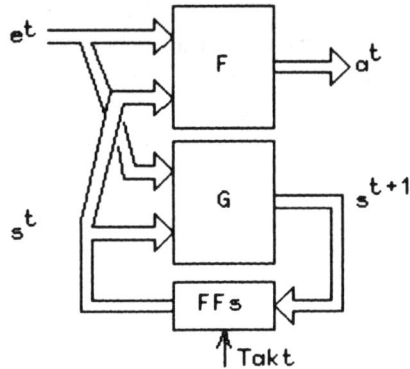

Bild 9.2   Prinzipschaltung eines Steuerwerks

Die Eingangswerte e^t und die Zustände s^t, die in den Flipflops (FFs) gespeichert sind, werden über zwei Schaltnetze F und G verknüpft und bilden die Ausgangswerte (Steuerbits) a^t und die Folgezustände s^{t+1}. Als Flipflops werden in der hochintegrierten MOS-Technik aufgrund ihres einfachen Aufbaus vorwiegend D-Master-Slave-Flipflops verwendet. Es sind jedoch auch andere Typen von Master-Slave-Flipflops denkbar. Für die Struktur der Logik-Schaltnetze F und G existieren zahlreiche Lösungen, die alle ihre anwendungsspezifischen Vorteile bieten. Bezüglich hochintegrierter Schaltungen sind besonders drei Aspekte wichtig:

- minimaler Chipflächenbedarf,
- leichte Programmierbarkeit,
- kurze Entwurfszeit.

Früher stand in der Entwicklung hochintegrierter Schaltungen die Forderung nach minimalem Chipflächenbedarf im Vordergrund, da die technologische Realisierbareit die dominierende Begrenzung darstellte.

Zur Zeit können mehr als 200 k Gatter auf einem Chip realisiert werden, und damit hat sich das Entwurfsproblem von dem Chipflächenengpaß mehr in Richtung einer möglichst kurzen Entwicklungszeit verschoben, denn es wird angestrebt, die Zeiträume der Entwicklungszyklen nicht mit der Anzahl der Transistoren anwachsen zu lassen. Diese Tendenz spiegelt sich ebenfalls in der Strukturwahl für die Logik wider. Während früher die Minimierung der Transistoranzahl angestrebt wurde, so ist heute vielfach eine kurze Entwurfszeit

wichtiger. Die Optimierung der Schaltung bezüglich des Bauelementeaufwands steht folglich nicht immer im Vordergrund, und der Trend verläuft hin zu regelmäßigen Strukturen,
die schnell durch Programmierung auf das individuelle Schaltungsproblem angepaßt werden können. In den folgenden Abschnitten werden deshalb verschiedene Strukturen für die
Logik-Schaltnetze unter Berücksichtigung der eingangs angeführten Aspekte besprochen
werden.

9.2.2 Festwertspeicher-Logik

Ein Festwertspeicher (ROM, read only memory) kann zur Programmierung einer Logik-
funktion eingesetzt werden.

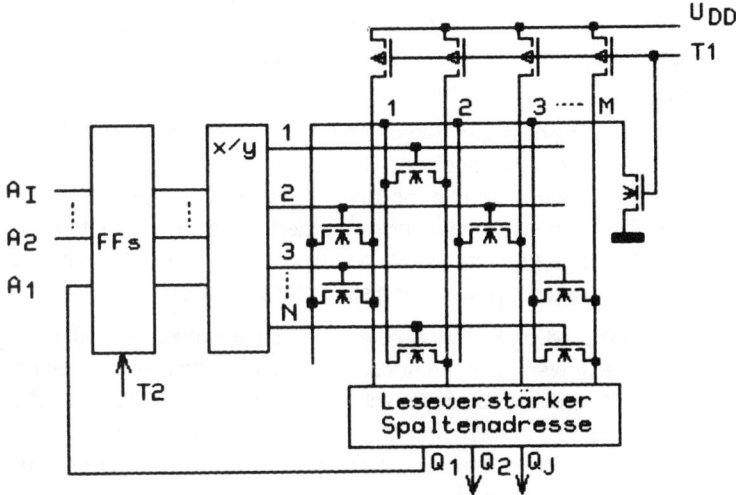

Bild 9.3   ROM-Matrix mit N Eingängen und M Ausgängen in der Beschaltung als
             Steuerwerk

Jede Spalte (Bild 9.3) stellt ein NOR-Gatter mit N Eingängen dar, die aus den Eingangsvariablen A, B und C der Zeilenadresse dekodiert werden. Die Ausgangsfunktionen werden
üblicherweise ebenfalls kodiert, damit eine quadratische Anordnung erreicht wird, wodurch
sich das Layout vereinfacht.

Eine ROM-Matrix, die alle möglichen N-Bit Eingangskombinationen in einen M-Bit Aus-
gangscode überführt, benötigt M * N Speicherbits. Als Beispiel seien die Funktionen

$$Q_1 = \overline{A + B + C}$$

$$Q_2 = \overline{A}$$

in Bild 9.4 angegeben.

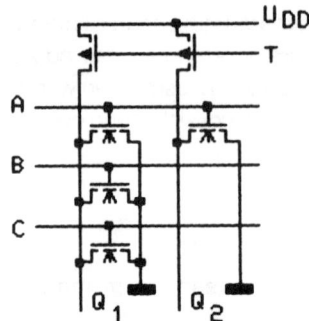

Bild 9.4
ROM-Implementierung der
Funktionen Q_1 und Q_2

Das Beispiel macht den Nachteil der ROM-Logik deutlich, denn es müssen für alle N Zeilen und alle M Spalten Transistorplätze vorgesehen werden, obwohl sie zum Teil nicht benötigt werden. Meistens werden von einem Schaltungsproblem auch nicht alle N Adreßplätze (Zeilen) belegt.

Das ROM enthält somit eine große Redundanz und ist deshalb nicht für die Implementierung einfacher Logikfunktionen geeignet. Der Vorteil des ROM liegt in seiner regelmäßigen Struktur, die ein kompaktes Layout ermöglicht. Außerdem kann der ROM-Speicherinhalt durch ein oder zwei neue Masken verändert werden, ohne daß die ROM-Architektur beeinflußt wird. Die ROM-Logik kommt deshalb nur für komplexe Funktionen in Betracht, wie z. B. bei der Speicherung der Steuerbefehlsfolge für einen Controller.

Optimierung von ROM-Logik. Zum Aufbau eines Steuerwerks innerhalb von Prozessoren (Mikroprogrammsteuerwerk) werden horizontale oder vertikale Speicheranordnungen (Bild 9.5) [Fre75] [Levi78] gewählt. Diese Speicherkonfigurationen werden innerhalb integrierter Schaltungen angewendet, um ein möglichst kompaktes quadratisches Layout zu realisieren, denn sie erlauben die Anpassung einer vom Standpunkt des Layouts günstigen Speicherwortbreite an die erforderliche Steuerwortbreite.

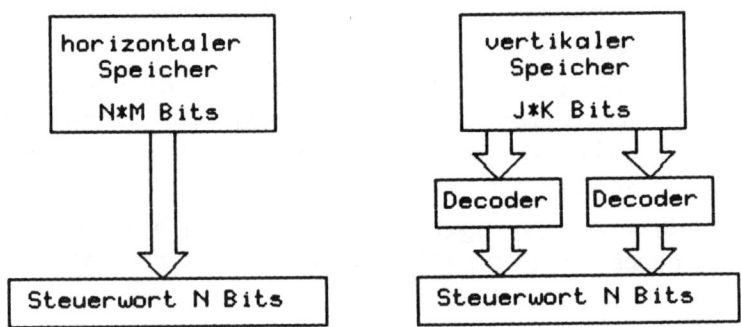

Bild 9.5   Mikrocode-Konfigurationen

Für die anwendungsspezifische Integration einer Kontrollspeicher-Konfiguration ergibt sich eine unökonomische Chipflächenausnutzung, da in der Regel bei einem Mikroprogrammspeicher sehr viele Speicherplätze unbesetzt sind, so daß es sinnvoll ist, die Speichermatrix zu komprimieren. Das Verfahren soll an einem kleinen Beispiel (Bild 9.6) demonstriert werden.

Beispiel. Betrachtet wird ein Speicher aus 9 Worten mit einer Breite von 3 Bits. Die Speichermatrix ist organisiert in 3 Spalten zu je 3 Zeilen, wobei für jeden Ausgang 3 Spalten gemultiplext werden. Für dieses Beispiel wären auch andere Organisationsformen denkbar. Das Beispiel zeigt eine Reihe von Spalten, die unbesetzt sind. Im Falle einer Aktivierung dieser Spalten bleiben die Ausgänge unverändert, so daß diese Spalten auch eliminiert werden können.

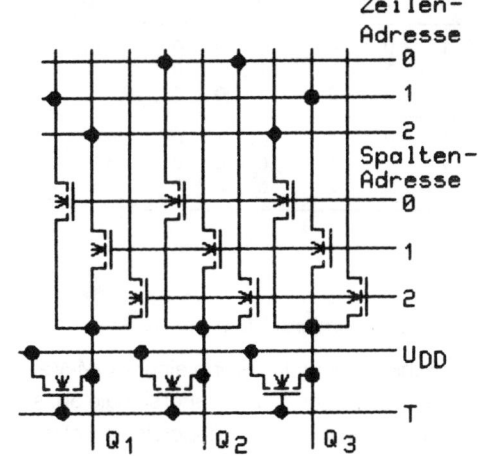

Spalte	Zeile	Daten Q_1	Q_2	Q_3
0	0	0	1	0
	1	1	0	0
	2	0	0	1
1	0	0	0	0
	1	0	0	1
	2	1	0	0
2	0	0	1	0
	1	0	0	0
	2	0	0	0

Bild 9.6   Beispiel einer ROM-Belegung

Bild 9.7 zeigt die komprimierte ROM-Matrix.

Bild 9.7
Komprimierte ROM-Matrix

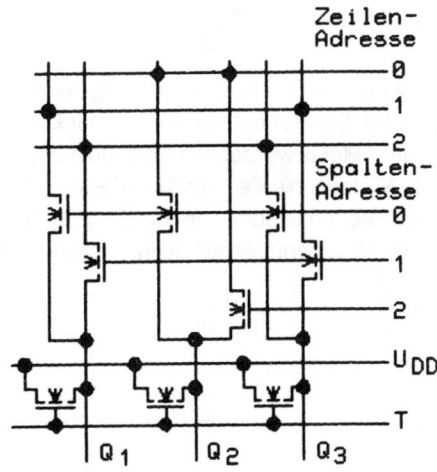

Nach der Eliminierung von unbesetzten Spalten läßt sich die ROM-Matrix noch weiter komprimieren. Ein Verfahren dazu ist das Vertauschen von Adressen. In dem Beispiel aus Bild 9.7 lassen sich die Adressen 0/1 und 1/1 günstig vertauschen, so daß zwei weitere Spalten eliminiert werden können (Bild 9.8).

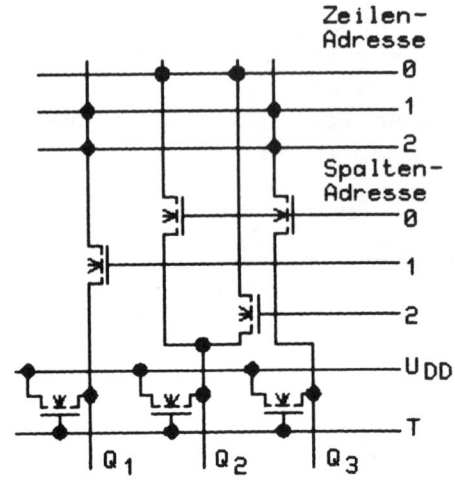

Spalte		Zeile		Daten		
alt	neu	alt	neu	Q_1	Q_2	Q_3
0	0	0	0	0	1	0
1	0	1	1	0	0	1
0	0	2	2	0	0	1
1	1	0	0	0	0	0
0	1	1	1	1	0	0
1	1	2	2	1	0	0
2	2	0	0	0	1	0
2	2	1	1	0	0	0
2	2	2	2	0	0	0

Bild 9.8   Optimierte ROM-Matrix

Die Möglichkeit zur Optimierung einer ROM-Matrix hängt stark von der Wortbreite und der Anzahl der zu speichernden Steuersignale ab, so daß sehr oft individuelle Optimierungen gefunden werden müssen. Hilfreich ist in vielen Fällen, daß sich zahlreiche Signale gegenseitig ausschließen.

9.2.3 Programmierbare Logische Anordnung

Die Programmierbare Logische Anordnung (PLA, programmable logic array) stellt eine ähnliche Struktur wie der ROM dar.

Ein ROM erfordert für N Adreßeingänge einen Dekodierer mit 2^N Ausgängen, ein PLA dagegen nicht. Ein PLA setzt sich aus einer UND-Matrix und einer ODER-Matrix zusammen. In der UND-Matrix werden die Eingangsfunktionen als Konjunktionen programmiert und in der ODER-Matrix die Verknüpfung dieser Produkt-Terme. Diese Programmierung innerhalb von zwei Ebenen erlaubt eine Verdichtung der Information und damit eine Einsparung an Transistoren gegenüber der ROM-Logik. Als Beispiel seien folgende zwei Funktionen gegeben (Bild 9.9):

$Q_1 = P_1 = AB,$ $Q_2 = P_1 + P_2 = AB + \overline{A}\overline{B}.$

a)

A B	Q_1 Q_2
1 1	1 1
0 0	0 1

b)

Bild 9.9
PLA: a) Funktionstabelle,
b) Blockdiagramm,

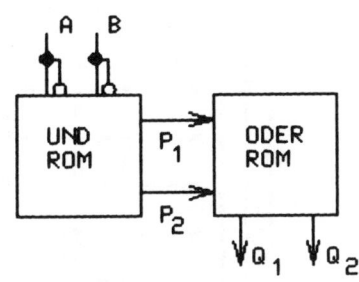

a)

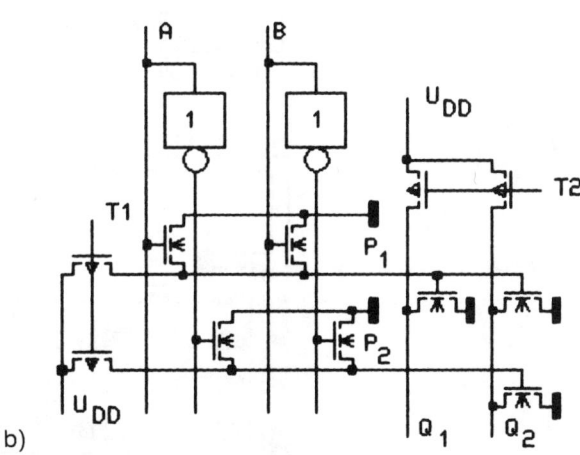

b)

In der Realisierung des PLA werden für beide Matrizen NAND- oder NOR-Gatter gewählt. Die Umwandlung in NAND-Funktionen ist direkt möglich:

$$Q_2 = AB + \overline{A}\overline{B} = \overline{\overline{AB}\ \overline{\overline{A}\ \overline{B}}}.$$

bei der NOR-Realisierung müssen entweder die Ausgangsfunktionen negiert oder die negierten Funktionen programmiert werden:

$$\overline{Q}_2 = \overline{AB + \overline{A}\overline{B}} = \overline{\overline{A + B} + \overline{A + B}}.$$

Die Wahl zwischen NAND- und NOR-Matrizen wird durch die gleichen Probleme geprägt, wie sie bei den Grundgattern auftreten. NAND-Gatter ermöglichen eine kompaktere Verdrahtung gegenüber NOR-Gattern, weisen aber den Nachteil der Geometrieabhängigkeit (Weite) des Treibertransistors von der Anzahl der Eingänge auf. Bei größeren Matrixfeldern ist folglich immer die NOR-Version vorzuziehen.

Bild 9.10 zeigt das Stickdiagramm und das Layout eines PLA.

a)

Bild 9.10
PLA-Beispiel:
a) Stickdiagramm,
b) Layout

b)

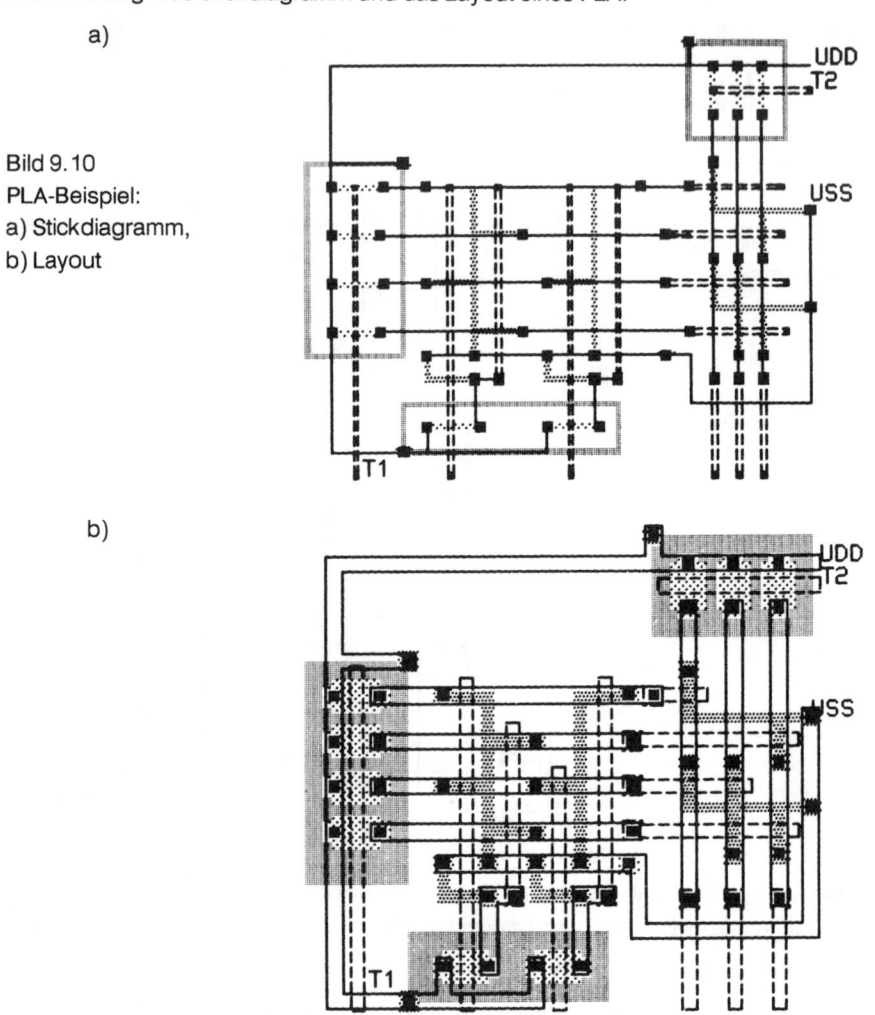

Die höhere Informationsdichte in dem PLA gegenüber dem ROM ist aber auch ihr Nachteil. In der PLA-Logik ist die Anzahl der Zeilen und Spalten auf das Schaltungsproblem abgestimmt, so daß eine geringe Logikänderung auch gleichzeitig eine Strukturveränderung zur Folge haben kann. Bei der ROM-Logik treten diese Probleme erst auf, wenn die Anzahl der Eingangs- bzw. Ausgangsfunktionen zunimmt. Eine lineare Erweiterung ist jedoch relativ einfach möglich.

Steigt die Anzahl der Zeilen und Spalten in den Matrizen eines PLA, dann nimmt in der Regel die Ausnutzung ab, d. h. der "Wirkungsgrad" sinkt. Im folgenden werden deshalb einige Maßnahme besprochen, die eine Steigerung der Ausnutzung bewirken, wobei allerdings die Flexibiliät bezüglich der Anpassung an ein Schaltungsproblem weiter eingeschränkt wird.

Für eine bessere Ausnutzung der Chipfläche bietet sich eine Aufteilung großer PLA in mehrere Teile an, wobei die unbenutzten Bereiche entfallen.

Dekodiertes PLA. Bei einem dekodierten PLA werden die Eingangsvariablen in Gruppen zusammengefaßt und dekodiert, bevor sie im PLA verknüpft werden. Das Beispiel in Bild 9.11 zeigt vier Eingangsvariablen, die in zwei Gruppen unterteilt sind.

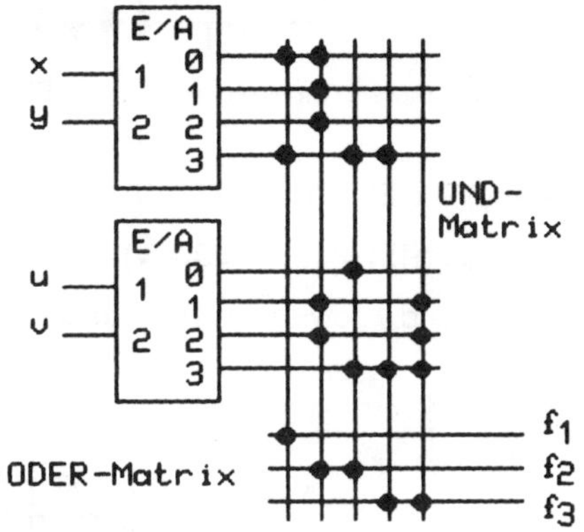

Bild 9.11
Dekodiertes PLA

Bei dem dekodierten PLA werden in der UND-Matrix durch die Spalten Disjunktionen verknüpft (z. B. $x + y$, $x + \overline{y}$, ...), anstelle von Variablen (z. B. x, $\overline{x}$, y, $\overline{y}$, ...) wie in dem Standard-PLA.

Die günstigste Gruppierung der Eingangsvariablen hängt wesentlich vom Schaltungsproblem ab. Bei einer großen Anzahl von Eingangsvariablen ist ein Optimum nicht leicht zu finden, und deshalb wird in der Regel eine Dekodierung von nur jeweils zwei Variablen gewählt.

Beispiel. Zur Verdeutlichung der Vorteile eines dekodierten PLA sollen folgende Funktionen implementiert werden:

$$f_1 = x\overline{y} + \overline{x}y + u\overline{v} + \overline{u}v,$$

$$f_2 = xy + \overline{x}\,\overline{y} + uv + \overline{u}\overline{v}.$$

Die Realisierung der Funktionen f_1 und f_2 mit einem Standard-PLA ist in Bild 9.12 dargestellt.

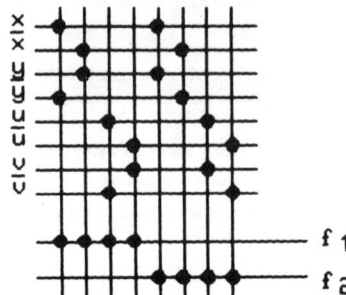

Bild 9.12
Implementierung der
Funktionen f_1 und f_2
in einem Standard-PLA

Für die Darstellung des Beispiels in einem dekodierten PLA müssen die Funktionen umgeformt werden:

$$f_1 = (x + y)(\bar{y} + \bar{x}) + (u + v)(\bar{u} + \bar{v}),$$

$$f_2 = (x + \bar{y})(y + \bar{x}) + (u + \bar{v})(\bar{u} + v).$$

Es werden die Variablen x und y sowie u und v dekodiert. Die Realisierung des Beispiels
zeigt Bild 9.13

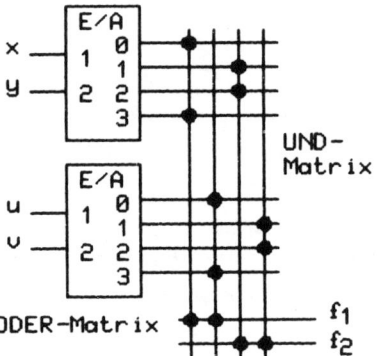

Bild 9.13
Schaltung des Beispiels
mit einem dekodierten PLA

Der Vergleich beider Schaltungen zeigt, daß für das dekodierte PLA nur 4 vertikale Leitun-
gen erforderlich sind gegenüber 8 in dem Standard-PLA. Obwohl die Dekodierer etwas
Chipfläche erfordern und eine zusätzliche Gatterverzögerung verursachen, ist doch die
Gesamtchipfläche geringer als die von Standard-PLAs.

Gefaltetes PLA. Das gefaltete PLA ist ebenfalls unter den Aspekten der besseren Chipflächenausnutzung und einer kurzen Entwicklungszeit mit Standard-Strukturen zu sehen. Bei
dem gefalteten PLA, wie es als Beispiel in Bild 9.14 dargestellt ist, wird eine kompakte,
möglichst quadratische Anordnung erzielt.

Bild 9.14
Gefaltetes PLA

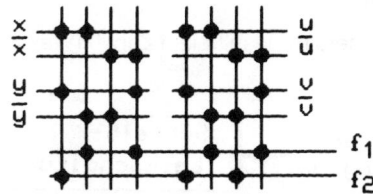

f_1
f_2

Vor- und Nachteile von PLAs. Gegenüber einer Logik-Realisierung mit Standard-Gattern ergeben sich folgende Vorteile für PLAs:

- kein Entwurf spezieller Logikgatter,
- geringer Layoutaufwand, da die Grundstruktur vorgegeben ist,
- eine PLA-Struktur kann leichter in eine nächste Technologiegeneration übergeführt werden, da das Layout einfacher und regelmäßiger ist.

Diesen Vorteilen stehen als Nachteile gegenüber:

- geringere Flexibilität in der Programmierung gegenüber der ROM-Struktur,
- PLAs können nur umständlich komplexe Funktionen speichern (Mehrfachschleifen ergeben ungünstige Laufzeiten).

9.3   Speicher mit wahlfreiem Zugriff

9.3.1   Einleitung

Bei Speicherschaltungen mit wahlfreiem Zugriff erfolgt die Auswahl jeder Speicherinformation durch das Anlegen einer Adresse in beliebiger Reihenfolge. Die Zugriffszeit ist für alle Daten gleich und unabhängig von der topologischen Anordnung der Speicherzelle. Die Speicher mit wahlfreiem Zugriff lassen sich klassifizieren in

- Schreib-/Lesespeicher und
- Festwertspeicher.

Im Schreib-/Lesespeicher (RAM, random access memory) können Daten eingeschrieben und wieder gelesen werden. Dieser Speichertyp eignet sich deshalb als Datenspeicher. Festwertspeicher (ROM, read only memory) enthalten einen physikalisch fest vorgegebenen Speicherinhalt, der bereits mit dem Entwurf des Layouts bestimmt wird. Bei Festwertspeichern ist daher nur das Lesen von Daten möglich, und die Anwendung liegt vorwiegend im Bereich der Programmspeicher.

Die Speicherzellen in RAMs können in statischer oder dynamischer Technik ausgeführt werden. Statische Speicherzellen sind einfach zu entwerfen, erfordern jedoch mehr Chipfläche als dynamische Speicherzellen. Dagegen weisen dynamische Speicherbausteine ungefähr die vierfache Kapazität auf, ihr Entwurf muß jedoch sorgfältig simuliert werden; außerdem wird eine Auffrischlogik benötigt.

9.3.2 Speicherorganisation

Die Organisation eines Speichers mit wahlfreiem Zugriff [Wald80] ist in Bild 9.15 dargestellt.

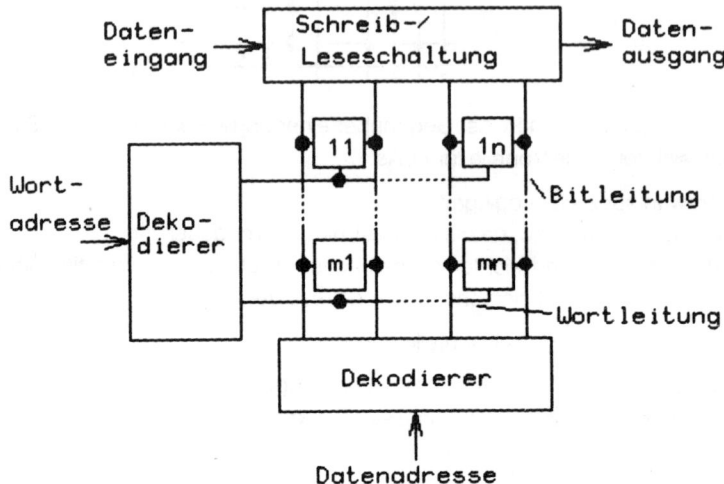

Bild 9.15   Organisation eines Speichers mit wahlfreiem Zugriff

Die Speicherorganisation setzt sich zusammen aus:

- Wortdekodierer,
- Datendekodierer,
- Speichermatrix und
- Schreib-/Leseschaltung.

Die Aufteilung der Adressierung in einem Wortdekodierer und einem Datendekodierer erfolgt aus Gründen einer möglichst quadratischen Speichermatrix, verbunden mit einer einfachen Adressierungslogik.

9.3.3 Schreib-/Lesespeicher (RAM)

Statische CMOS-RAM-Zelle. Die statische CMOS-Speicherzelle besteht aus einer bistabilen Kippstufe, die über zwei Transistoren an die beiden Bit-Leitungen (Bltg) gekoppelt ist (Bild 9.16).

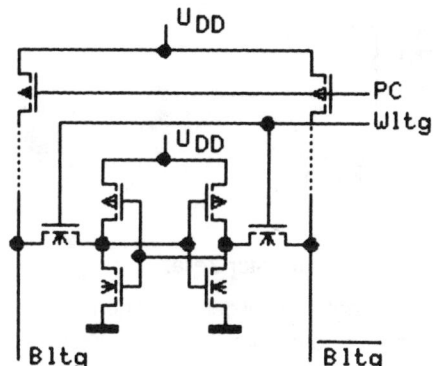 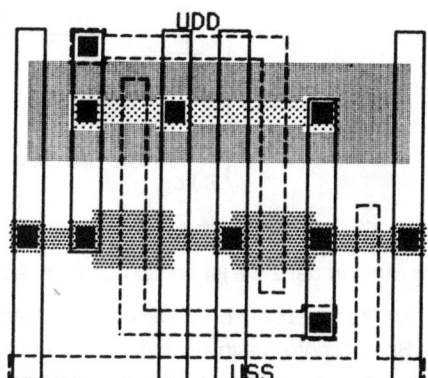

Bild 9.16   Schaltung und Layout einer statischen CMOS-RAM-Zelle

Zum Adressieren beim Lesen oder Schreiben der Speicherzelle wird die Wortleitung (Wltg) an die Versorgungsspannung U_{DD} gelegt, so daß die beiden Koppeltransistoren zu den Bit-Leitungen durchschalten (im Ruhezustand liegen die Bit-Leitungen an U_{DD}-Spannung).

Zum Schreiben einer 1 wird die Bit-Leitung Bltg nach Masse und zum Schreiben einer 0 die Bit-Leitung Bltg nach Masse geschaltet.

Für den Lesevorgang werden die beiden Bit-Leitungen auf U_{DD}-Spannung vorgeladen. Nach dem Durchschalten der Koppeltransistoren kann nur über die Bit-Leitung ein Strom fließen, deren angekoppelter Inverterausgang auf LOW-Potential liegt. Der entstehende Spannungsabfall wird von einem Leseverstärker zum entsprechenden Speicherinhalt ausgewertet.

Die Koppeltransistoren werden als Minimaltransistoren ausgeführt, um Chipfläche und Kapazität der Bit-Leitungen zu minimieren. Die n-Kanal-Transistoren der beiden Inverter müssen eine zwei- bis dreifache Minimalweite aufweisen, um den Lesevorgang zu beschleunigen und ein eventuelles Kippen zu vermeiden.

Dynamische CMOS-RAM-Zellen. Zur Erhöhung der Speicherkapazität pro Chipflächeneinheit werden dynamische Speicherzellen [PrDG83] eingesetzt. Mit dem dynamischen Speicherprinzip läßt sich sowohl die Zahl der erforderlichen Transistoren pro Speicherzelle als auch der Leistungsbedarf herabsetzen. Als Nachteil muß jedoch eine Zusatzlogik zum Auffrischen der Speicherinformation vorgesehen werden, um den Ladungsverlust der Speicherkondensatoren zu kompensieren. Die typische Auffrischperiode liegt in der Größenordnung von 2 ms. Von den verschiedenen Schaltungskonfigurationen dynamischer MOS-Speicherzellen haben sich hauptsächlich die Vier-, Drei- und Ein-Transistor-Zellen durchgesetzt, wovon die Ein-Transistor-Zelle für höchste Speicherdichten angewendet wird.

Vier-Transistor-Zelle. Die Vier-Transistor-Zelle erhält man aus der statischen CMOS-Zelle durch Weglassen der p-Kanal-Transistoren (Bild 9.17).

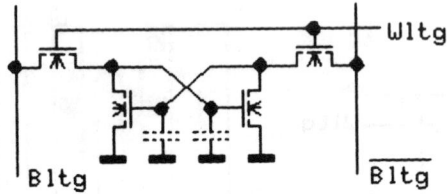

Bild 9.17   Dynamische Vier-Transitor-Zelle

Der Entwurf der Zelle ist ähnlich dem der statischen Sechs-Transistor-Zelle.

Drei-Transistor-Zelle. Bei der Vier-Transistor-Zelle liegt, wie bei der statischen Zelle, die Speicherinformation in invertierter und nichtinvertierter Form vor. Wird auf die Kreuzkopplung verzichtet, kann die Schaltung um einen weiteren Transistor reduziert werden, und man erhält die in Bild 9.18 dargestellte Drei-Transistor-Zelle.

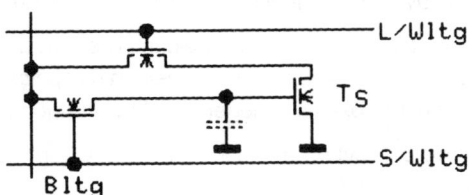

Bild 9.18   Dynamische Drei-Transistor-Zelle

Zum Speichern der Ladung dient die Gate-Source-Kapazität des Speichertransistors T_S. Das Schreiben und Lesen der Information wird von einer Schreib-Wortleitung (S/Wltg) bzw. einer Lese-Wortleitung (L/Wltg) gesteuert. Der Speichertransistor entkoppelt beim Lesen die gespeicherte Ladung, so daß ein zerstörungsfreies Lesen erfolgen kann. Die Drei-Transistor-Zelle kann mit Minimaltransistoren aufgebaut werden.

Ein-Transistor-Zelle. Wird auf die Eigenschaft des zerstörungsfreien Lesens verzichtet, läßt sich die Ein-Transistor-Zelle nach Bild 9.19 einsetzen.

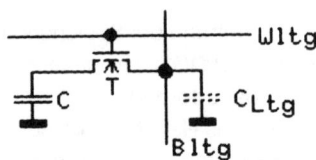

Bild 9.19   Dynamische Ein-Transistor-Zelle

Das Schreiben und Lesen erfolgt nur noch über einen einzigen Transistor.

Zum Schreiben wird der Transistor T mit einer 1 auf der Wortleitung in den leitenden Zustand versetzt und die Speicherkapazität über die Bit-Leitung aufgeladen. Beim Lesen findet über den durchgeschalteten Transistor T ein Ladungsausgleich zwischen der Speicherkapazität C und der parasitären Kapazität C_{Ltg} der Bit-Leitung statt, die zu Beginn des Lesezyklus auf 1-Potential vorgeladen wurde. Die Spannungsänderung auf der Bit-Leitung infolge des Ladungsausgleichs wird von einem Leseverstärker ausgewertet.

Nach dem Lesezyklus muß die ausgelesene Information neu eingeschrieben werden.

Der Entwurf der Ein-Transistor-Zellen und der zugehörigen Auswertelogik ist relativ schwierig, so daß im Rahmen von Systementwürfen die Drei- oder Vier-Transistor-Zelle vorzuziehen ist.

Festwertspeicher (ROM). Festwertspeicher zeichnen sich durch einen fest vorgegebenen Speicherinhalt aus. Der Festwertspeicher besitzt somit nur eine Lesefunktion, das Einschreiben von Daten entfällt.

Der Aufbau der Speicherzellen ist relativ einfach; sie bestehen im Fall einer 1-Programmierung aus einem einzigen Koppeltransistor zwischen der Bit- und der Wortleitung. Üblicherweise werden ROMs als NOR-Arrays (Bild 9.20) realisiert, weil infolge der Parallelschaltung der Koppeltransistoren eine bessere Dynamik gegenüber NAND-Strukturen erzielt werden kann.

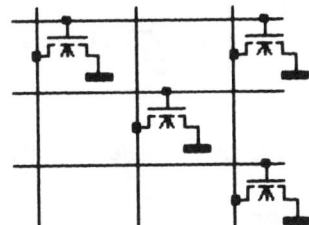 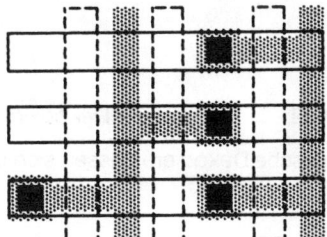

Bild 9.20   NOR-ROM-Array: a) Transistordiagramm, b) Layout

NAND-Arrays weisen den Vorteil einer hohen Packungsdichte auf, sind aber sehr langsam. Im Rahmen von Systementwürfen erfolgt die Programmierung der ROMs durch Kontaktierung, spezielle Implantation (bei NAND-Arrays) oder das Weglassen des Koppeltransistors. Das Weglassen der Transistoren hat den Vorteil, daß die kapazitive Last der Wortleitungen verringert wird.

9.3.4 Dekodierer

In Speicherschaltungen werden Dekodiererschaltungen in statischer und dynamischer Technik eingesetzt, sie können ein- oder mehrstufig organisiert sein.

Dekodierer werden zur Auswahl von 1 aus 2^N Wortleitungen bzw. von 2^I aus 2^M Bit-Leitungen eingesetzt. In statischer Technik können NAND- und NOR-Dekodierer (Bild 9.21)

realisiert werden.

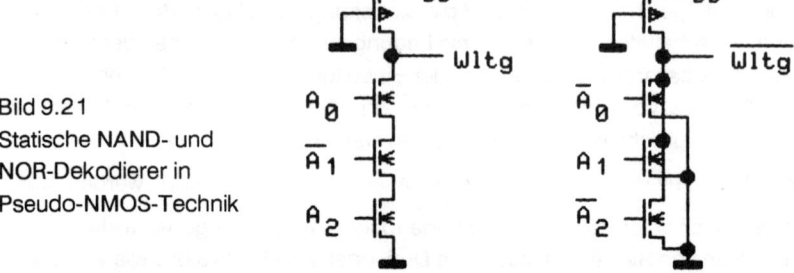

Bild 9.21
Statische NAND- und
NOR-Dekodierer in
Pseudo-NMOS-Technik

Diese statischen Dekodierer benötigen relativ viel Chipfläche und lassen sich daher oft nur umständlich an die Bauhöhe der Speicherzellen anpassen. Eine günstigere Lösung bietet sich mit einem mehrstufigen Dekodierer, wie er für zwei Stufen in Bild 9.22 dargestellt ist.

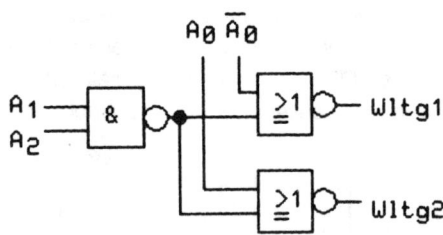

Bild 9.22   Zweistufiger Dekodierer

Dynamische Dekodierer lassen sich u. a. in Domino-Logik realisieren (Bild 9.23).

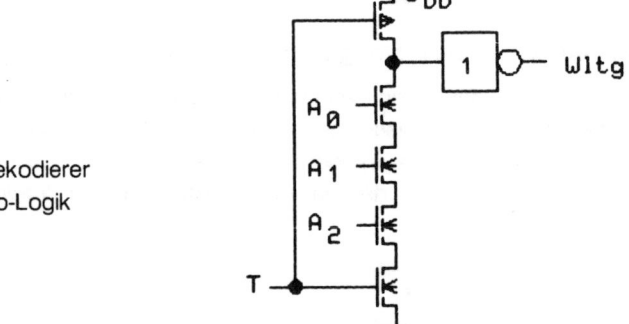

Bild 9.23
NAND-Dekodierer
in Domino-Logik

Obwohl dynamische Dekodierer flächensparend und schnell sind, müssen sie sorgfältig, hinsichtlich ihrer Dynamik simuliert werden.

Für Dekodierer zur Auswahl der Bit-Leitungen läßt sich als kompakte Schaltung die Baumstruktur nach Bild 9.24 einsetzen.

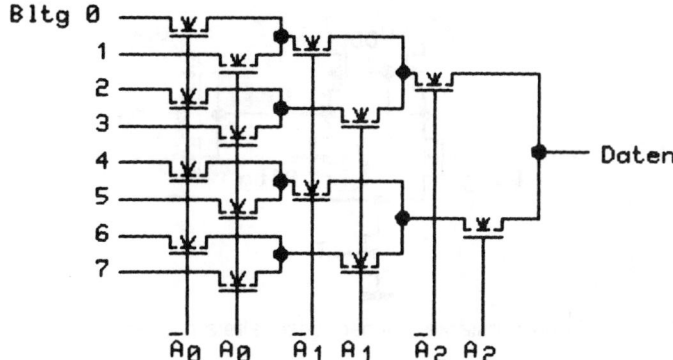

Bild 9.24   Dekodierer mit Transfer-Gates

Dieser Dekodierer ist sehr langsam wegen der in Reihe geschalteten Transfer-Gates. Sind höhere Schaltgeschwindigkeiten erforderlich, muß ein NOR-Dekodierer (z. B. nach Bild 9.21) in Verbindung mit Transmission-Gates zum Durchschalten der Daten gewählt werden.

9.3.5 Leseverstärker

Ein Leseverstärker hat die Aufgabe, den kleinen Signalhub (einige 100 mV) auf den Bit-Leitungen in einer möglichst kurzen Zeit auszuwerten und zu einem vollen Digitalsignalhub zu verstärken. Leseverstärker sind in ihrem Entwurf relativ schwierig, weil nicht nur die Schaltung selbst, sondern auch ihre Beschaltung (z. B. Kapazitäten der Bit-Leitungen) in die Optimierung einbezogen werden muß.

Eine einfache Leseverstärkerschaltung läßt sich durch einen speziell angepaßten Inverter realisieren. Die Bit-Leitungen werden vor dem Lesen auf U_{DD} vorgeladen, so daß ein Verschieben der Schaltschwelle in Richtung der Versorgungsspannung U_{DD} (über ein entsprechendes β_R des Inverters) zu einer Verkürzung der Schaltzeit führt.

Eine weitere Verkürzung der Schaltzeit und ein besserer Störabstand werden mit den im folgenden beschriebenen Schaltungen [Anna86] erzielt.

Zum Lesen der Speicherzellen, die gleichzeitig die beiden komplementären Signale zur Verfügung stellen (Sechs-Transistor-Zelle und Vier-Transistor-Zelle), kann ein Differenzverstärker mit nachgeschaltetem Inverter eingesetzt werden (Bild 9.25).

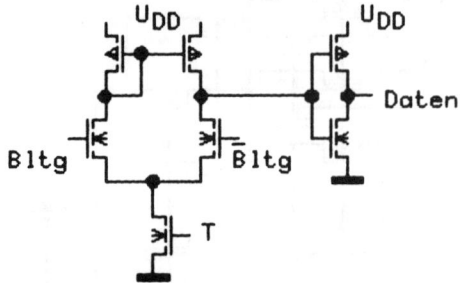

Bild 9.25   Differenzverstärker mit nachgeschaltetem Inverter

Die Spannungsdifferenz zwischen der Bit- und Bit-Leitung führt zu einem schnellen und
störsicheren Schalten des Differenzverstärkers. Der aufgesetzte Stromspiegel aus p-Kanal-
Transistoren als Lastelement bewirkt eine Phasenaddition und verdoppelt damit den Hub
am Ausgang des Differenzverstärkers.

Schwieriger ist der Entwurf der Leseverstärker für Speicherzellen, die nur eine Bit-Leitung
aufweisen, wie z. B. ROM-Zellen und die dynamischen Drei- und Ein-Transistor-Zellen. In
den Leseverstärkern zum Auswerten dieser Speicherzellen wird meistens das Ladungsverteilungsprinzip angewendet. Eine häufig eingesetzte Schaltung ist in Bild 9.26 dargestellt.

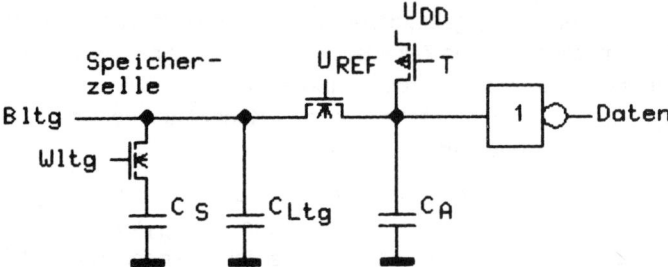

Bild 9.26   Leseverstärker nach dem Ladungsverteilungsprinzip

Vor dem Lesevorgang wird der Kondensator C_A auf U_{DD} und die Bit-Leitung mit der Leitungskapazität C_{Ltg} auf $U_{REF} - U_T$ vorgeladen. Danach wird über die Wortleitung der Spei-
cherkondensator C_S zugeschaltet, und im Falle einer gespeicherten 0 wird der Kondensator C_{Ltg} und damit auch C_A teilweise entladen. Da C_A wesentlich kleiner als C_{Ltg} ist, wird
der Signalhub von C_S auf C_A übertragen. Über die Referenzspanunng U_{REF} kann eine
Pegelanpassung an die Schaltschwelle des nachfolgenden Inverters eingestellt werden.

In den Bildern 9.27 und 9.28 ist die Gesamtschaltung eines statischen 2x2-Bit RAM-Speichers mit Dekodierer und Leseverstärker dargestellt.

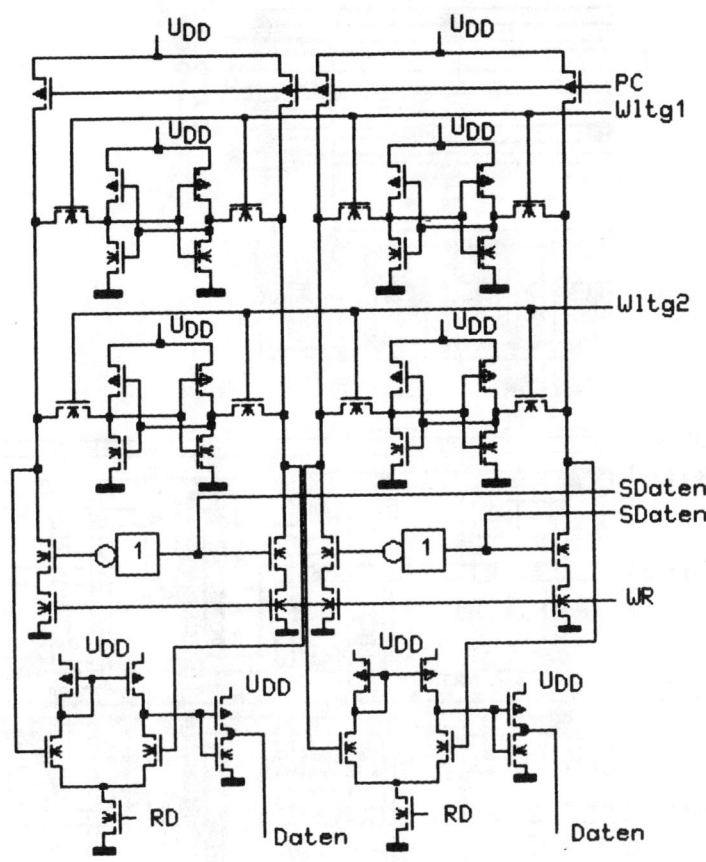

Bild 9.27   Schaltung eines statischen 2x2-Bit RAM-Speichers

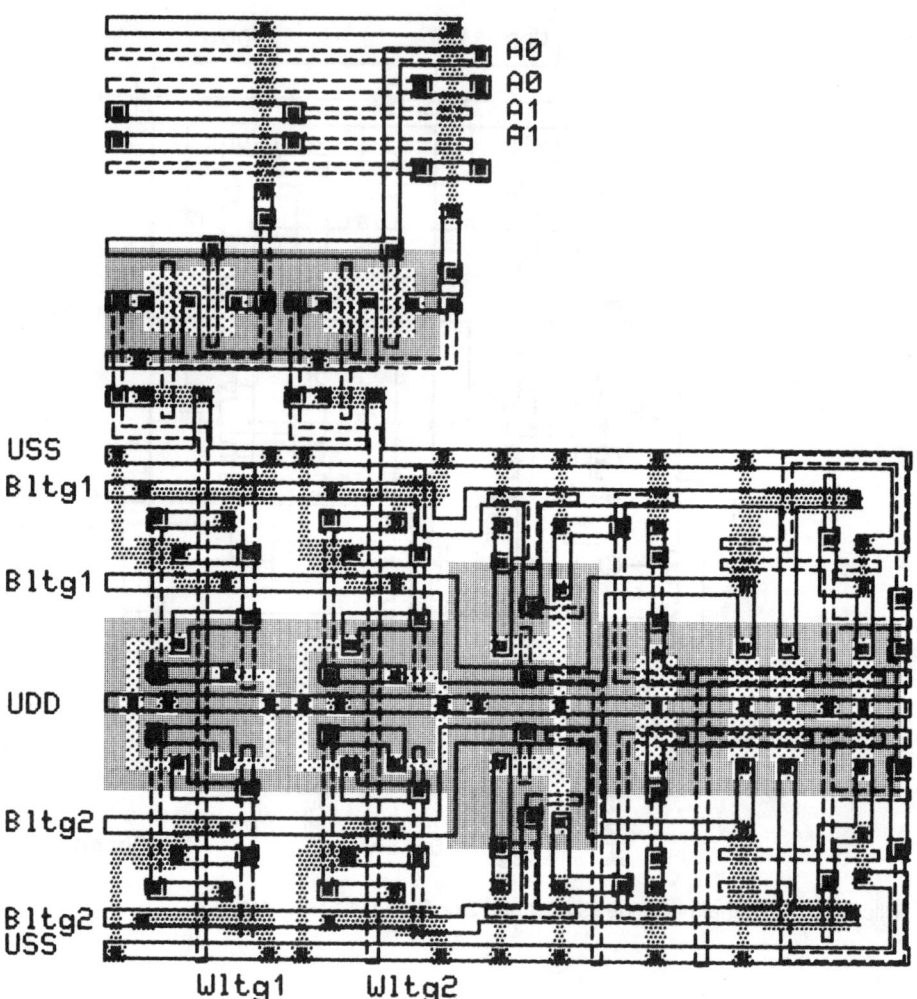

Bild 9.28 Layout eines statischen 2x2-Bit RAM-Speichers

10   Fertigungsgerechter Entwurf

10.1   Einleitung

Genaue Simulationsergebnisse erfordern eine Beziehung zwischen dem angewendeten Transistormodell und der eingesetzten Technologie, da es perfekte Modelle nicht gibt bzw. genaue Modelle zu komplex und damit zu rechenintensiv sind. Zur Anpassung der Modellparameter an einen Prozeß werden deshalb auf den Wafern Testschaltungen eingesteppt, an denen sich transistor- und prozeßspezifische Parameter messen lassen. Außerdem werden zur Überwachung der Fertigung die Prozeßparameter mittels Testschaltungen in der laufenden Produktion gemessen.

10.2   Erfassung der Transistorparameter

Die Erfassung der Transistorparameter erfolgt durch einen rechnergestützten Parametermeßplatz, der sich aus einem Tischrechner (PC), programmierbaren Spannungsquellen (D/A-Umsetzer), einem Digitalvoltmeter (DVM) sowie einem Waferprober zusammensetzt (Bild 10.1).

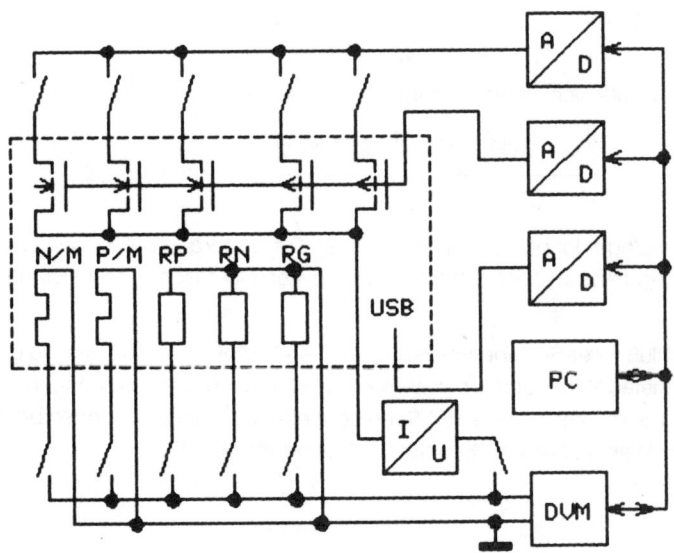

Bild 10.1   Rechnergestütztes MOS-Parameter-Testsystem

Mittels eines rechnergesteuerten Waferprobers werden die auf dem Wafer eingesteppten Testschaltungen gemessen. Die Transistorparameter werden auf der Basis der Meßwerte iterativ an das verwendete Modell angepaßt, so daß die Ergebnisse direkt zur Schaltungssimulation verwendet werden können.

Die Testschaltung besteht aus Transistoren verschiedenen Typs (n-Kanal- und p-Kanal-Transistoren bzw. Enhancement- und Depletion-Transistoren) mit konstanter Weite und gestaffelten Längen bzw. konstanter Länge und gestaffelten Weiten (Bild 10.2), aus denen sich dann z. B. auch die effektiven Kanallängen und Kanalweiten der Transistoren bestimmen lassen. Außerdem befinden sich auf der Testschaltung noch prozeßorientierte Strukturen, wie z. B. Kontaktketten (n$^+$-Gebiet/Metall (N/M), p$^+$-Gebiet/Metall (P/M), Polysilizium/Metall (G/M)) und Widerstandsbahnen (n$^+$-Gebiet (RN), p$^+$-Gebiet (RP), Polysilizium (RG)), um den Prozeß charakterisieren zu können.

Aus den Meßwerten ($I_D = f(U_{GS})$) kann zunächst die effektive Kanallänge L_1 und Kanalweite W_1 ermittelt werden, die dann als Basis zur Bestimmung der geometrieabhängigen Parameter dienen.

Die Abweichungen $\triangle W$ und $\triangle L$ von den nominellen Kanallängen bzw. Kanalweiten werden aus dem Verhältnis zweier differentieller Leitwerte im Steuerkennlinienfeld an der Stelle der größten Steilheit ermittelt [TaMS80]:

$$\triangle I_{D11}/\triangle U_{GS11} \sim (W_1 + \triangle W)/L,$$

$$\triangle I_{D21}/\triangle U_{GS21} \sim (W_2 + \triangle W)/L,$$

$$\triangle W = \frac{\triangle I_{D21} \cdot W_1 - \triangle I_{D11} \cdot W_2}{\triangle I_{D11} - \triangle I_{D21}}.$$

Entsprechend läßt sich die Abweichung $\triangle L$ bestimmen:

$$\triangle L = \frac{\triangle I_{D41} \cdot L_4 - \triangle I_{D31} \cdot L_3}{\triangle I_{D31} - \triangle I_{D41}}.$$

Auf der Grundlage der berechneten effektiven Transistorgeometrien lassen sich mittels weiterer Meßpunkte im Triodenbereich die meisten elektrischen Transistorparameter ermitteln.

Nach Abschluß einer Scheibenmessung wird ein Protokoll erstellt, das die gemessenen und berechneten Parameter für weitere Auswertungen enthält. So können z. B. nach der Messung einer ganzen Charge (50 Scheiben) die Verteilungsfunktionen berechnet werden, mit deren Hilfe sich dann die Güte der Charge beurteilen läßt.

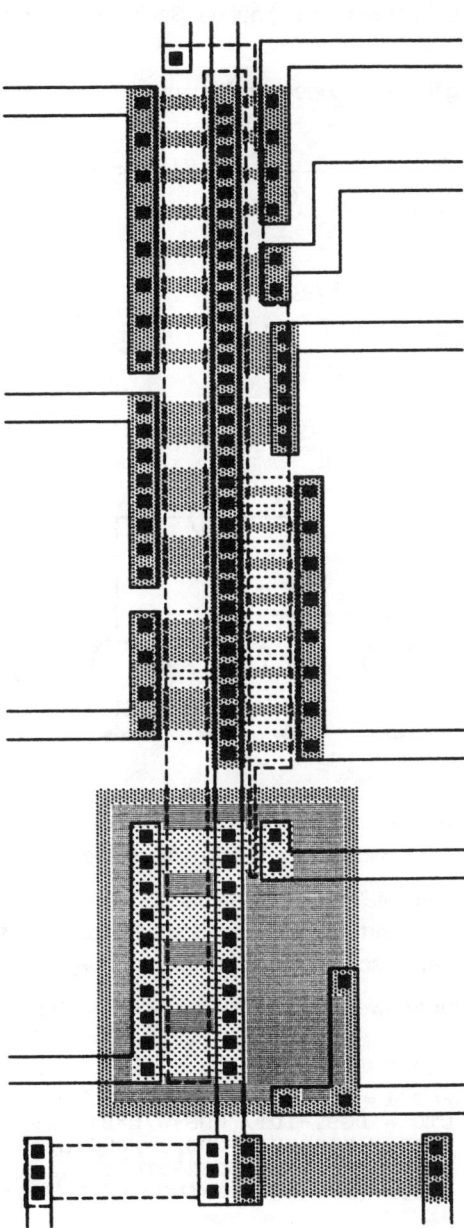

Bild 10.2
Testschaltung zur
Bestimmung geometrie-
abhängiger Transistor-
parameter

Parameteranpassung. Ausgehend von dem vereinfachten MOS-Transistormodell nach Shichman und Hodges [ShHo68] lassen sich die wichtigsten Parameter aus dem Steuerkennlinienfeld (Triodenbereich) auf der Basis von 5 Strommeßwerten bestimmen (Bild 10.3).

Die Gleichung für den Triodenbereich lautet:

$$I_D = W/L \frac{B_0}{1 + \Theta\, U_{GEFF}} (U_{GEFF} - U_{DS}/2)\, U_{DS},$$

mit

$$U_{GEFF} = U_{GS} - U_T,$$
$$U_T = U_{T0} + k1\, (\sqrt{U_{SB} + 2\Phi_F} - \sqrt{2\Phi_F}).$$

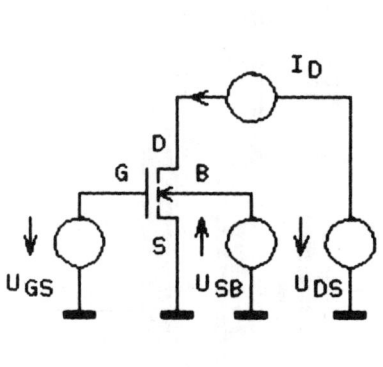

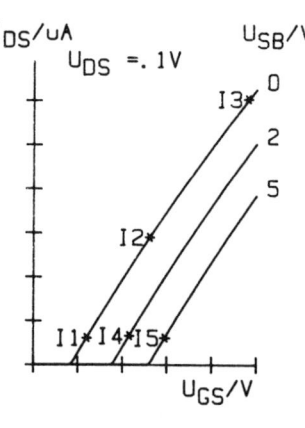

a)   b)

Bild 10.3   Anpassung der MOS-Transistorparameter:
                 a) Meßschaltung, b) Steuerkennlinienfeld mit Meßpunkten

Mit den ersten drei Meßpunkten (I_{D1} bis I_{D3}) wird die Steuerkennlinie für die Substratspannung $U_{SB} = 0$ V fixiert. Für die Drain-Source-Spannung wird $U_{DS} = 100$ mV gewählt, um die Abhängigkeit verschiedener Parameter von U_{DS} vernachlässigen zu können.

Die Iteration zur Auswertung lautet in der für Meßprogramme üblichen Programmiersprache BASIC:

```
FOR I = 1 TO 15
UTO = UGS1-ID1/(UDS*W/L*B)-UDS/2
B=ID2/(UGS2-UTO-UDS/2)/UDS*L/W
BO=B/(1+THETA*(UGS2-UTO))
THETA=(W/L/ID3*BO*(UGS3-UTO-UDS/2)-1)/(UGS3-UTO)
NEXT I
```

Daraus lassen sich die drei Parameter Schwellspannung U_{T0}, Leitfähigkeitskonstante B_0

und der Beweglichkeitsreduktionsfaktor Θ bestimmen, wobei die Kenntnis der Transistor-geometrien W und L als bekannt vorausgesetzt wird.

Mit dem Meßwert $I_{D1} = f(U_{GS1})$ wird die Schwellspannung U_{T0} berechnet, da bei kleinen Steuerspannungen U_{GS} der Fehlereinfluß von B_0 und Θ noch gering ist.

Der zweite Meßwert $I_{D2} = f(U_{GS2})$ im Bereich $U_{GS2} \approx U_{DD}/2$ fixiert die Leitfähigkeits-konstante B_0, und mit $I_{D3} = f(U_{GS3})$ mit der Gatespannung $U_{GS3} = U_{DD}$ wird der Be-weglichkeitsreduktionsfaktor Θ bestimmt, weil an diesem Arbeitspunkt die Reduktion deut-lich hervortritt.

Für den Substrateffekt k 1 und das Oberflächeninversionspotential $2\Phi_F$ (PHI) gilt die Itera-tion:

```
FOR I = 1 TO 15
K1 = DUT1/(SQR(UBS4 + PHI) - SQR(PHI))
PHI = ((-DUT2 + K1*(SQR(UBS5 + PHI)))/K1)^2
NEXT I
```

mit

```
DUT1 = UGS4 - UGS1 und

DUT2 = UGS5 - UGS1
```

Zur Bestimmung des Substrateinflusses durch k 1 und $2\Phi_F$ werden die Meßpunkte I_{D4} und I_{D5} gewählt, die mit dem Wert von I_{D1} auf einer Höhe liegen müssen (siehe Bild 10.3).

Die Anzahl der Iterationsschleifen (≈ 20) läßt sich in Verbindung mit der Wahl geeigneter Meßpunkte experimentell ermitteln.

10.3   Einfluß der Parametertoleranzen

10.3.1   Entwurfsproblematik

Eine wichtige Voraussetzung für die hohe Ausbeute einer integrierten Schaltung in der Fer-tigung ist ihre Funktionssicherheit hinsichtlich statischer und dynamischer Eigenschaften gegenüber Toleranzen der Prozeßparameter. Der Entwickler einer integrierten Schaltung darf bei seinem Entwurf nicht nur von den nominellen Prozeßparametern (Mittelwerten) ausgehen, sondern muß ebenfalls die Grenzwerte der Streubereiche berücksichtigen, wie sie von den Technologen vorgegeben werden.

Kann auch nicht jede Schaltung aufgrund ihrer Funktionsanforderungen in das Zentrum des Toleranzbereichs der Prozeßparameter gelegt werden, so muß doch zumindest das machbare Optimum angestrebt werden.

Im folgenden wird nun der Einfluß der wichtigsten Transistorparameter untersucht, wobei als Beispiel eine NMOS-Inverterschaltung gewählt wird. Eine Absicherung gegenüber Parametertoleranzen bedeutet in der Regel eine Vergrößerung der Chipfläche und/oder der Verlustleistung. Diese Aspekte müssen besonders beim Entwurf von Vollkunden-

Schaltungen berücksichtigt werden.

10.3.2 Einfluß der Taktfrequenz

Zum besseren Verständnis der Parametereinflüsse soll zunächst die Dimensionierung eines Standardinverters in NMOS-Technik für unterschiedliche Taktfrequenzen und verschiedene kapazitive Lasten betrachtet werden.

Ausgangspunkt ist ein Standardinverter (Bild 10.4), der mit nominellen Prozeßparametern und einer kapazitiven Standardlast von 0,05 pF eine Taktfrequenz von 10 MHz erlaubt. Seine normierte Chipfläche A und Verlustleistung P betragen jeweils 1.

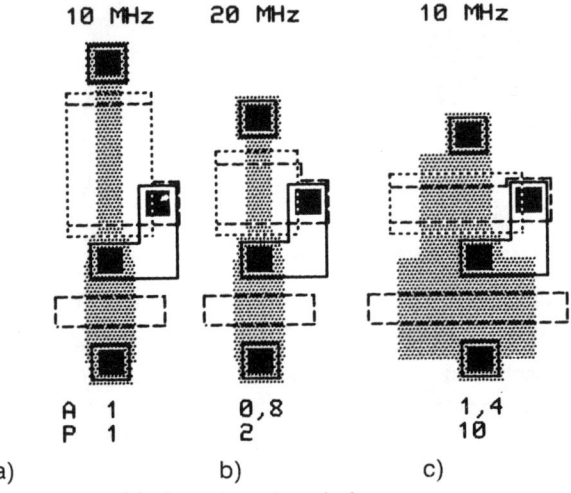

a)   b)   c)

Bild 10.4   Layout verschiedener Inverterschaltungen:
a) 10 MHz Taktfrequenz und 0,05 pF Last,
b) 20 MHz Taktfrequenz und 0,05 pF Last,
c) 10 MHz Taktfrequenz und 0,5 pF Last

Soll nun die Taktfrequenz z. B. auf 20 MHz erhöht werden, muß der Lasttransistor entsprechend niederohmiger dimensioniert werden (ungefähr Halbierung des Lastwiderstands). Dies erzielt man durch eine Verkürzung des Lasttransistors, und es ergibt sich eine normierte Fläche von 0,8. Die Verkürzung des Lasttransistors ohne gleichzeitige Verbreiterung des Treibertransistors ist zulässig, da die Dimensionierung des Standardinverters über eine ausreichende Reserve des Störabstands verfügt.

Es liegt nun der Gedanke nahe, diese Inverterdimensionierung als Standardschaltung einzusetzen, weil sie schneller ist und außerdem sogar eine geringere Chipfläche erfordert. Diese Maßnahme ist jedoch nur begrenzt möglich, da sich die normierte Verlustleistung verdoppelt, und man würde bei einem komplexen Schaltungsentwurf sehr schnell an die Grenzen der maximal zulässigen Verlustleistung gelangen, ohne gleichzeitig die Begrenzung durch die Chipfläche nur annähernd zu erreichen.

Im dritten Beispiel soll der 10 MHz-Inverter eine kapazitive Last von 0,5 pF treiben. Die Chipfläche nimmt etwas zu, und die Verlustleistung steigt drastisch an, nämlich auf das 10fache. Das Beispiel zeigt, daß es sich lohnt, die Ausgangsstufen an die tatsächliche kapazitive Last anzupassen, um nicht unnötig Verlustleistung zu verbrauchen.

10.3.3 Einfluß der elektrischen Transistorparameter

Leider liefern die Prozesse keine nominellen Parameterwerte, sondern die Parameter sind mit Streuungen versehen, die beim Schaltungsentwurf berücksichtigt werden müssen.

Die wichtigsten Transistorparameter mit ihren Toleranzen sind in der Tabelle 10.1 aufgeführt. Die Angaben beziehen sich auf einen 3μm-NMOS-Prozeß für 5V-Anwendungen.

Tabelle 10.1 Beispiele für Toleranzen einiger NMOS-Transistorparameter

Transistorparameter		Nominalwert	Toleranz
Schwellspannung	U_{TE}/V	0,8	± 0,2
Schwellspannung	U_{TD}/V	- 3	± 0,3
Leitfähigkeitskonstante	B/μA/V^2	40	± 10 %
Substrateffekt	k1/V^{-1}	0,7	± 20 %
Geometrieabweichung	DL, DW/μm	3	± 0,5

Wenn auch einige Prozeßparameter teilweise miteinander korrelieren, so ist es doch zulässig, die hier aufgeführten Parameter mit ihren Extremwerten zu kombinieren. Werden nun die Parametertoleranzen zur Einhaltung der gewünschten Dynamik von 10 MHz berücksichtigt, so ergibt sich eine Chipflächenverringerung um 20 %, wie aus der Gegenüberstellung der Layouts in Bild 10.5 deutlich wird.

Bild 10.5
Inverterlayout unter
Berücksichtigung der
elektrischen Transistor-
parametertoleranzen

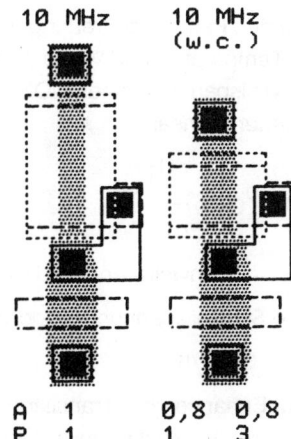

Kritisch ist jedoch die mögliche Verdreifachung der Verlustleistung in der günstigsten

Kombination der Transistorparameter.

Zur Bestimmung des Einflusses der Parametertoleranzen auf die Verlustleistung wird eine partielle Differentiation mit der Transistorgleichung für den Sättigungsbereich durchgeführt (Gl. (2.2)), da der Depletion-Transistor den maximalen Strom bestimmt.

$$I_D = \frac{B}{2} \frac{W}{L} (-U_{TD})^2,$$

$$I_D = \frac{\partial I_D}{\partial B} \Delta B + \frac{\partial I_D}{\partial L} \Delta L + \frac{\partial I_D}{\partial W} \Delta W + \frac{\partial I_D}{\partial U_{TD}} \Delta U_{TD}.$$

Die Lösung ergibt den relativen Fehler $\Delta I_D / I_D$ des Drainstroms:

$$\frac{\Delta I_D}{I_D} = \pm \left(\frac{\Delta B}{B} + \frac{\Delta L}{L} + \frac{\Delta W}{W} + \frac{2 \Delta U_{TD}}{U_{TD}} \right).$$

Zahlenbeispiel. Werden für einen Lasttransistor mit W = 3 μm und L = 20 μm die Toleranzen aus Tabelle 10.1 übernommen, läßt sich die relative Abweichung des Drainstroms berechnen:

$$\frac{\Delta I_D}{I_D} = \pm \left(0,1 + \frac{0,5\,\mu m}{20\,\mu m} + \frac{0,5\,\mu m}{3\,\mu m} + \frac{0,6\,V}{3\,V} \right) = \underline{\pm\,0,5}.$$

Die Toleranzen der Transistorparameter bewirken somit eine Streuung des Drainstroms von ± 50 %.

10.3.4   Einfluß der Betriebsparameter

Neben den prozeßbedingten Parameterstreuungen müssen noch die Abweichungen der Betriebsparameter, wie Temperatur- und Versorgungsspannungsschwankungen, berücksichtigt werden. Die Schwellspannung eines MOS-Transistors ändert sich im Bereich der üblichen Betriebstemperaturen linear:

$$U_T = U_{T(25^\circ C)} + \frac{dU_T}{dT} \Delta T,$$

$U_{T(25^\circ C)}$ Schwellspannung bei 25 $^\circ$C.

Ein typischer Wert für die Schwellspannungsänderung eines n-Kanal-Transistors ist

$$\Delta U_T / dT = -3\,mV/K.$$

Die Schwellspannung für Enhancement-Transistoren verringert sich somit, was besonders bezüglich der Einhaltung des Störabstandes berücksichtigt werden muß.

Die gebräuchlichsten Temperaturbereiche sind

$\quad$ 0 °C bis 85 °C $\qquad$ Konsumelektronik

$\quad$ - 40 °C bis 125 °C $\qquad$ kommerzielle Anwendungen

Diese Temperaturangaben beziehen sich auf die Umgebungstemperatur einer integrierten Schaltung, d. h., die Temperatur des Halbleitersubstrats liegt aufgrund der eigenen Verlustleistung noch um einige Grade höher.

Neben der Schwellspannung wird auch die Beweglichkeit der Ladungsträger von der Temperatur T beeinflußt. Im MOS-Transistormodell wird dieser Einfluß bei der Leitfähigkeitskonstanten B berücksichtigt:

$$B = B_{(25°C)}\left(\frac{T}{298\,K}\right)^{-3/2},$$

$B_{(25°C)}$ $\quad$ Leitfähigkeitskonstante bei 25 °C.

Die Beweglichkeit nimmt folglich bei einer Temperaturerhöhung ab, so daß eine Erwärmung von MOS-Schaltungen nicht wie bei Bipolar-Schaltungen zu einer Selbstzerstörung führen kann.

Der Einfluß der Temperatur auf den Drainstrom läßt sich somit berechnen nach

$$\Delta I_D = \frac{\partial I_D}{\partial U_T}\cdot\frac{\partial U_T}{\partial T}\Delta T + \frac{\partial I_D}{\partial B}\cdot\frac{\partial B}{\partial T}\Delta T.$$

Wird das Ergebnis auf den Lasttransistor bezogen, berechnet sich der relative Fehler des Drainstroms infolge einer Temperaturveränderung ΔT aus

$$\frac{\Delta I_D}{I_D} = \pm\left(\frac{2}{U_{TD}}\frac{dU_T}{dT}\Delta T - \frac{3}{2}\frac{\Delta T}{T}\right).$$

Da das Vorzeichen von dU_T/dT entgegengesetzt zu dem von dB/dT ist, kompensieren sich die beiden Temperaturabhängigkeiten teilweise.

Zahlenbeispiel. Die Erwärmung des Lasttransistors von 25 °C auf 85 °C bewirkt folgende Stromänderung:

$$\frac{\Delta I_D}{I_D} = \pm\left(\frac{2\cdot 3\,mV\cdot 60\,K}{3\,V\quad K} - \frac{3}{2}\frac{60\,K}{358\,K}\right) = \underline{\pm 0{,}13}.$$

Hinsichtlich der Versorgungsspannungsänderungen werden hauptsächlich zwei Toleranzbereiche unterschieden:

$\quad$ ± 10 % für Konsumelektronik

$\quad$ ± 5 % für kommerzielle Anwendungen

Unter Einbeziehung der Temperaturabhängigkeiten der Schwellspannung U_{TD} und der

Leitfähigkeitskonstanten B erfordert die Versorgungsspannungsänderung für Konsum-schaltungen eine zusätzliche Erhöhung der Dynamik eines Inverters um rund 25 %, wie aus dem vorstehenden Zahlenbeispiel deutlich wird.

Bild 10.6
Inverterlayout unter
zusätzlicher Berück-
sichtigung der Betriebs-
parametertoleranzen

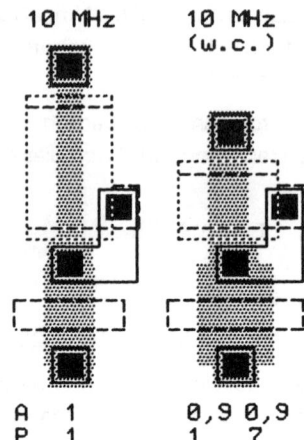

Die Fläche des Inverterlayouts reduziert sich um 10 % (Bild 10.6). Kritisch ist jedoch die Relation der Verlustleistung von 7:1 zwischen "best case" und "worst case". Dieses Ver-hältnis verdeutlicht, daß beim Schaltungsentwurf dem Leistungsbedarf eine hohe Aufmerk-samkeit zugeordnet werden muß.

Aufgrund der gravierenden Einflüsse der Toleranzen wird in der Praxis von vornherein fast ausschließlich mit den beiden extremen Parametersätzen simuliert, die die ungünstigsten Toleranzkombinationen enthalten. Der eine Parametersatz (best case) kombiniert die hin-sichtlich der Dynamik günstigen Abweichungen. Mit ihm läßt sich die maximale Verlustlei-stung simulieren. Der zweite Parametersatz (worst case) umfaßt die Toleranzen, die zu ei-nem minimalen Strombedarf führen und somit den dynamisch kritischen Fall verursachen.

10.4 Fertigungsüberleitung

Soll der Entwurf einer integrierten Schaltung in die Fertigung übergeleitet werden, muß si-chergestellt sein, daß die Funktion der Schaltung im Bereich der vorgegebenen Parame-tertoleranzen gewährleistet ist, um eine möglichst hohe Ausbeute zu erzielen.

Die Funktionssicherheit gegenüber den Betriebsparametertoleranzen läßt sich meßtech-nisch relativ einfach analysieren. Schwieriger wird die Bestätigung der Schaltung gegen-über den Transistortoleranzen. Da die Fertigung innerhalb einer Charge nur geringe rela-tive Transistortoleranzen liefert, könnte der Fall eintreten, daß die kritischen Toleranzberei-che erst nach einem längeren Fertigungszeitraum auftreten.

Zur Vermeidung dieser Unsicherheit bedient man sich sogenannter Charakterisierungs-chargen. Bei den Charakterisierungschargen werden gezielt die Grenzbereiche der Parameterstreuungen eingestellt, die für einen Prozeß vorgegeben sind. Mittels Variation der Implantationsdosis, der Gateoxiddicke und des Substratmaterials können die Streubereiche von Schwellspannung, Leitfähigkeitskonstante und Substrateffekt eingestellt werden.

Die Geometriestreuungen werden über gezielte Geometriezerrungen in den Masken abgefragt, die die Transistorlänge (Polysilizium-Maske) und die Transistorweite (n^+- bzw. p^+-Maske) bestimmen.

Ein Beispiel einer Anordnung dieser Verzerrungsbereiche ist in Bild 10.7 dargestellt.

Bild 10.7
Geometrieverzerrungen in
Charakterisierungsmasken

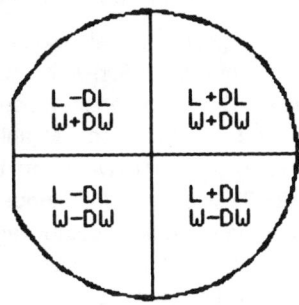

Bei der Maskenherstellung mit Hilfe der Elektronenstrahlbelichtung besteht die Möglichkeit, eine Maske mit verschiedenen Datensätzen zu beschreiben, was man dazu nutzen kann, unterschiedliche Geometrievarianten aufzubringen.

Mit der Charakterisierungscharge steht dem Entwickler dann ein Hilfsmittel zur Verfügung, das ihm das Auffinden der fertigungsmäßigen Schwachstellen seiner Schaltung erleichtert.

Erwähnt werden muß noch, daß der Entwickler bei der Schaltungsdimensionierung gegenüber den Datenblattangaben zusätzlich noch Reserven für die fertigungstechnischen Messungen und die Alterung der integrierten Schaltung vorsehen muß.

11   Testverfahren für integrierte Schaltungen

11.1   Das Testproblem

Mit der wachsenden Systemkomplexität steigt auch der Testaufwand der hochintegrierten Schaltungen. Um zu vermeiden, daß die Testzeit zum wesentlichen Kostenfaktor einer integrierten Schaltung wird, muß schon beim Schaltungsentwurf die spätere Testbarkeit einbezogen werden. Zur Verbesserung der Testbarkeit sind verschiedene Verfahren [Micz86] [McCl86] entwickelt worden, von denen die wichtigsten vorgestellt werden.

In der Frühzeit des Entwurfs integrierter digitaler Schaltungen erfolgte der Test mit Teststimuli, die den vollen Funktionsumfang der Schaltung abprüften oder alle möglichen Eingangskombinationen anlegten. Diese Vorgehensweise war bei digitalen Schaltungen mit niedrigem Integrationsgrad und geringer Anschlußzahl wirtschaftlich durchführbar. Ein Schaltnetz mit n Eingängen benötigt 2^n Testvektoren. Bei komplexen Schaltungen mit über 30 Anschlüssen ergeben sich Testzeiten im Minutenbereich, die für eine Massenproduktion ungeeignet sind. Zur Verringerung des Testaufwands ging man dazu über, anstelle der Schaltungsfunktion die Schaltungsstruktur zu testen. Diese Vorgehensweise bietet außerdem den Vorzug, daß die Effektivität der Testvektoren leichter zu bestimmen ist.

11.2   Haftfehlermodell

Digitale Schaltungen werden z. Z. hauptsächlich auf der Repräsentationsebene der Logikgatter getestet. Im Gegensatz zum Test auf Bauelementeebene reduziert sich durch diese Abstraktion die Anzahl der Testvektoren erheblich, und das Testprogramm kann weitgehend unabhängig von der realisierten Technologie (z. B. MOS, ECL usw.) entwickelt werden.

Als Fehlermodell werden sogenannte Haftfehler (stuck-at fault) angenommen:

- Stuck-at-1
- Stuck-at-0

Ein Stuck-at-1-Fehler besagt, daß der Ein- bzw. Ausgang eines Gatters fest mit boolesch 1 verknüpft ist. Entsprechendes gilt für den Stuck-at-0-Fehler. Mit diesem Fehlermodell können keine Kurzschlüsse, schwebende Knoten und ähnliche physikalische Defekte nachgebildet werden, was gerade bei CMOS-Schaltungen zu unvollständigen Tests führen kann. Insgesamt hat sich jedoch das Haftfehlermodell als effizient erwiesen, da es einen guten Kompromiß zwischen der Anzahl der erforderlichen Testvektoren und der Fehlererkennbarkeit darstellt.

11.3   D-Algorithmus

Mit Hilfe des D-Algorithmus (discrepancy) wird versucht, einen bestimmten Fehler innerhalb einer Schaltung mit fest zugeordneten Eingangsvektoren aufzudecken. Zur Aufdekkung des Fehlers wird beim D-Algorithmus die Existenz einer guten Schaltung (GS) und einer defekten Schaltung (DS) angenommen. Der Vergleich der Ausgänge beider Schaltungen ergibt folgende Wahrheitstafel:

$$
\begin{array}{c|cc}
 & \multicolumn{2}{c}{\text{DS}} \\
\text{GS} & 0 & 1 \\
\hline
0 & 0 & \overline{D} \\
1 & D & 1 \\
\end{array}
$$

Zeigen die gute und die defekte Schaltung unterschiedliche Werte, liegt der Wert D bzw. $\overline{D}$ vor, je nachdem ob bei der guten Schaltung eine 1 oder eine 0 erscheint. Die Ausgangswerte werden beim D-Algorithmus mit den zu erwartenden Ausgangswerten verglichen, und bei einer Diskrepanz kann anhand des speziell für einen Fehler entwickelten Testvektors auf den aktuellen Fehler geschlossen werden.

11.4 Testverfahren

Die Zahl der erforderlichen Testvektoren für den vollständigen Test einer digitalen Schaltung wächst etwa mit der 3. Potenz der Zahl der Gatter. Problematisch hinsichtlich der Anzahl von Testvektoren sind die Speicherelemente (sequentielle Schaltung) und die bei hochintegrierten Schaltungen relativ geringe Zahl der Anschlußpins. In die Schaltung eingebaute Testhilfen können zu einer erheblichen Reduzierung der Testvektoren führen. Im folgenden werden einige der häufig eingesetzten Testhilfen aufgezeigt.

Separation. Kürzere Testzeiten werden erzielt, wenn die Schaltung aufgetrennt und dann modulweise ausgetestet wird. Die Auftrennung erfolgt durch logische Verknüpfung und zusätzliche Kontrollsignale, wie es in Bild 11.1 dargestellt ist.

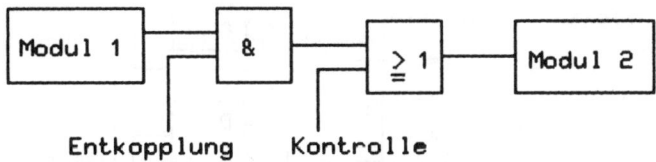

Bild 11.1   Entkopplung von Schaltungsteilen

Testpunkte. Eine weitere Maßnahme zur besseren Testbarkeit ist das Einfügen von Testpunkten. Die Testpunkte können als Eingänge für zusätzliche Steuersignale oder als Ausgänge zur Auswertung eingesetzt werden. Bild 11.2 zeigt eine Schaltungsstruktur mit separaten Testanschlüssen.

Bild 11.2
Testpunkte

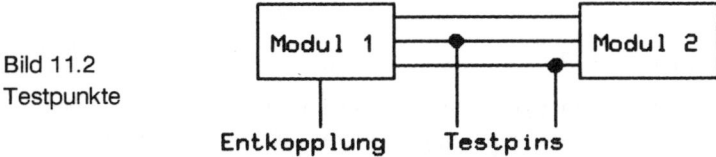

Bus-Struktur. Die Verwendung einer Bus-Struktur, wie sie z. B. im Mikrocomputer in Bild 11.3 vorhanden ist, erlaubt ebenfalls ein blockorientiertes Testen. Diese Architektur ermöglicht den Zugriff zu den einzelnen Moduln. Alle Ausgänge der gerade nicht zu testenden Moduln werden durch Tri-State Ausgänge entkoppelt, so daß der Datenbus zur Ansteuerung des zu testenden Moduls verwendet werden kann.

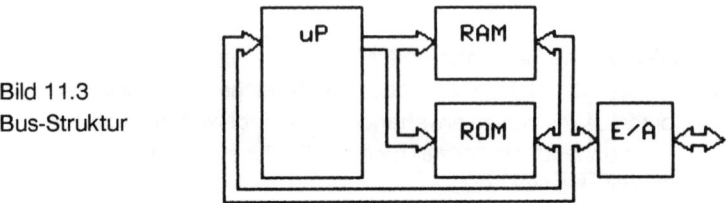

Bild 11.3
Bus-Struktur

Scan-Path-Methode. Die bisher aufgeführten Methoden wurden bisher direkt oder in Mischformen angewandt, reichten aber nicht aus, um komplexe VLSI-Schaltungen effizient zu testen.

Einen entscheidenden Durchbruch bringt die Scan-Path-Methode. Das Konzept sieht vor, daß alle internen Speicherelemente so ausgeführt werden, daß sie auch als Schieberegister verwendet werden können. Sie werden dann als Kette, deren Anfang und Ende an Chipanschlüssen zugänglich ist, zusammengeschaltet (Bild 11.4 und Bild 11.5). Auf diese Weise sind die Inhalte aller internen Speicherelemente durch Herausschieben extern zugänglich, so daß Zwischenzustände des Steuerwerks ausgelesen werden können.

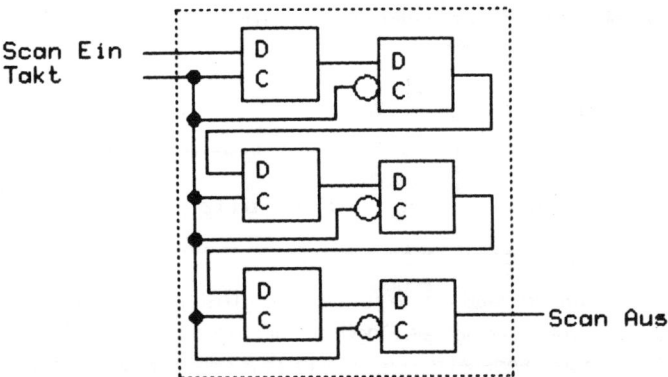

Bild 11.4   Schieberegisteranordnung für Scan-Path-Methode

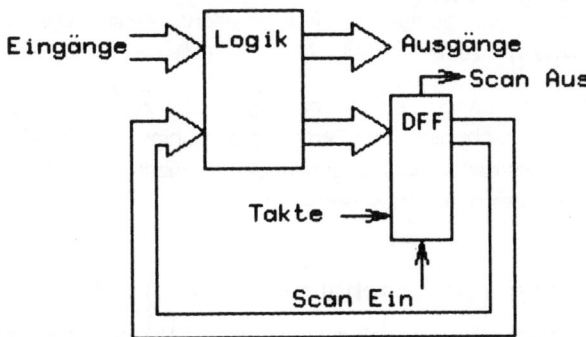

Bild 11.5   Steuerwerk mit Scan-Path

Um die Wirkungsweise des Verfahrens zu erhöhen, wird als zusätzliche Designregel gefordert, daß alle Speicherelemente durch hazardfreie Flipflops zu realisieren sind (Bild 11.6), so daß im Scan-Path selbst dynamische Fehler weitgehend vermieden werden.

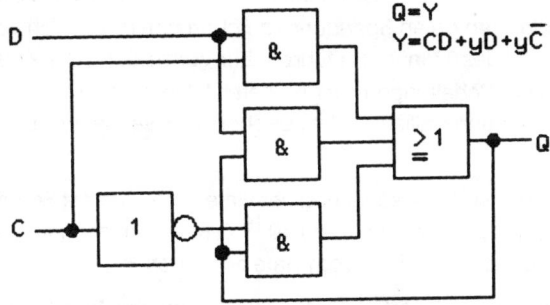

Bild 11.6   Hazardfreies Latch

Der Mehraufwand an Chipfläche, der durch den Einbau des Scan-Path entsteht, liegt durchschnittlich bei rund 20 %. Wie effektiv die Scan-Path-Methode ist, läßt sich anhand eines Beispiels verdeutlichen. In der Tabelle 11.1 ist der Aufwand an Testpattern für eine integrierte Schaltung mit 3200 Transistoren, 160 Speicherelementen und 14 E/A-Anschlüssen mit und ohne Scan-Path gegenübergestellt.

Tabelle 11.1   Vergleich der Testverfahren

	Konventionelle Methode	Scan-Path-Methode
Testvektoren	1200	30
Testbits	16800	4800

12 Chip-Engineering

12.1 Einleitung

Nach der Erstellung des Layouts einer Schaltung sind bis zur endgültigen Abgabe des Maskenbandes für die technologische Fertigung des Chips, d. h. der Festlegung der eigentlichen Schaltungsstruktur, noch Ergänzungen hinzuzufügen, die Test, Aufbau, Fertigung und Funktion ermöglichen bzw. unterstützen.

12.2 Ein-/Ausgangs-Beschaltung

Die Eingangsanschlüsse (input pads), die direkt auf MOS-Transistorgates führen, müssen gegen elektrostatische Aufladung und damit vor Zerstörung geschützt werden. Die Ausgänge müssen mit Treiberleistung versehen werden, um z. B. TTL-Kompatibilität zu erreichen oder um die Systemfrequenz nicht aufgrund der Pinkapazität zu beeinträchtigen.

Eingangsschutzschaltungen. Das Gate eines MOS-Transistors bildet zum Substrat hin einen Kondensator, dessen Dielektrikum die 25 nm bis 100 nm dicke SiO_2-Oxidschicht bildet. Bei diesen Oxiddicken treten Spannungsdurchbrüche im Bereich von 25 V bis 100 V auf, die zur Zerstörung des Transistors führen. Zur Vermeidung der Zerstörung muß die Handhabung von MOS-Schaltungen mit geerdeten Werkzeugen vorgenommen werden. Diese Methode ist zwar unhandlich, bietet aber bei gewissenhafter Einhaltung zuverlässigen Schutz.

Eine zweite Maßnahme ist die Beschaltung der Gate-Eingänge mit Schutzstrukturen, die den hohen Eingangswiderstand von bis zu 10^{16} Ω eines ungeschützten Gates reduzieren und damit eine Ableitung der Ladung vom Gate ermöglichen.

Mit den Halbleitersturkturen der MOS-Prozesse sind verschiedene Schutzstrukturen möglich, wobei alle ein Diffusionsgebiet im Gate-Bereich erfordern. Die Ableitung der Ladung kann aufgrund folgender Effekte erzielt werden:

- Avalanche-Effekt,
- Punch-Through-Effekt,
- Einsatz von Dioden.

Avalanche-Effekt. Bei ihm entsteht ein Leitungsmechanismus zwischen Diffusion und dem Substrat. Aufgrund einer ausreichend hohen Feldstärke im Diffusionsgebiet werden Elektronen beschleunigt, die wiederum neutrale Atome ionisieren. Dieser Vorgang pflanzt sich fort und kann nur durch eine externe Strombegrenzung unterbrochen werden.

Eine Schutzstruktur, die auf der Basis des Avalanche-Effekts arbeitet, besteht aus einem Serienwiderstand R_S und einem Transistor T, dessen Gate mit Masse verbunden ist, wie die Darstellung in Bild 12.1 zeigt.

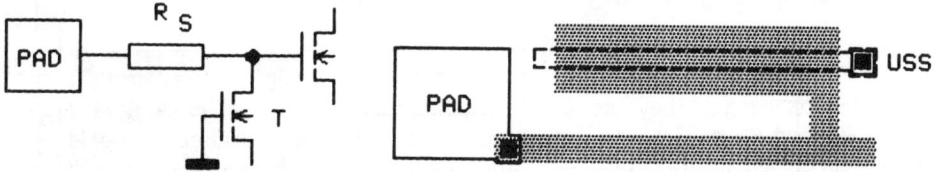

Bild 12.1   Schutzstruktur auf der Basis des Avalanche-Effekts

Der Serienwiderstand R_S wird mit Werten im Bereich von 1 kΩ bis 3 kΩ dimensioniert und dient zur Strombegrenzung beim Auftreten des Avalanche-Effekts. Am Drain des MOS-Transistors T kann ein sogenannter feldunterstützter Avalanche-Effekt eintreten. Das mit Masse beschaltete Gate reduziert die Durchbruchspannung des Avalanche-Effekts auf etwa 20 V bis 30 V. Der Serienwiderstand R_S bildet mit der Gate-Kapazität des Eingangs-transistors ein RC-Glied, das eine Verzögerung der Eingangssignale verursacht ($\approx$ 100ns-Bereich).

Punch-Through-Effekt. Die Schutzstruktur, die nach dem Punch-Effekt arbeitet (Bild 12.2), vermeidet diesen Nachteil. Der Punch-Through-Effekt bewirkt eine Ausdehnung der Depletion-Zone aufgrund einer hohen Spannung zwischen zwei Diffusionsgebieten, die isoliert nebeneinander liegen. Berühren sich die beiden Depletion-Zonen, werden Elektronen in das benachbarte Diffusionsgebiet injiziert. Dieser Effekt ist ebenfalls reversibel, solange keine Zerstörung durch Überhitzung erfolgt.

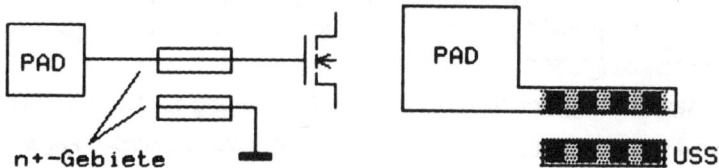

Bild 12.2   Schutzstruktur auf der Basis des Punch-Through-Effekts

Die Schutzstruktur, die auf der Basis des Punch-Through-Effekts arbeitet, besteht aus zwei benachbarten Diffusionsgebieten. Es wird kein Serienwiderstand benötigt, so daß hohe Frequenzen möglich sind. Der Nachteil dieser Struktur ergibt sich daraus, daß keine Strombegrenzung durch einen Widerstand gegeben ist und damit der gesamte Überstrom von einer ausreichend dimensionierten Metalleitung verkraftet werden muß.

Einsatz von Dioden. In der CMOS-Technik lassen sich als Schutzstrukturen Dioden einsetzen, die an Masse bzw. an die Versorgungsspannung geschaltet werden (Bild 12.3). Bei dieser Schutzschaltung werden die Störspannungen $U_S > U_{DD} + U_D$ und $U_S < U_{SS} - U_D$ begrenzt.

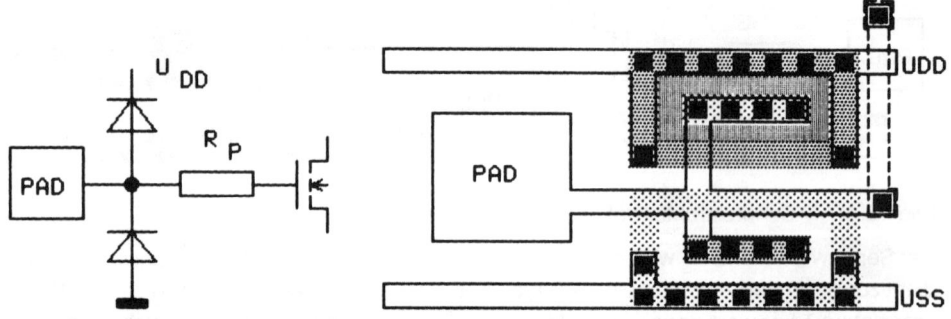

Bild 12.3   Schutzstruktur mit Dioden

Ausgangsstufen. Die Ausgangsstufen müssen in der Lage sein, die externen Lastkapazitäten ohne wesentlichen Geschwindigkeitsverlust treiben zu können. Es genügt jedoch nicht, eine Ausgangsstufe mit niederohmigen, d. h. großflächigen Transistoren zu versehen, denn dadurch wird die Eingangskapazität dieser Stufe groß und belastet die vorhergehende Stufe. Eine bessere Maßnahme ist die Kaskadierung mehrerer Stufen, wobei jede nachfolgende größer ist als die vorhergehende. Nach Mead und Conway [MeCo80] läßt sich ein Minimum für die Gesamtverzögerungszeit bestimmen. Eine entsprechende Schaltungsanordnung zeigt Bild 12.4.

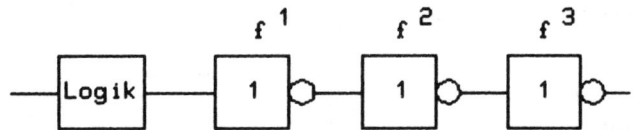

Bild 12.4   Kaskadierung von Inverterstufen zur Optimierung der Treiberfunktion

Bezieht man die zu treibende Lastkapazität C_L auf die Gatekapazität C_G eines Minimaltransistors und werden n Stufen kaskadiert, wobei jede nachfolgende um den Faktor f größer ist, so ergibt sich für die Gesamtverzögerung T,

(12.1) $T = n f \tau,$

mit τ als Verzögerungszeit bei Last eines Minimaltransistors. Außerdem gilt unter der Voraussetzung gleicher Verzögerungszeiten zwischen den Stufen:

$$C_L = f^n C_G \qquad \text{bzw.}$$

(12.2) $n = \dfrac{\ln(C_L/C_G)}{\ln f}.$

Wird Gl. (12.2) in Gl. (12.1) eingesetzt, kann die Gesamtverzögerungszeit T bestimmt werden zu

$$T = \tau \ln\left(\frac{C_L}{C_G}\right) \frac{f}{\ln f}.$$

Für die Funktion $f/\ln f$ läßt sich das Minimum an der Stelle $f = e$ bestimmen. Daraus folgt für die minimale Gesamtverzögerungszeit T_{min}

$$T_{min} = e\,\tau \ln(C_L/C_G).$$

Das Ergebnis zeigt, daß ein Minimum der Verzögerungszeit mit der Kaskadierung von drei Stufen erzielt werden kann, wobei jede die dreifache Treiberleistung der vorangehenden aufweisen muß.

In der CMOS-Technik kann die Anpassung der Treiberleistung durch eine entsprechende Verbreiterung der Treiber- und Lasttransistoren erfolgen. Es wird lediglich die dynamische Verlustleistung erhöht.

In der Einkanal-Technik würde die gleiche Maßnahme aufgrund des erhöhten Querstroms zu einer größeren statischen Verlustleistung führen. Hinzu kommt der Nachteil, daß die Funktion des Inverters auf dem Widerstandsverhältnis β_R von Last- und Treibertransistor basiert. Wie bereits besprochen, ist damit eine Unsymmetrie der beiden Schaltflanken verbunden. Beide Nachteile werden mit Gegentaktstufen nach Bild 12.5 vermieden.

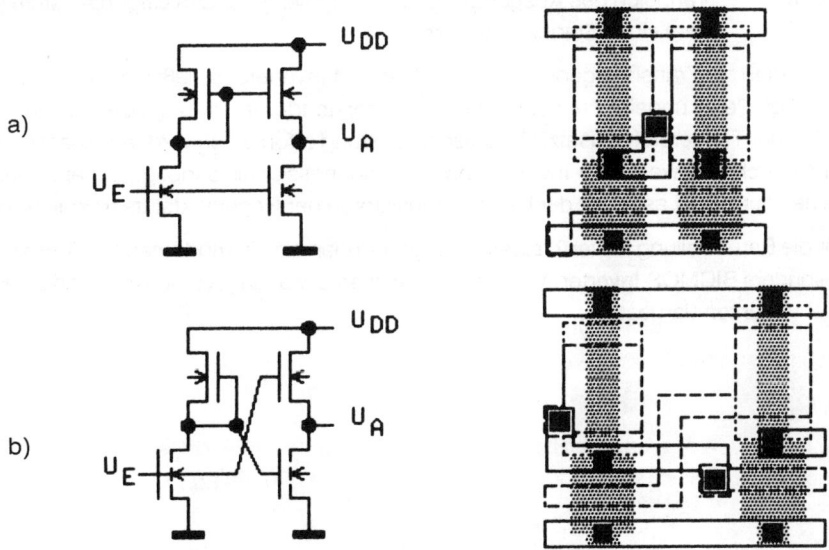

Bild 12.5   Gegentaktstufen als Transistordiagramm und Layout:
a) invertierend, b) nichtinvertierend

Die Gegentaktstufe kann als invertierende oder als nichtinvertierende Variante ausgeführt werden. Im Gegensatz zum einfachen Depletion-Last-Inverter wird bei der Gegentaktstufe der zweite Lasttransistor durch ein zum Treibertransistor invertiertes Signal angesteuert. Beim Umschalten auf den High-Pegel am Ausgang des Eingangsinverters wird das Gate des zweiten Depletion-Transistors schneller auf U_{DD} durchgeschaltet, da sein Gatepotential nicht, wie bei einem Standard-Inverter, der Ausgangsspannung U_A folgen muß. Damit gelangt der Depletion-Transistor sehr schnell in den niederohmigen Triodenbereich, die Umladung der Lastkapazität wird verkürzt, und es ergeben sich bei entsprechender Dimensionierung weitgehend symmetrische Schaltflanken. Die Gegentaktstufe verhält sich somit in ihrem Schaltverhalten ähnlich dem des CMOS-Inverters (Bild 12.6).

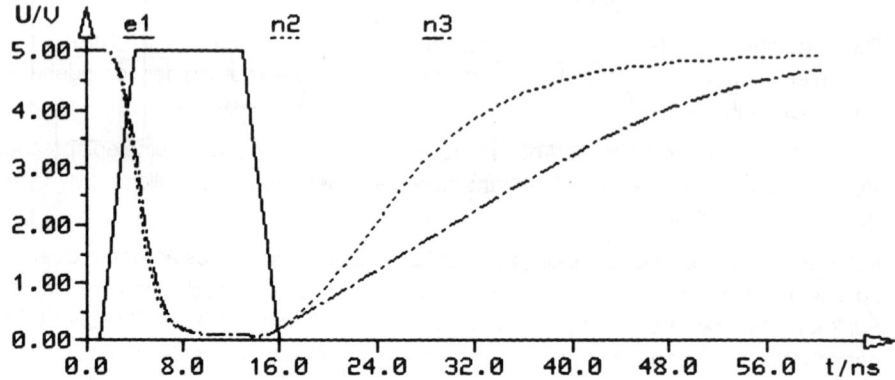

Bild 12.6   Vergleich des Ausgangssignals einer invertierenden Gegentaktstufe (n2) mit dem eines Standardinverters (n3)

Wählt man die Transistorgeometrien des Standard-Inverters, so läßt sich die Schaltzeit für den High-Pegel ungefähr um den Wert des Widerstandsverhältnisses β_R reduzieren, ohne daß in der Treiberstufe zusätzlich statische Leistung erforderlich wird. Als Zusatzaufwand wird jedoch ein Inverter zur Invertierung des Eingangssignals benötigt, der aber nur die kleine kapazitive Last einer der beiden Transistoren der Gegentaktstufe treiben muß.

Für die Bereitstellung hoher Treiberleistungen eignen sich in modernen MOS-Prozessen besonders BICMOS-Inverter. Von den zahlreichen Schaltungsvorschlägen sind in Bild 12.7 zwei Varianten dargestellt.

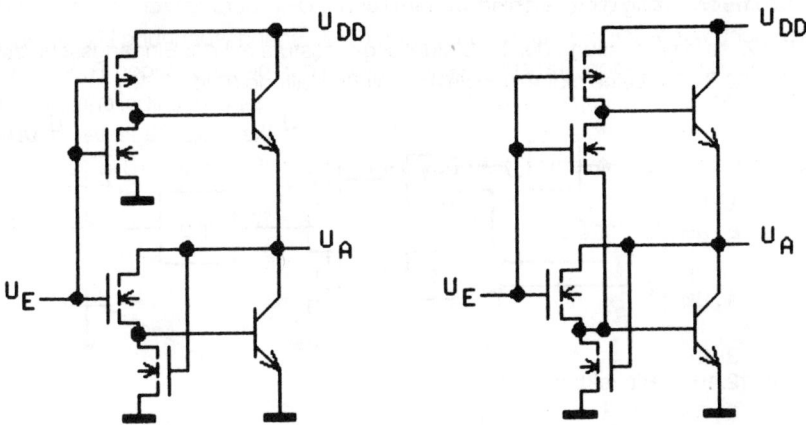

Bild 12.7   Alternative BICMOS-Inverter-Schaltungen

Der Vorteil der BICMOS-Stufen liegt in der erhöhten Treiberleistung gegenüber reinen
CMOS-Schaltungen, wie der Vergleich in Bild 12.8 zeigt.

Bild 12.8
Vergleich der Verzögerungszeiten
von BICMOS- und CMOS-Inverter

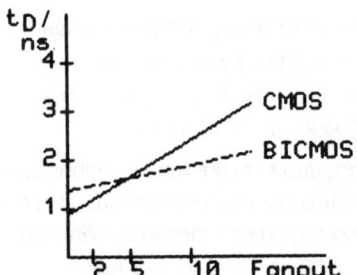

Wie das verdeutlicht, wird das BICMOS-Gatter gegenüber dem CMOS-Gatter in seiner Verzögerungszeit t_D wesentlich geringer von der kapazitiven Last beéinflußt. Für kleine kapazitive Lasten lohnt sich der Einsatz von BICMOS-Gatter wegen des erhöhten Chipflächenbedarfs der Bipolartransistoren nicht.

Tri-State-Ausgang. Eine Tri-State-Ausgangsstufe kann mit der Schaltung nach Bild 12.9
realisiert werden.

Bild 12.9
Tri-State-
Ausgangsstufe

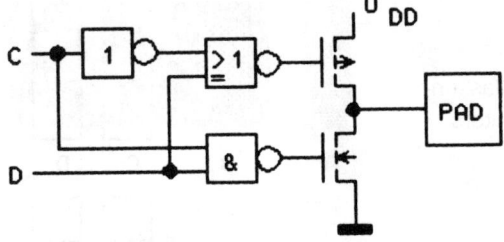

Im Falle hoher kapazitiver Belastung muß die Ausgangsstufe hinsichtlich großer Querströme sorgfältig dimensioniert werden.

Die Zusammenfassung der Tri-State-Ausgangsstufe mit der Eingangsschutzstruktur nach Bild 12.3 ergibt eine bidirektionale Anschlußschaltung (Bild 12.10).

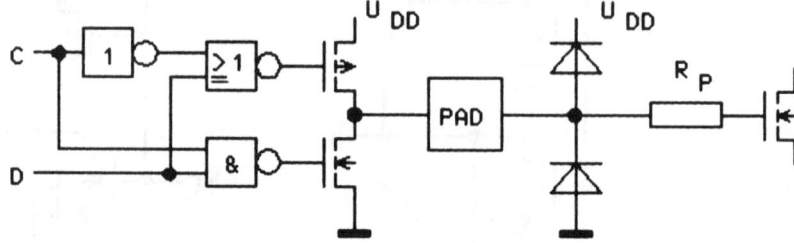

Bild 12.10   Bidirektionale Anschlußschaltung

12.3   Fertigungshilfen und Teststrukturen

Zur Unterstützung der Fertigung und Testbarkeit muß das eigentliche Schaltungslayout um zusätzliche Strukturen ergänzt werden.

Schaltungsbezeichnung. Alle Masken werden zur besseren Erkennbarkeit für die Fertigung gekennzeichnet. Zu diesem Zweck wird jede Maske mit einer Kennung für die Schaltung versehen. Außerdem muß noch eine Zahl oder ein Buchstabe für die Varianten möglicher Redesigns vorgesehen werden.

Justierkreuze. Jede Maske muß mit einem Justierkreuz versehen werden, um die genaue Belichtung in Bezug zu den bisher realisierten Strukturen zu gewährleisten. Die Justierkreuze werden derart gestaltet, daß in Abhängigkeit der Prozeßfolge und der Art der Maske (Positiv- oder Negativ-Maske) das Justierkreuz der vorher gefertigten Struktur voll sichtbar wird.

Masken- und Prozeßmonitor. Für die Fertigung werden optische Kontrollhilfen auf die Maske gebracht. Dieser sogenannte Masken- und Prozeßmonitor (Bild 12.11) setzt sich aus Minimalstrukturen und fertigungskritischen Strukturkonfigurationen zusammen, an denen die Maßgenauigkeit der Masken sowie während der Waferfertigung die Güte der Strukturierungen optisch bewertet werden kann.

Bild 12.11
Beispiel eines Masken-
und Prozeßmonitors

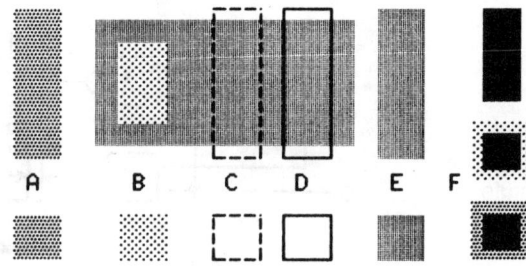

Der Prozeßmonitor kann auch für den Schaltungsentwickler wertvolle Hinweise bei der Analyse von Schaltungen geben, insbesonders wenn die Prozesse noch nicht stabil sind und die Wahrscheinlichkeit technologischer Schwachstellen groß ist.

Testtransistoren. Zur Verifikation einer Schaltung muß der Entwickler die aktuellen Transistorparameter auf dem Chip kennen, um die Übereinstimmung von Meß- und Simulationsergebnissen beurteilen zu können. Neben umfangreichen Testschaltungen, die nur 3 bis 5mal je Wafer eingesteppt werden und auch prozeßspezifische Strukturen, wie z. B. Kontaktketten, enthalten, erhält jeder Schaltkreis von jedem Transistortyp einzelne Testtransistoren mit unterschiedlichen Geometrien (Bild 12.12).

Diese Zuordnung der Testtransistoren zu jedem Schaltkreis erlaubt die Aufnahme einer Parameterverteilung über einem Wafer und auch noch die Messung der elektrischen Transistorparameter nach dem Aufbau des Chips in einem Gehäuse.

Bild 12.12
Anordnung einer Transistorteststruktur
mit den W/L-Maßen

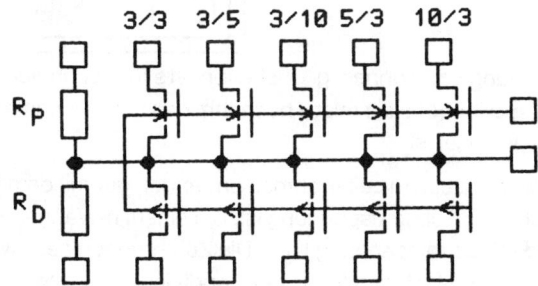

Anordnung der Bondflächen und der Versorgungsspannungsleitungen. Die Bondflächen (Pads) werden nach Möglichkeit gleichmäßig auf die vier Chipkanten verteilt. Für die Kantenlänge der Bondflächen werden Maße im Bereich von 100 μm bis 150 μm gewählt. Die Maße für die Abstände zwischen den Bondflächen liegen zwischen 150 μm und 250 μm, wobei meistens ein regelmäßiger Abstand gewählt wird. Es dürfen jedoch Lücken auftreten. Die Chipflächen zwischen den Bondanschlüssen werden üblicherweise für die Schutzstrukturen und die Treiberstufen genutzt.

Die Zuführung der Versorgungsleitungen wird kammartig angeordnet, um ein Tunneln zu vermeiden (Bild 12.13).

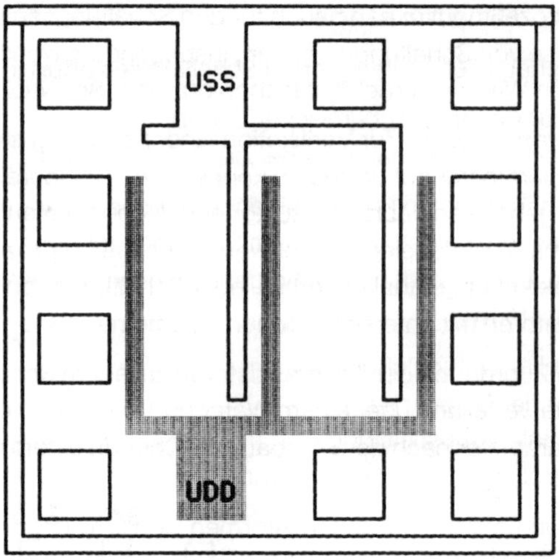

234

Bild 12.13
Anordnung der Bondflächen
und der Versorgungs-
leitungen

Die Vermeidung von Tunneln gilt insbesondere für Technologien mit nur einer Metallebene, da die Diffusionsebene als relativ hochohmiges Leiterbahnmaterial nicht für stromführende Leitungen geeignet ist.

Der Chip wird mit einem Leiterrahmen umrandet, der mit dem Potential beschaltet wird, das auch gleichzeitig Substratspannung ist. Bei einem n-Wannen-Prozeß wäre z. B. die entsprechende Substratspannung U_{SS}. Die Zuführungen des zweiten Versorgungspotentials werden dann innerhalb des Rings der Bondflächen verlegt.

Ritz- und Metallrahmen. Die Schaltungen werden in der Regel von einem niederohmigen Metallrahmen umgeben. Diese Anordnung bietet die Vorzüge, daß sowohl die Schutzstrukturen in der Nähe der Anschlußpads als auch die Schaltungsblöcke kammartig von außen nach innen für die Versorgungsleitungen leicht zugänglich sind.

Erfolgt der Substratanschluß nicht über die Chiprückseite sondern über einen Oberflächenkontakt, wird der Metallrahmen gleichzeitig als Kontaktrahmen zum Substrat ausgeführt.

Zur Beschaltung dieses Rahmens sind die unterschiedlichen Substratpolaritäten für die einzelnen Technologien wie PMOS, NMOS und CMOS zu beachten.

Außerhalb des Metallrahmens muß der Chip mit einem Ritzrahmen versehen werden, um eine Schnittfläche für das Zerlegen des Wafers zu reservieren. Der Ritzrahmen enthält keine Maskenstrukturen und wird auch nicht mit Schutzoxid versehen, damit das Ritzen (mit Diamant) oder das Sägen durch die harte Oxidschicht nicht erschwert wird.

Der Ritz- und Metallrahmen ist eine regelmäßige Struktur und hängt nur von der Größe der Schaltung ab. In der Regel werden daher die Rahmenstrukturen nach Abschluß des Schaltungsentwurfs automatisch hinzugefügt.

12.4 Chipmontage

Das Gehäuse eines integrierten Schaltkreises erfüllt im wesentlichen zwei Aufgaben:

- mechanischer und chemischer Schutz,
- Interface zur Beschaltung über die Gehäuseanschlüsse.

Die Gehäusekosten können einen erheblichen Anteil (bis zu 50 %) an den Gesamtkosten verursachen, so daß schon beim Entwurf einer Schaltung die Wahl der Gehäuseform mit berücksichtigt werden muß. Folgende wesentliche Kriterien entscheiden die Wahl der Gehäuseform:

- Anzahl der Anschlußpins,
- Größe der Chipfläche,
- maximale Verlustleistung,
- Anwendungsbereich (Temperatur, Feuchtigkeit, usw.).

Die gebräuchlichsten Gehäuseformen sind in Tabelle 12.1 aufgeführt.

Tabelle 12.1   Gehäuseformen

Gehäuseform	Dual-In-Line	Dual-In-Line	Chip Carrier
Zahl der Anschlüsse	24	40	64
Gehäusematerial	Keramik	Keramik	Keramik
Max. Chipfläche mm^2	6,5 x 6,5	7 x 7	7,5 x 7,5
Umgebungstemperatur ^{o}C	-55 bis 125	-55 bis 125	-55 bis 125
Thermischer Widerstand KW^{-1}	90	75	40

Außerdem werden für Gate-Arrays Gehäuse mit über 144 Anschlüssen eingesetzt. Für den kommerziellen Bereich werden vorwiegend Keramikgehäuse aufgrund ihrer besseren Langzeitbeständigkeit, Dichtigkeit und Wärmeableitung verwendet.

Zur Berechnung der maximal zulässigen Verlustleistung P_{max} einer Schaltung muß der thermische Widerstand R_{Th} des Gehäuses berücksichtigt werden. Die Differenz zwischen der Junction-Temperatur T_J und der Umgebungstemperatur T_A bestimmt dann die zulässige Verlustleistung eines Chips:

$$P_{max} = (T_J - T_A)/R_{Th}.$$

Als maximale Junction-Temperatur werden 150 ^{o}C zugelassen, wenn die Lebensdauer einer Schaltung nicht wesentlich reduziert werden soll. Innerhalb von Gerätegehäusen wird eine typische Umgebungstemperatur T_A = 80 ^{o}C angenommen.

Zahlenbeispiel. Bei der Verwendung eines 8-Pin DIL-Gehäuses mit einem thermischen Widerstand R_{th} = 200 KW^{-1} ergibt sich, mit den obigen typischen Temperaturwerten eine maximale Verlustleistung von P_{max} = 0,35 W. Beträgt die typische Gatterverlustleistung z. B. 200 μW/Gatter, lassen sich in einem 8-Pin-Gehäuse Schaltungen mit maximal 1750 Gattern unterbringen.

13 Ausblick

13.1 Zusammenfassung des derzeitigen Chipentwurfs

Der prinzipielle Gesamtablauf eines Chipentwurfs ist in Tafel 13.1 dargestellt.

Tafel 13.1   Gesamtablauf eines Chipentwurfs

Entwurf:
```
Systemdefinition
Systementwurf
Schaltungsentwurf
Layout
Maskenbanderstellung
```

Fertigung:
```
Maskenherstellung
Oxidation des Wafers      <——————
Belacken                  <——
Belichten, Entwickeln
Ätzen
Implantation, Diffusion
oder Metallisierung
```

```
Wiederholung entsprechend
der Prozeßebene
```

Test, Aufbau:
```
Wafertest
Zerlegen des Wafers
Aufbau in Gehäuse
Bonden, Verkapseln
Abschlußtest
```

Dieser Entwurfsablauf ist im wesentlichen bei allen Halbleiterherstellern gleich. In den einzelnen Arbeitsschritten können sich Unterschiede ergeben, die durch den Einsatz verschiedener Geräte oder infolge speziellen Know-hows bedingt sind. In der Systemphase setzt sich der Schaltungsentwickler mit dem Anwender (Kunden) zusammen und legt die Leistungskriterien und die Schnittstellenbedingungen für die zu entwickelnde integrierte Schaltung fest. Aufgrund von Abschätzungen wird in dieser Phase festgelegt, in welcher Technologie die Schaltung realisiert werden soll, wie groß der Entwicklungsaufwand sein wird und welcher Zeitrahmen bis zur Fertigstellung zu erwarten ist.

Nach der Systemphase erfolgt der Logikentwurf, der Zellenentwurf und die Layouterstellung. Mit der Übergabe des Maskenbandes ist die Arbeit für den Schaltungsentwickler zunächst abgeschlossen.

Bei der Erstellung der Masken sind verschiedene Verfahren im Einsatz. Das bislang gebräuchlichste Verfahren erfolgt unter Einsatz einer "Step and Repeat"-Kamera. Zunächst wird mit einem optischen Masken-Generator das Layout auf eine photoempfindliche Glasplatte (Retikel) im Maßstab 1:10 abgebildet. Danach erfolgt mit der "Step and Repeat"-Kamera die Verkleinerung auf den Maßstab 1:1 und eine Vervielfachung der Struktur auf einer weiteren photoempfindlichen Glasplatte. Von dieser sogenannten Muttermaske werden dann Kopien als Arbeitsmasken für die Fertigung hergestellt. Mit modernen Elektronenstrahl-Belichtungsanlagen können die Muttermasken direkt im Maßstab 1:1 hergestellt werden. Für kleinere Stückzahlen kann auch die Muttermaske direkt als Arbeitsmaske eingesetzt werden.

Eine weitere Verkleinerung der Strukturen erzielt man mit dem Waferstepper. Bei diesem Verfahren wird mit der Elektronenstrahl-Belichtungsanlage ein Retikel im Maßstab von 1:5 oder 1:10 hergestellt. Danach erfolgt mit dem Waferstepper eine Reduktion auf 1:1 und eine Vervielfachung der Strukturen, wobei jetzt das Wafer direkt belichtet wird. Nach Erstellung der Masken erfolgt der eigentliche Technologiedurchlauf mit den Prozeßschritten:

- Oxidation,
- Belacken, Belichten, Ätzen,
- Implantation, Diffusion,
- Metallisierung.

Dieser Zyklus wird teilweise mehrfach durchlaufen und dauert bei Entwicklungschargen etwa 2 bis 3 Wochen.

Nach der Fertigstellung der Scheiben (Wafer) werden die Schaltungen mit Hilfe eines Waferprobers (Spitzenmeßplatz) auf der Scheibe gemessen. Die defekten Schaltungen werden "geinkt", so daß man nach dem Zersägen der Scheibe die guten von den defekten Chips unterscheiden kann. Die guten Chips werden in ein Gehäuse eingebaut, gebondet und anschließend noch einmal getestet. Qualitativ hochwertige Schaltungen erhalten noch einen Burn-in, wobei die ICs in einer Temperaturkammer gelagert werden. Mit diesem künstlichen "Altern" werden Frühausfälle weitgehend erfaßt und können aussortiert werden.

13.2   Ausbeute, Kosten

Am Fertigungsablauf einer integrierten Schaltung sind im Bereich der Technologie eine Vielzahl von Prozeßschritten zur Fertigstellung der Wafer erforderlich. Jeder Prozeßschritt gliedert sich noch in mehrere Arbeitsschritte (insgesamt ca. 60 bis 150). In den Fertigungsschritten können technologie- und materialbedingte Fehler auftreten, die den Ausfall einer integrierten Schaltung verursachen. Es ist daher leicht vorstellbar, daß mit der Zunahme der Komplexität eines Halbleiterprozesses die Ausbeute der Schaltkreise abnimmt. Hinzu kommt, daß es nicht gelingt, das Ausgangsmaterial, die monokristalline Siliziumscheibe, fehlerlos herzustellen. Abgesehen von prinzipiellen Fertigungsfehlern treten die Defekte punktförmig statistisch verteilt über der Scheibe auf. Um nun überhaupt funktionsfähige Schaltungen verwirklichen zu können, muß die Chipfläche A klein gegenüber der Fehlerdichte D (Fehler je Flächeneinheit) gewählt werden, damit eine gewisse Wahrscheinlichkeit fehlerfreier Chips besteht. Bild 13.1 zeigt die unterschiedliche Ausbeute bei verschieden großen Chipflächen.

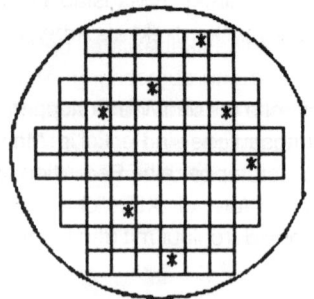 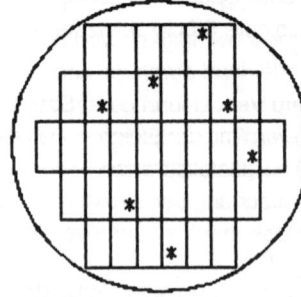

Bild 13.1   Ausbeute bei verschieden großen Chipflächen

Quantitativ läßt sich die technologiebedingte Chipausbeute y beschreiben mit

$$y = e^{-A \cdot D}.$$

Die Defektdichte D beträgt bei den zur Zeit üblichen MOS-Prozessen D = 2 ... 5 cm^{-2}.

Zahlenbeispiel. Für eine Scheibe sei eine Defektdichte D = 5 cm^{-2} gegeben. Bei einer Chipfläche von A = 5 mm^2 ergibt sich eine Ausbeute y = 78 %. Die sechsfache Chipfläche würde jedoch die Ausbeute bereits auf 22 % reduzieren.

Dieses Beispiel zeigt, daß die Kosten pro Chip nicht linear sondern überproportional mit der Chipfläche ansteigen. Es kann daher unter Umständen aus Kostengründen sinnvoll sein, die Schaltung auf zwei oder mehrere Chips aufzuteilen.

Zur Steigerung des Integrationsgrades sind somit zwei Zielrichtungen vorgegeben:

- Reduzierung der Bauelementestrukturen,
- Reduzierung der Defektdichte durch verbesserte und vereinfachte Prozeßführung.

Aus schaltungstechnischer Sicht ist der Einbau von fehlertoleranten Schaltungen möglich.

13.3   Trends und zukünftige Entwicklungen

13.3.1   Übersicht

Der Trend in der Entwicklung der Mikroelektronik besteht in dem Bestreben,

- schnellere Schaltelemente und
- höhere Packungsdichten zu erzielen.

Mit schnelleren Schaltelementen lassen sich bestehende Schaltungen und Systeme einer höheren Verarbeitungsgeschwindigkeit zuführen. Die Erhöhung der Packungsdichte kann ebenfalls zur Steigerung der Leistungsfähigkeit genutzt werden. Die Möglichkeit zur Integration komplexer Systeme erlaubt die Parallelisierung der Strukturen und eine Implementierung von anwendungsorientierten Algorithmen.

Die Schaltgeschwindigkeit und die Packungsdichte sind über das Power-Delay-Produkt miteinander verknüpft,

$$t_{pd} = C \cdot U^2.$$

Die Schaltgeschwindigkeit wird durch die parasitären Lastkapazitäten bestimmt, die ihrerseits entscheidend durch die Größe der Transistorstrukturabmessungen bestimmt werden. Deren Reduzierung führt neben der schnelleren Schaltgeschwindigkeit auch gleichzeitig zu einer höheren Packungsdichte. Der steigende Integrationsgrad und die Verkleinerung der Bauelementeabmessungen verlagert jedoch das Laufzeitproblem von den Bauelementen zu den Leitungen.

13.3.2 Technologische Aspekte

Mit jeder Miniaturisierungsstufe der Halbleiterstrukturen treten physikalische Effekte und fertigungstechnische Probleme auf, die auf dem Weg der weiteren Entwicklung überwunden werden müssen. Dabei werden bekannte Effekte in den Vordergrund verlagert, deren Einfluß bisher als unwesentlich vernachlässigt werden konnte, oder es kommen neue bisher unerkannte Phänomene hinzu.

Die Überwindung dieser Probleme im Zuge der Weiterentwicklung erfordert einen zunehmenden Einsatz an Ingenieurleistung und apparativem Aufwand, bis man schließlich an physikalische Grenzen stößt, die dann nicht mehr überwunden werden können. Für die Silizium-Technologie ist das Ende der Entwicklung im wesentlichen durch drei Begrenzungen vorgegeben:

- geometrische Grenzen,
- Laufzeitgrenzen,
- thermische Grenzen.

Die geometrischen Grenzen sind durch nicht weiter reduzierbare Grunddimensionen der Halbleiterbauelemente bedingt. Eine dieser Grundgrößen ist z. B. die endliche Ausdehnung der Raumladungszonen der pn-Übergänge, die nicht durch fertigungstechnische Maßnahmen weiter verkleinert werden kann. Legt man die Raumladungszone als Minimalstruktur zugrunde, dann läßt sich die maximale geometrische Integrationsdichte auf etwa $2{,}5 \cdot 10^7$ Gatter/cm^2 abschätzen.

Mit der fortschreitenden Miniaturisierung der Bauelementestrukturen treten die Signallaufzeiten gegenüber den Gatterverzögerungen immer mehr in den Vordergrund. Es wird somit, insbesondere bei großen Chips, die Verarbeitsgeschwindigkeit im wesentlichen durch die Signallaufzeiten auf den Leitungen bestimmt, deren obere Grenze durch die Lichtgeschwindigkeit gegeben ist.

Die dritte Begrenzung wird durch die beschränkte Abfuhrmöglichkeit der Verlustwärme bestimmt. Nach den bisherigen Erkenntnissen lassen sich maximal etwa 1 kW/cm^2 Verlustleistung abführen, wobei in die Rückseite der Chips Mikrokühlrippen hineingeätzt werden, die dann von einer Kühlflüssigkeit durchströmt werden. Zu den absoluten technischen Grenzen der Strukturgrößen im Bereich der MOS-Technologie sind in der Vergangenheit verschiedene Studien durchgeführt worden, die aber zum Teil auf Extrapolation des heutigen Kenntnisstandes beruhen und daher noch keine endgültige Aussagekraft besitzen. In der Tabelle 13.1 sind die zur Zeit absehbaren Grenzen aufgeführt.

Tabelle 13.1   Stand der z. Z. absehbaren technischen Grenzen

Parameter	H-MOSIV	Technische Grenze	
Gateoxid-Dicke nm	180	5	Tunneleffekt
kleinste Struktur μm	0,8	0,2	Raumladungszone
Dotiertiefe μm	0,2	0,1	Feldverzerrung an Kanten
Betriebsspannung V	5	0,1	Unterschwellenlinearisierung
Schaltenergie Ws	10^{-13}	10^{-15}	ohne Leitungen
Integrationsdichte Bit/cm^2	$5 \cdot 10^4$	$2,5 \cdot 10^7$	Takt $<$ 10 MHz
Chipfläche cm^{-2}	1	100	Wafer-Scale
minimale Schaltzeit ps	200	1	

Die Gegenüberstellung des Stands der Technik und der technischen Grenzen zeigt, daß auf absehbare Zeit noch Spielraum für weitere Entwicklungen vorhanden ist. Da man bisher noch an keine der Grenzen gestoßen ist, hat sich in den letzten Jahren ein systematisches Verfahren zur Miniaturisierung entwickelt, das als "Skalieren" bezeichnet wird.

Ausgangspunkt bei diesem Verfahren ist die Forderung, daß bei der Verringerung der Strukturen die elektrischen Eigenschaften der Transistoren im wesentlichen erhalten bleiben. Diese Bedingung läßt sich unter drei Voraussetzungen erfüllen:

- alle Strukturen sind um den Faktor 1/a zu verkleinern,
- Substratdotierungen sind um den Faktor a zu erhöhen,
- die Betriebsspannungen sind um den Faktor 1/a herabzusetzen.

Tabelle 13.2 zeigt die Skalierungsfaktoren für einzelne Transistorparameter.

Tabelle 13.2   Skalierungsfaktoren für Transistorparameter

Transistorparameter	Skalierungsfaktor
Gateoxid t_{OX}	$1/a$
Schwellspannung U_T	$1/a$
Versorgungsspannung U_{DD}	$1/a$
Drainstrom I_D	$1/a$
Kanalwiderstand R_{ON}	1
Kapazitäten C	$1/a$
Schaltzeiten t_S	$1/a$
Verlustleistung	$1/a^2$
Integrationsgrad	a^2
Stromdichte	a

Die Gegenüberstellung der Parameterskalierung zeigt, daß sich das Power-Delay-Produkt um den Faktor $1/a^3$ verbessert, womit das Bestreben zur Strukturminiaturisierung deutlich wird. Kritisch wirkt sich jedoch infolge der Skalierung die Erhöhung der Stromdichte in den Leitungen aus, die eine Reduzierung der Lebensdauer bewirken kann.

Ein weiteres Problem ist durch die Laufzeiten auf den Leitungen gegeben. Eigentlich müßte mit den schmaleren Leiterbahnen die Leitfähigkeit der Metallisierung verbessert werden, was aber infolge der gegebenen Materialkonstanten nicht möglich ist. Daraus folgt, daß die Spannungsabfälle und die Laufzeiten auf den Leitungen im wesentlichen konstant bleiben. Mit der fortschreitenden Miniaturisierung treten somit die Laufzeiten auf den Leitungen gegenüber den Gatterverzögerungen in den Vordergrund. Bei den weiteren Skalierungen stößt man z. Z. bezüglich der Versorgungsspannung auf Grenzen, da die TTL-Kompabilität (5V-Versorgung) gewährleistet sein muß. Im Gespräch ist eine 3,3V-Versorgungsspannung, mit der die logischen TTL-Pegel noch erreicht werden können.

In hochintegrierten Speicherbausteinen wird das Versorgungsspannungsproblem umgangen, indem intern mit reduzierten Pegeln gearbeitet wird.

13.3.3   Schaltungstechnische Aspekte

Die Skalierung einer Technologie zeigt, daß der Integrationsgrad mit dem Skalierungsfaktor a^2 gesteigert werden kann. Damit ergibt sich für die Schaltungsentwicklung das Problem, wie in überschaubaren und wirtschaftlich vertretbaren Zeiträumen hochintegrierte Systeme hergestellt werden können.

Die sich abzeichnende Strategie zielt in Richtung Entwurfsautomatisierung, wobei unter funktionaler Problemvorgabe eine vollautomatische Layoutgenerierung erfolgt. Dieses Verfahren ist bisher jedoch aus Gründen der beschränkten Rechnerkapazität nur in der Lösung von Teilproblemen oder vorgegebenen VLSI-Architekturen möglich. Auf dem Weg zu einem vollständigen Silicon-Compiler werden zur Zeit verschiedene Layout-Generatoren eingesetzt, die für regelmäßige Strukturen, wie z. B. PLA, ROM, Addierer, usw., automatisch ein Layout erzeugen. Die Verknüpfung der Blöcke erfolgt dann weitgehend im interaktiven Handlayout oder mit automatischen Plazierungs- und Verdrahtungsprogrammen.

242

Literaturverzeichnis

[Ammo85] P. Ammon: Gate Arrays, Hüthig Verlag, Heidelberg, 1985.

[Anna86] M. Annaratone: Digital CMOS Circuit Design, Kluwer Academic Publishers, 1986.

[Breu72] M. A. Breuer: Design Automation of Digital Systems I + II, Prentice-Hall, New Jersey, 1972.

[CaMi72] W. N. Carr, J. P. Mize: MOS/LSI Design and Application, Texas Instruments, New York, 1972.

[ElMa74] Y. A. ElMansy: Modelling of Insulated-Gate Field-Effect Transistor, Ph. D. Thesis, Carlton University, Ottawa, Canada, 1974.

[FiMo87] W. Fichtner, M. Morf: VLSI CAD Tools and Applications, Kluwer Academic Publishers, 1987.

[Fras81] D. A. Fraser: Halbleiter-Physik, Oldenbourg Verlag, München Wien, 1981.

[FrMe75] A. D. Friedman, P. R. Menon: Theory & Design of Switching Circuits, Computer Science Press, 1975.

[GlDo85] L. A. Glasser, D. W. Dobberpuhl: The Design and Analysis of VLSI Circuits, Addison-Wesley Publishing Company, 1985.

[Hilb85] W. Hilberg: Grundprobleme der Mikroelektronik, Oldenbourg Verlag, München Wien, 1982.

[HiPi81] W. Hilberg, R. Piloty: Grundlagen elektronischer Digitalschaltungen, Oldenbourg Verlag, München Wien, 1981.

[Hnat77] E. R. Hnatek: A User's Handbook of Semiconductor Memories, John Wiley & Sons, New York, 1977.

[Höff78] B. Höfflinger et al.: Großintegration, Oldenbourg Verlag, München Wien, 1978.

[HoJa83] D. A. Hodges, H. G. Jackson: Analysis and Design of Digital Integrated Circuits, McGraw-Hill, 1983.

[HoNi85] E. E. E. Hoefer, H. Nielinger: SPICE, Springer Verlag, 1985.

[HöNS86] E. Hörbst, M. Nett, H. Schwärtzel: VENUS - Entwurf von VLSI-Schaltungen, Springer-Verlag, 1986.

[Hurs85] S. L. Hurst: Custom-Specific Integrated Circuits, Marcel Dekker, 1985.

[KePo87] R. Kessler, H.-U. Post: Symbol Based Layout Generation for BICMOS Designs, Proceedings CompEuro87, Hamburg, pp. 621-624, 1987.

[Kern86] W. Kern (Hrsg.): Anwendungsspezifische Integrierte Schaltungen, Hüthig Verlag, Heidelberg, 1986.

[Kneu82] F. Kneubühl: Repetitorium der Physik, Teubner Studienbücher, B. G. Teubner Verlag, Stuttgart 1982.

[KöMö82] R. Köstner, A. Möschwitzer: Elektronische Schaltungstechnik, Hüthig Verlag, Heidelberg, 1982.

[KrTo79] G. D. Kraft, W. N. Tox: Mini/Microcomputer Hardware Design, Prentice-Hall, New Jersey, 1979.

[Levi78] M. E. Levine: Digital Theory and Practice Using Integrated Circuits, Englewood Cliffs, 1978.

[MaJD83] J. Mavor, M. A. Jack and P. B. Denyer: Introduction to MOS LSI Design, Addision-Wesley Publishing Company, 1983.

[MeCo80] C. Mead. L. Conway: Introduction to VLSI Systems, Addison-Wesley Publishing Company, 1980.

[Mell81] F.-T. Mellert: Rechnergestützter Entwurf elektrischer Schaltungen, Oldenbourg Verlag, 1981.

[Micz86] A. Miczo: Digital Logic Testing and Simulation, Harper & Row, New York, 1986.

[MöLu79] A. Möschwitzer, K. Lunze: Halbleiterelektronik, VEB Verlag Technik Berlin, Berlin, 1979.

[Morg83] B. Morgenstern: Elektronik Band I, Friedr. Vieweg & Sohn, Braunschweig/Wiesbaden, 1983.

[Mukh86] A.Mukherjee: Introduction to nMOS and CMOS VLSI System Design Prentice-Hall, 1986.

[Muro82] S. Muroga: VLSI System Design, John Wiley & Sons, 1982.

[Nage75] L. W. Nagel: SPICE2 - a Computer Programm to Simulate Semiconductor Circuits, University of California Berkeley, Report ERL-M520, 1975.

[Nebe85] W. Nebel: CAD-Entwurfskontrolle in der Mikroelektronik, B. G. Teubner, Stuttgart, 1985.

[Ohts86] T. Ohtsuki (Hrsg.): Layout Design and Verification, Advances in CAD for VLSI, vol. 4, North-Holland 1986.

[Ong86] Dewitt G. Ong: Modern MOS Technology, McGraw-Hill, 1986.

[Paul81] R. Paul: Mikroelektronik, Hüthig Verlag, Heidelberg, 1981.

[PrDG83] B. Prince, G. Due-Gundersen: Semiconductor Memories, John Wiley & Sons, New York, 1983.

[Rubi87] Steven M. Rubin: Computer Aids for VLSI Design, Addision-Wesley Publishing Company, 1987.

[Seit77] D. Seitzer: Elektronische Analog-Digital-Umsetzer, Berlin, 1977.

[ShHo68] H. Shichman, D. A. Hodges: Modeling and Simulation of Insulated-Gate Field-Effect Transistors, IEEE Journal of Solid-State Circuits, vol. SC-3,5, pp. 285-289, September 1986.

[SiAr85] P. Sieber, J. Arndt: BICMOS - eine Bipolar-/CMOS-Kombinationstechnologie zur Realisierung komplexer Analoger Digitalsysteme, 20. Technisches Presse-Colloquium der AEG, Berlin, 1985.

[Sibb77] H. Sibbert: Modellierung und Netzwerkanalyseprogramm für MOS-Schaltungen mit hoher Leistungsfähigkeit, Dissertation, Universität Dortmund, 1977.

[SpBu86] R. Spence, J. P. Burgess: Circuit Analysis by Computer, Prentice-Hall, 1986.

[Spir85] H. Spiro: Simulation integrierter Schaltungen, Oldenbourg Verlag, 1985.

[TaMS80] D. Takacs, W. Müller, U. Schwabe: Electrical Measurement of Feature Sizes in MOS-Si^2-Gate VLSI Technology, IEEE Transactions on El. Devices, vol. ED-27, no. 8, August 1980.

[TELE86] Telefunken electronic: DISIM, Programmsystem-Unterlagen, Telefunken electronic, Heilbronn, 1986.

[Wald80] K. Waldschmidt: Schaltungen der Datenverarbeitung, B. G. Teubner, Stuttgart, 1980.

[WeEs85] N. Weste, K. Eshraghian: Principles of CMOS VLSI Design, Addison-Wesley Publishing Company, 1985.

[WeHo82] H. Weiß, K. Horninger: Integrierte MOS-Schaltungen, Springer-Verlag, Berlin Heidelberg New York, 1982.

[Zimm82] G. Zimmer: CMOS-Technologie, Oldenbourg Verlag, München Wien, 1982.

Sachverzeichnis

Leitfäden der angewandten Informatik

Fortsetzung auf der 3. Umschlagseite